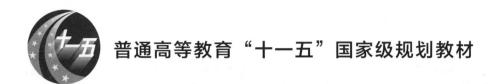

普通高等教育"十一五"国家级规划教材

数控加工技术

SHUKONG JIAGONG JISHU

明 瑞 主 编
陈书涵 李文元 副主编
明兴祖 主 审

U0389614

第四版

化学工业出版社

·北京·

内 容 简 介

《数控加工技术》第四版是根据"数控加工技术"课程的基本要求，遵循"理论联系实际，体现应用性、实用性、综合性和先进性，激发创新"的原则而编写的，着重培养学生的数控加工技术应用能力。

本书从数控加工技术基础、数控机床结构及基本控制原理入手，重点突出数控车削、数控铣削、加工中心加工、数控特种加工等所用数控设备的分类、结构特点、主要功能、适用加工对象、数控加工工艺及工装、程序编制和加工实例等内容，最后还介绍了数控自动编程技术和数控加工应用技术等内容。

本书内容丰富，重点突出，强调数控加工技术应用，突出实践能力与创新精神培养；文字简练，图文并茂；各章均附有小结和习题，以便于归纳总结，及时巩固所学知识。

本书可作为高等学校机械设计制造及其自动化、材料成型及控制工程、机械工程、机械电子工程等机械类专业教材，也可供数控技术培训及有关工程技术人员参考。

图书在版编目（CIP）数据

数控加工技术/明瑞主编；陈书涵，李文元副主编.
—4 版. —北京：化学工业出版社，2022.8（2023.8重印）
普通高等教育"十一五"国家级规划教材
ISBN 978-7-122-41426-7

Ⅰ.①数… Ⅱ.①明… ②陈… ③李… Ⅲ.①数控机床-加工-高等学校-教材 Ⅳ.①TG659

中国版本图书馆 CIP 数据核字（2022）第 082203 号

责任编辑：高　钰　　　　　　　　　　　　文字编辑：赵　越
责任校对：宋　夏　　　　　　　　　　　　装帧设计：刘丽华

出版发行：化学工业出版社（北京市东城区青年湖南街 13 号　邮政编码 100011）
印　　装：大厂聚鑫印刷有限责任公司
787mm×1092mm　1/16　印张 16¾　字数 412 千字　2023 年 8 月北京第 4 版第 3 次印刷

购书咨询：010-64518888　　　　　　　　售后服务：010-64518899
网　　址：http://www.cip.com.cn
凡购买本书，如有缺损质量问题，本社销售中心负责调换。

定　　价：49.00 元　　　　　　　　　　　　　版权所有　违者必究

前言

数控加工是机械制造中的先进加工技术，它的广泛使用给机械制造业的生产方式、产品结构、产业结构带来了深刻的变化，是制造业实现自动化、柔性化、集成化生产的基础。为适应这种发展趋势，全国专门课开发指导委员会组织全国有关院校，先后召开多次会议，成立了各专业专门课开发小组，确定了"数控加工技术"课程基本要求，从该课程的教育目标及知识、能力和素质要求出发，按照该课程的编写大纲，于2002年出版了本书第一版。作为国家精品课程数控加工技术的使用教材，本书于2008年进行了修订，并于2011年获普通高等教育"十一五"国家级规划教材。为满足国家级精品资源共享课使用教材的要求，按照应用型人才培养目标和工程教育机械类专业认证标准，本书于2015年再次修订。为适应当前国家一流本科专业建设的课程改革及教材使用要求，今年我们又对本书进行了修订。

采用数控加工，首先必须熟悉数控机床的结构及其控制原理，掌握合理的数控加工工艺，编制出优化的数控加工程序。本书正是从数控加工实用的角度出发，分析了数控机床各组成部分的控制原理，重点讨论了数控车削、数控铣削、加工中心加工和数控特种加工等数控加工工艺及工装、程序编制和加工实例。为提高数控加工技术应用的水平，还介绍了数控自动编程和数控加工应用的相关技术。

本书内容重点突出，强调理论与实践相结合，突出实践能力与创新精神培养；文字简练，图文并茂；各章均附有小结和习题，以便于归纳总结，及时巩固所学知识。

本书的内容已制作成用于多媒体教学的PPT课件，如有需要，请发电子邮件至cipedu@163.com获取，或登录www.cipedu.com.cn免费下载。

本书由明瑞担任主编，陈书涵、李文元担任副主编，编写具体分工为：第一章、第二章、第六章、第八章由明瑞、张继红、刘季冬、张柱银、熊显文编写，第三章由陈书涵、卢定军、何延刚编写，第四章由李文元、周静、张鑫编写，第五章由刘季冬、陈书涵、刘赣华、张克昌编写，第七章由李湾、姚建民、王海波、周首杰编写。全书由明兴祖教授主审。

限于编者的水平和经验，书中难免有不足之处，恳请广大读者批评指正。

编　者
2022 年 6 月

目录

第一章
数控加工技术基础

第一节　数控设备简介

一、数控设备的产生与发展

1. 数控设备的产生

随着科学技术和社会生产的不断发展，机械制造技术发生了深刻的变化，机械产品的结构越来越合理，其性能、精度和效率日趋提高，因此对加工机械产品的生产设备提出了三高（高性能、高精度和高自动化）的要求。

在机械产品中，单件和小批量产品占到 70%～80%。由于这类产品的生产批量小、品种多，一般都采用通用机床加工。当产品改型时，加工所用的机床与工艺装备均需作相应的变换和调整，而且通用机床的自动化程度不高，基本上由人工操作，难以提高生产效率和保证产品质量。要实现这类产品生产的自动化成了机械制造业中长期未能解决的难题。

对于大批大量生产的产品，如汽车、摩托车、家用电器等零件，为了实现高产优质，多采用专用机床、组合机床、专用自动化机床以及专用自动生产线和自动化车间进行生产。但是应用这些专用生产设备，生产周期长，产品改型不易，因而使新产品的开发周期延长，生产设备使用的柔性很差。

现代机械产品的一些关键零部件，如在造船、航天、航空等领域使用的产品零件，往往都精密复杂，加工批量小，改型频繁，显然不能在专用机床或组合机床上加工。而借助靠模和仿形机床，或者借助划线和样板用手工操作的方法来加工，加工精度和生产效率又受到很大的限制。特别是复杂曲线曲面，在普通机床上根本无法实现。

为了解决上述问题，一种新型的数字程序控制机床应运而生，它极其有效地解决了上述一系列矛盾，为单件、小批量生产，特别是复杂型面零件提供了自动化加工手段。数控机床的研制始于 20 世纪 40 年代末。1952 年美国 PARSONS 公司与麻省理工学院（MIT）合作研制了第一台三坐标立式数控铣床。该机床的研制成功是机械制造行业的一次技术革命，使机械制造业的发展进入了一个新的阶段。

2. 数控设备的发展

自第一台数控机床问世以来，随着微电子技术的迅猛发展，数控系统也在不断地更新换代，先后经历了电子管（1952 年）、晶体管和印制电路板（1960 年）、小规模集成电路

（1965 年）、小型计算机（1970 年）、微处理器或微型计算机（1974 年）和基于 PC-NC 的智能开放式数控系统（20 世纪 90 年代以后）等六代数控系统。

前三代数控系统是采用专用控制计算机的硬逻辑（硬线）数控系统，简称 NC（Numerical Control），目前已被淘汰。

第四代数控系统采用小型计算机取代专用控制计算机，数控的许多功能由软件来实现，不仅在经济上更为合算，而且提高了系统的可靠性，增加了功能特色，故这种数控系统又称为软线数控，即计算机数控（Computer Numerical Control，CNC）系统。1974 年采用以微处理器为核心的数控系统，形成第五代微型机数控（Micro-computer Numerical Control，MNC）系统。以上 CNC 与 MNC 统称为计算机数控。CNC 和 MNC 的控制原理基本上相同，目前趋向采用成本低、功能强的 MNC。

由于 CNC 系统生产厂家自行设计其硬件和软件，故这种封闭式的专用系统具有不同的软硬件模块、不同的编程语言、五花八门的人机界面、多种实时操作系统、非标准化接口等，不仅给用户带来了使用上和维修上的不便，还给车间物流层的集成化带来了很大困难。因此现在发展了基于 PC-NC 的第六代智能开放式数控系统，它充分利用现有 PC 的软硬件资源，规范设计数控系统。第六代数控的优势在于：元器件集成度高、可靠性好；技术进步快、升级换代容易；提供了开放式的基础，可供利用的软、硬件资源极为丰富；采用多台计算机，运算速度很快，插补精度为 0.6pm，通过高速光纤全数字驱动，明显提高了驱动动态性能。

在数控系统不断更新换代的同时，数控机床品种及其加工系统不断发展。自 1952 年世界上出现第一台三坐标数控机床以来，先后研制成功了数控转塔式冲床、数控转塔钻床。1958 年美国 K&T 公司研制出带自动换刀装置的加工中心（Machining Center，MC）。随着 CNC 技术、信息技术、网络技术以及系统工程学的发展，在 20 世纪 60 年代末期出现了由一台计算机直接管理和控制一群数控机床的计算机群控系统，即直接数字控制（Direct Numerical Control，DNC）系统。1967 年出现了由多台数控机床连接成的可调加工系统，这就是最初的柔性制造系统（Flexible Manufacturing System，FMS）。1978 年以后，各种加工中心相继问世。以 1～3 台加工中心为主体，再配上自动更换工件（Automated Workpiece Change，AWC）的随行托盘（Pallet）或工业机器人以及自动检测与监控技术装备，组成柔性制造单元（Flexible Manufacturing Cell，FMC）。自 20 世纪 90 年代后，出现了包括市场预测、生产决策、产品设计与制造和销售等全过程均由计算机集成管理和控制的计算机集成制造系统（Computer Integrated Manufacturing System，CIMS），它将一个制造工厂的生产活动进行有机的集成，以实现更高效益、更高柔性的智能化生产。目前，高性能数控机床（包括高切削速度机床、高速定位机床、多轴五联动数控机床）、并联运动机床、极端加工机床、聪明加工系统等也相继问世。以上说明，数控机床已经成为组成现代化机械制造生产系统，实现计算机辅助设计（Computer Aided Design，CAD）、计算机辅助制造（Computer Aided Manufacturing，CAM）、计算机辅助检验（Computer Aided Testing，CAT）与生产管理等全部生产过程自动化的基本数控设备。

我国数控机床的研制始于 1958 年。到 20 世纪 60 年代末 70 年代初，已经研制出一些晶体管式的数控系统并用于生产，如数控线切割机床、数控铣床等。但数控机床的品种和数量都很少，稳定性和可靠性也比较差，只在一些复杂、特殊的零件加工中使用。这是我国数控机床发展的初级阶段。

自改革开放以来，通过技术引进、科学攻关和技术改造，我国的数控机床及技术有了较大进步，逐步形成了产业。"六五"期间国家支持引进数控技术产品；"七五"期间国家支持组织"科技攻关"及实施"数控机床引进消化吸收一条龙"项目，在消化吸收的基础上诞生了一批数控产品；"八五"期间国家又组织近百个单位进行以发展自主知识产权为目标的"数控技术攻关"，从而为数控技术产业化建立了基础。目前，我国数控机床生产企业有 100 多家，产量增加到 1 万多台，品种满足率达 80％以上，在有些企业实施了 FMS 和 CIMS 工程，并研制出七轴五联动数控磨齿机等高性能数控机床，表明数控机床进入了新的阶段。

数控机床是数控设备的典型代表。在数控机床全面发展的同时，数控技术在其他机械行业中得以迅速发展，数控激光与火焰切割机、数控压力机、数控弯管机、数控绘图机、数控冲剪机、数控坐标测量机、数控雕刻机、板材数控加工机床、七轴五联动磨齿机等数控设备也得到了广泛的应用。

二、数控设备的工作原理、组成与特点

1. 数控设备的工作原理

操作者根据数控工作要求编制数控程序，并将数控程序记录在程序介质（如穿孔纸带、磁带、磁盘等）上。数控程序经数控设备的输入/输出接口输入到数控设备中，控制系统按数控程序控制该设备执行机构的各种动作或运动轨迹，达到规定的工作结果。图 1-1 是数控设备的一般工作原理图。

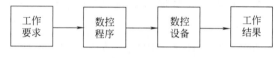

图 1-1 数控设备的工作原理

2. 数控设备的组成

数控设备的基本结构框图如图 1-2 所示。数控设备主要由输入/输出装置、计算机数控装置、伺服系统和受控设备等四部分组成。

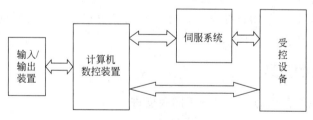

图 1-2 数控设备基本结构框图

① 输入/输出装置。输入/输出装置主要用于零件数控程序的编译、存储、打印和显示等。简单的输入/输出装置只包括键盘和发光二极管显示器。一般的输入/输出装置除了人机对话编程键盘和 CRT（Cathode Ray Tube）外，还包括纸带、磁带或磁盘输入机、穿孔机等。高级的输入/输出装置还包括自动编程机或 CAD/CAM 系统。

② 计算机数控装置。计算机数控装置是数控设备的核心。它根据输入的程序和数据，经过数控装置的系统软件或逻辑电路进行编译、运算和逻辑处理后，输出各种信号和指令。

③ 伺服系统。伺服系统由伺服驱动电路和伺服驱动装置组成，并与设备的执行部件和

机械传动部件组成数控设备的进给系统。它根据数控装置发来的速度和位移指令，控制执行部件的进给速度、方向和位移。每个进给运动的执行部件，都配有一套伺服驱动系统。伺服驱动系统有开环、半闭环和闭环之分。在半闭环和闭环伺服驱动系统中，还得使用位置检测装置，间接或直接测量执行部件的实际进给位移，与指令位移进行比较，按闭环原理，将其误差转换放大后控制执行部件的进给运动。伺服驱动装置可以是步进电动机、直流伺服电动机或交流伺服电动机。

④ 受控设备。受控设备是被控制的对象，是数控设备的主体，一般都需要对它进行位移、角度和各种开关量的控制。受控设备包括机床行业的各种机床和其他行业的许多设备，如电火花加工机、激光与火焰切割机、弯管机、绘图机、冲剪机、测量机、雕刻机等。在闭环控制的受控设备上一般都装有位置检测装置，以便将位置和各种状态信号反馈给计算机数控装置。

3. 数控设备的特点

数控设备是一种高效能自动化加工设备。与普通设备相比，数控设备具有如下特点。

① 适应性强。数控设备是根据数控工作要求编制的数控程序来控制设备执行机构的各种动作。当数控工作要求改变时，只要改变数控程序软件，而不需改变机械部分和控制部分的硬件，就能适应新的工作要求。因此，生产准备周期短，有利于机械产品的更新换代。

② 精度高，质量稳定。数控设备本身的精度较高，还可以利用软件进行精度校正和补偿；数控机床加工零件是按数控程序自动进行的，可以避免人为的误差。因此，数控设备可以获得比普通设备更高的加工精度，尤其提高了同批零件生产的一致性，产品质量稳定。

③ 生产效率高。数控设备上可以采用较大的运动用量，有效地节省了运动工时。除此之外，还有自动换速、自动换刀和其他辅助操作自动化等功能，而且无须工序间的检验与测量，故使辅助时间大为缩短。

④ 能完成复杂型面的加工。许多复杂曲线和曲面的加工，普通机床无法实现，而数控机床完全可以完成。

⑤ 减轻劳动强度，改善劳动条件。由于数控设备自动化程度高，许多动作不需操作者进行，因此劳动条件和劳动强度大为改善。

⑥ 有利于生产管理。采用数控设备，有利于向计算机控制和管理生产方向发展，为实现制造和生产管理自动化创造了条件。

三、数控设备的分类

在机床行业，数控机床通常从以下不同角度进行分类。

1. 按工艺用途分类

目前，数控机床的品种规格已达 500 多种，按其工艺用途可以划分为以下四大类。

① 金属切削类。指采用车、铣、镗、钻、铰、磨、刨等各种切削工艺的数控机床。它又可分为两类：

a. 普通数控机床。普通数控机床一般指在加工工艺过程中一个工序上实现数字控制的自动化机床，有数控车床、铣床、钻床、镗床及磨床等。普通数控机床在自动化程度上还不够完善，刀具的更换与零件的装夹仍需人工来完成。

b. 数控加工中心。数控加工中心（MC）是带有刀库和自动换刀装置的数控机床。在加工中心上，可使零件一次装夹后，实现多道工序的集中连续加工。加工中心的类型很多，一般分为立式加工中心、卧式加工中心和车削加工中心等。加工中心由于减小了多次安装造成的定位误差，所以提高了零件各加工面的位置精度，近年来发展迅速。

② 金属成形类。指采用挤、压、冲、拉等成形工艺的数控机床，常用的有数控弯管机、数控压力机、数控冲剪机、数控折弯机、数控旋压机等。

③ 特种加工类。主要有数控电火花线切割机、数控电火花成形机、数控激光与火焰切割机等。

④ 测量、绘图类。主要有数控绘图机、数控坐标测量机、数控对刀仪等。

2. 按控制运动的方式分类

① 点位控制数控机床。这类机床只控制机床运动部件从一点移动到另一点的准确定位，在移动过程中不进行切削，对两点间的移动速度和运动轨道没有严格控制。为了缩短移动时间和提高终点位置的定位精度，一般先快速移动，当接近终点位置时，再以低速准确移动到终点，以保证定位精度。这类数控机床有数控钻床、数控坐标镗床、数控冲床等。

② 点位直线控制数控机床。这类机床在工作时，不仅要控制两相关点之间的位置，还要控制刀具以一定的速度沿与坐标轴平行的方向进行切削加工。这类机床有数控车床和数控铣床等。

③ 轮廓控制数控机床。这类机床又称连续控制或多坐标联动数控机床。机床的控制装置能够同时对两个或两个以上的坐标轴进行连续控制。加工时不仅要控制起点和终点，还要控制整个加工过程中每点的速度和位置。这类机床有数控车床、铣床、磨床和加工中心等。

3. 按伺服系统的控制方式分类

① 开环控制数控机床。开环控制数控机床采用开环进给伺服系统，图 1-3 所示为典型的开环进给系统。在这类控制中，没有位置检测元件，CNC 装置输出的指令脉冲经驱动电路的功率放大，驱动步进电动机转动，再经传动机构带动工作台移动。

图 1-3　数控机床开环控制框图

开环控制数控机床结构较简单、成本较低、调试维修方便，但由于受步进电动机的步距精度和传动机构的传动精度的影响，难以实现高精度的位置控制，进给速度也受步进电动机工作频率的限制。开环控制系统一般适用于中小型经济型数控机床。

② 半闭环控制数控机床。将位置检测元件安装在驱动电动机的端部或传动丝杆端部，间接测量执行部件的实际位置或位移，则称为半闭环控制数控机床，如图 1-4 所示。这类控制可以获得比开环系统更高的精度，调试比较方便，因而得到广泛应用。

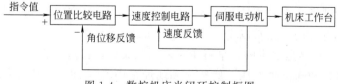

图 1-4　数控机床半闭环控制框图

③ 闭环控制数控机床。这类数控机床是将位置检测元件直接安装在机床工作台上，用以检测机床工作台的实际位置，并与 CNC 装置的指令位置进行比较，用差值进行控制，如图 1-5 所示。

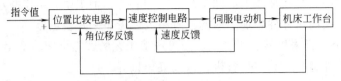

图 1-5 数控机床闭环控制框图

闭环控制数控机床由于采用了位置控制和速度控制两个回路，把机床工作台纳入了控制环节，可以清除包括工作台传动链在内的传动误差，因而定位精度高，速度更快。但由于系统复杂，调试和维修较困难，成本高，一般适用于精度要求高的数控机床，如数控精密镗床、铣床等。

4. 按所用数控系统的档次分类

按所用数控系统的档次通常把数控机床分为低档、中档、高档三类。数控机床（数控系统）水平的高低由主要技术参数、功能指标和关键部件的功能水平来确定。不同时期，划分标准会有不同。就目前的发展水平来看，这三类档次的数控机床如下。

① 低档数控机床。这类数控机床以步进电动机驱动为特征，两至三轴联动控制，分辨率为 $1\mu m$，进给速度为 $8\sim15m/min$，主 CPU 采用 8 位 CPU 或单片机控制。我国现阶段提到的经济型数控就属于低档数控，主要用于车床、线切割机床及旧机床改造等。

② 中档数控机床。这类数控机床的伺服进给采用半闭环及直、交流伺服控制，五轴以下联动控制，分辨率小于 $1\mu m$，进给速度为 $15\sim24m/min$，主 CPU 为 16 位或更高性能的 CPU，采用 RS-232 或 DNC 通信接口。

③ 高档数控机床。这类数控机床的伺服进给采用闭环及直、交流伺服控制，五轴或联动控制，分辨率小于 $0.1\mu m$，进给速度大于 $24m/min$，主 CPU 为 32 位或以上 CPU，通信采用制造自动化协议（Manufacturing Automation Protocol，MAP）等高性能通信接口，具有联网功能。

以上中高档数控机床一般称为全功能数控或标准型数控。

四、数控机床的坐标系统

（一）数控机床的坐标轴与运动方向

对数控机床的坐标轴和运动方向作出统一的规定，可以简化程序编制的工作和保证记录数据的互换性，还可以保证数控机床的运行、操作及程序编制的一致性。按照等效于 ISO 841 的我国标准 JB/T 3051—1999 规定：如图 1-6 所示，数控机床直线运动的坐标轴 X、Y、Z（也称为线性轴），规定为右手笛卡儿坐标系。当右手拇指指向正 X 轴方向，食指指向正 Y 轴方向时，中指则指向正 Z 轴方向。X、Y、Z 的正方向是使工件尺寸增加的方向，即增大工件和刀具距离的方向。通常以平行于主轴的轴线为 Z 轴（即 Z 坐标运动由传递切削动力的主轴所规定），X 轴是水平的，平行于工件的装夹面，且垂直于 Z 轴。

对于工件旋转的机床（如车床、磨床或车削加工中心），垂直于工件旋转轴线的方向为 X 轴，而主刀架上刀具离开工件旋转中心的方向为 X 坐标正方向，如图 1-7 所示。

对于刀具旋转的机床（如铣床、钻床、镗床或镗铣加工中心），若 Z 轴为垂直的（立式机床），则由主轴向立柱方向看，X 轴正方向向右，如图 1-8 所示；若 Z 轴为水平的（卧式机床），则由主轴向工件方向看，X 轴正方向向右，如图 1-9 所示。

　　Y 轴及其正方向应根据已经确定的 X 轴和 Z 轴，按右手笛卡儿坐标系来确定。三个旋转轴 A、B、C 相应地表示其轴线平行于 X、Y、Z 的旋转运动，A、B、C 的正向相应地为在 X、Y、Z 坐标正方向向上按右旋螺纹前进的方向。上述规定是工件固定、刀具移动的情况。反之若工件移动，则其正方向分别用 X'、Y'、Z' 表示。通常以刀具移动时的正方向作为编程的正方向。

　　除了上述坐标外，还可使用附加坐标。在主要线性轴（X，Y，Z）之外，另可有平行于它的次要线性轴（U，V，W）、第三线性轴（P，Q，R）。在主要旋转轴（A，B，C）存在的同时，还可有平行于或不平行于 A、B 和 C 的两个特殊轴（D，E）。

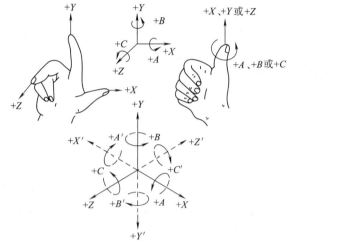

图 1-6　数控机床坐标系

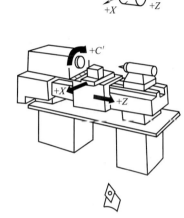

图 1-7　卧式车床坐标系（前刀架）

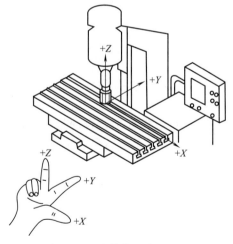

图 1-8　立式数控机床坐标系

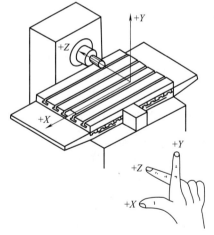

图 1-9　卧式数控机床坐标系

（二）绝对坐标系统与相对坐标系统

1. 绝对坐标系统

　　它是指工作台位移是从固定的基准点开始计算的。例如，假设程序规定工作台沿 X 坐标方向移动，其移动距离为离固定基准点 100mm，那么不管工作台在接到命令前处于什么位置，它接到命令后总是移动到程序规定的位置处停下。

2. 相对坐标系统

它是指工作台的位移是从工作台现有位置开始计算的。在这里，坐标轴虽然也有一个起始的基准点，但是它仅在工作台第一次移动时才有意义，以后的移动都是以工作台前一次的终点为起始的基准点。例如，设第一段程序规定工作台沿 X 坐标方向移动，其移动距离是离起始点 100mm，那么工作台就移动到 100mm 处停下；下一段程序规定在 X 方向再移动 50mm，那么工作台到达的位置离原起始点就是 150mm 了。

点位控制的数控机床有的是绝对坐标系统，有的是相对坐标系统，也有的两种都有，可以任意选用。轮廓控制数控机床一般都是相对坐标系统。编程时应注意不同的坐标系统，其输入要求不同。

第二节 数控加工基础

一、数控加工的定义与特点

1. 数控加工的定义

数控加工是指在数控机床上自动加工零件的一种工艺方法。数控机床加工零件时，将编制好的零件加工数控程序，输入到数控装置中，再由数控装置控制机床主运动的启停、变速，进给运动的方向、速度和位移，以及其他诸如刀具选择交换、工件夹紧松开和冷却润滑的启停等动作，使刀具与工件及其他辅助装置严格地按照数控程序规定的顺序、路程和参数进行工作，从而加工出形状、尺寸与精度符合要求的零件。数控加工流程如图 1-10 所示。

一般来说，数控加工主要包括以下方面的内容：

① 选择并确定零件的数控加工内容。

② 对零件图进行数控加工工艺分析。

③ 设计数控加工工艺。

④ 编写数控加工程序单（数控编程时，需对零件图进行数学处理；自动编程时，需进行零件 CAD、刀具路径的产生和后置处理）。

⑤ 按程序单制作程序介质。

⑥ 数控程序的校验与修改。

⑦ 首件试加工与现场问题处理。

⑧ 数控加工工艺技术文件的定型与归档。

2. 数控加工的特点

数控加工与普通机床加工相比较，在许多方面遵循的原则基本一致，在使用方法上也大致相同。但由于数控机床本身的自动化程度较高，设备费用也较昂贵，使数控加工形成了如下特点。

① 数控加工的工艺内容十分具体。数控加工的具体工艺问题，不仅在设计数控工艺时必须认真考虑，而且必须设置在数控加工程序中。而对于普通机床加工，许多具体的工艺问题无须在设计工艺规程时进行过多的考虑，在很大程度上都由操作工人根据自己的经验和习

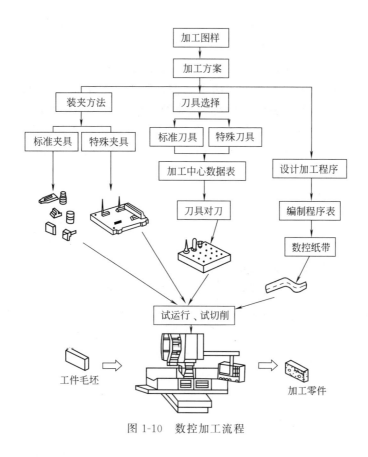

图 1-10　数控加工流程

惯自行决定。

② 数控加工的工艺工作相当严密。虽然数控机床的自动化程度较高，但是自适应性差，它不能像普通机床加工时可以根据加工过程中出现的问题比较自由地进行人为调整。所以，数控加工中的工艺设计必须考虑加工过程的每一个细节，对零件图进行数学处理、编程等，都要力求准确无误。否则，会造成加工过程中的碰刀、超程等现象，严重时还会损坏数控机床零部件，造成设备和人身安全事故。

③ 数控加工的工序相对集中。数控机床加工时能在一次装夹中加工出零件的多个表面，为减小安装误差和缩短辅助时间，数控加工往往采用工序相对集中的工艺方法。

④ 适用于多品种小批量或中批量生产。由于数控加工的对象一般为较复杂零件，且工序相对集中，势必使工序时间延长，所以数控加工只适用于占机械加工总量 70％～80％的多品种小批量或中批量生产。而对于占机械加工总量 20％～30％的大批量生产类型，则采用专用多工位组合机床或自动机床形成的生产线，数控加工就不适用了。

除了上面的特点外，数控加工具有前述数控设备的特点。

二、数控加工中常用术语

1. 两坐标加工与多坐标加工

在数控机床中，要进行位移量控制的部件较多，故要建立坐标系，以便分别进行控制。目前大多数采用直角坐标系。一台数控机床，所谓的坐标系是指有几个运动采用了数字控制。图 1-11（a）是一台数控车床，X 和 Z 方向的运动采用了数字控制，所以是一台两坐标数控车床；图 1-11（b）所示的铣床 X、Y、Z 三个方向的运动都能进行数控，所以它就是一台三坐标数控铣床。有些机床的运动部件较多，在同一坐标轴方向上会有两个或更多的运动是数控的，所以还有四坐标数控机床、五坐标数控机床等。

　　应当指出，机床的坐标数不要与"两坐标加工""三坐标加工"相混淆。图 1-11（b）是一台三坐标数控铣床，若控制机只能控制任意两坐标联动，则只能实现两坐标加工，如图 1-12 所示；有时对于一些简单立体型面，也可采用这种机床加工，即某两个坐标联动，另一坐标周期进给，将立体型面转化为平面轮廓加工，此即所谓两坐标联动的三坐标机床加工，也称"2.5 坐标加工"。若控制机能控制三个坐标联动，则能实现三坐标加工，如图 1-13 所示。

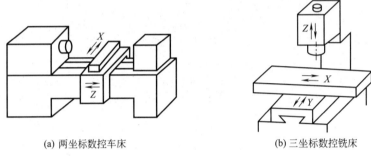

(a) 两坐标数控车床　　　　　　　　(b) 三坐标数控铣床

图 1-11　两坐标数控机床与三坐标数控机床

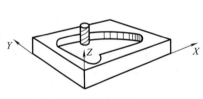

图 1-12　两坐标轮廓加工

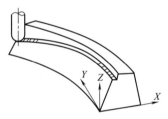

图 1-13　三坐标曲面加工

2. 插补

　　一个零件的形状往往看起来很复杂，但实际上大多数都是由一些简单几何元素——直线、圆弧等构成。数控机床是如何加工出直线、圆弧的呢？例如加工图 1-14 所示的一段圆弧，已知条件仅是该圆弧的起点 A 和终点 B 的坐标、圆心 O 坐标及半径 R，要想把圆弧段 AB 光滑地描绘出来，必须把圆弧段 A、B 之间诸点的坐标值计算出来，把这些点填补到 A、B 之间，通常把这种"填补空白"的工作称为插补，把计算插补点的运算称为插补运算，把实现插补运算的装置称为插补器。

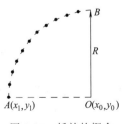

图 1-14　插补的概念

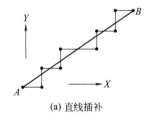

(a) 直线插补　　　　　(b) 圆弧插补

图 1-15　直线插补与圆弧插补

从图 1-15 清楚地看出，在加工直线、圆弧等的轮廓控制中，刀具中心从 A 点到 B 点移动时，就是寻求插补点来实现刀具移动（即以每个脉冲当量使工作台产生移动量）。所以刀具相对于工件不能沿平滑的直线或圆弧走轨迹，而是通过如图 1-15 所示那样接近于直线或圆弧的格点完成运动轨迹，逼近轮廓线。

由前述知，由数控装置根据程序介质上的信息来控制对各坐标轴的脉冲分配比例而得到所希望的轨迹。例如要得图 1-15（a）所示斜率的直线，一定要按 X、Y、X、Y、X、X、Y、X、Y、X 的顺序分配脉冲。具有沿平滑直线分配脉冲功能的称为直线插补，实现这种插补运算的装置称为直线插补器。具有沿圆弧分配脉冲功能的称为圆弧插补，实现这种运算的装置称为圆弧插补器。应指出，在硬线数控机床中数控装置完成这些插补功能是由逻辑电路予以实现的；而在计算机数控机床中数控装置的插补功能则是靠软件来实现的。现如今数控机床的数控装置大多数具有直线插补和圆弧插补功能。

3. 刀具补偿

所谓刀具半径补偿，就是数控装置能使刀具中心自动从零件实际轮廓上偏离一个指定的刀具半径值（补偿量），并使刀具中心在这一被补偿的轨迹上运动，从而把工件加工成图纸上要求的轮廓形状，如图 1-16 所示。

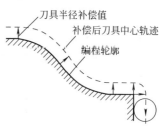

图 1-16　刀具半径补偿的概念

当数控装置具有刀具半径补偿功能时，在编程时不考虑加工所用的刀具半径，直接按照零件的实际轮廓形状来编制数控带的程序指令；而在加工时，把实际采用的刀具半径值由"刀具半径拨码盘"拨入或刀具半径存储单元装入，系统自动算出每个程序段在各坐标方向的补偿量。

实际上，刀具半径补偿仅仅是刀具补偿功能中的一种，还有刀具长度补偿等。有关刀具半径补偿的用法详见后述。

三、数控加工的工艺设计

工艺设计是对工件进行数控加工的前期工艺准备工作，它必须在程序编制工作以前完成。

（一）数控加工工艺设计的主要内容

数控加工的工艺设计主要包括如下内容：

① 选择并确定零件的数控加工内容。
② 对零件图进行数控加工工艺性分析。
③ 数控加工的工艺路线设计。
④ 数控加工的工序设计。
⑤ 数控加工主要工艺文件的编写。

数控加工工艺设计的原则和内容在许多方面与普通机床加工工艺基本相似，下面主要针对数控加工的不同点进行简要说明。

（二）选择并确定零件的数控加工内容

当选择并决定对某个零件进行数控加工后，还必须选择零件数控加工的内容，以决定零件的哪些表面需要进行数控加工。一般可按下列顺序考虑：

① 普通机床无法加工的内容应作为数控加工优先选择的内容。

② 普通机床难加工、质量也难以保证的内容应作为数控加工重点选择的内容。

③ 对于普通机床加工效率低、工人手工操作劳动强度大的内容，可在数控机床尚存在富余能力的基础上进行选择。

此外，还要防止把数控机床降为普通机床使用。

（三）对零件图进行数控加工工艺性分析

数控加工的工艺分析必须注意以下方面。

（1）选择合适的对刀点和换刀点

对刀点是数控加工时刀具相对零件运动的起点，又称起刀点，也就是程序运行的起点。对刀点选定后，便确定了机床坐标系和零件坐标系之间的相互位置关系。

刀具在机床上的位置是由刀位点的位置来表示的。不同的刀具，其刀位点不同。对平头立铣刀、端铣刀类刀具，刀位点为它们的底面中心；对钻头，刀位点为钻尖；对球头铣刀，刀位点为球心；对车刀、镗刀类刀具，刀位点为其刀尖。在对刀时，刀位点应准确对在对刀点上。

对刀点选择的原则，主要是考虑对刀点在机床上对刀方便、便于观察和检测，编程时便于数学处理和有利于简化编程。对刀点可选在零件或夹具上。为提高零件的加工精度，减小对刀误差，对刀点应尽量选在零件的设计基准或工艺基准上。如以孔定位的零件，应将孔的中心作为对刀点。

对数控车床、镗铣床、加工中心等多刀加工数控机床，在加工过程中需要进行换刀，故编程时应考虑不同工序（工步）之间的换刀位置。为避免换刀时刀具与工件及夹具发生干涉，换刀点应设在工件的外部。

（2）审查与分析工艺基准的可靠性

数控加工工艺特别强调定位加工，尤其是正反两面都采用数控加工的零件，其工艺基准的统一是十分必要的，否则很难保证两次安装加工后两个面上的轮廓位置及尺寸协调。如果零件上没有合适的基准，可以考虑在零件上增加工艺凸台或工艺孔，在加工完成后再将其去除。

（3）选择合适的零件安装方式

数控机床加工时，应尽量使零件能够一次安装，完成零件所有待加工面的加工。要合理选择定位基准和夹紧方式，以减少误差环节。应尽量采用通用夹具或组合夹具，必要时才设计专用夹具。夹具设计的原理和方法与普通机床所用夹具相同，但应使其结构简单，便于装卸，操作灵活。

（四）数控加工工艺路线设计

与通用机床加工工艺路线设计相比，数控加工工艺路线设计仅是对几道数控加工工序工艺过程的概括，而不是指从毛坯到成品的整个工艺过程。因此，数控加工工艺路线设计要与零件的整个工艺过程相协调，并注意以下问题。

1. 工序的划分

在划分工序时，要根据数控加工的特点以及零件的结构与工艺性、机床的功能、零件数控加工内容的多少、安装次数及本单位生产组织状况等综合考虑。可以按以一次安装加工作为一道工序，以同一把刀具加工的内容划分工序，以加工部位划分工序，以粗、精加工划分工序等方法进行工序的划分。

2. 加工顺序的安排

加工顺序的安排应根据零件的结构和毛坯状况，以及定位与夹紧的需要来考虑，重点是保证工件的刚性不被破坏。如先进行内腔加工工序，后进行外形加工工序；在同一次安装中进行的多道工序，应先安排对工件刚性破坏较小的工序。

3. 数控加工工序与普通工序的衔接

数控加工工序前后一般都穿插其他普通工序，如衔接得不好，就容易产生矛盾。解决的最好办法是相互建立状态要求，如：要不要留加工余量，留多少；定位面与孔的精度要求及形位公差；对校形工序的技术要求；对毛坯的热处理要求等。这样做的目的是相互能满足要求，且质量目标及技术要求明确，交验验收时有依据。

4. 数控加工方法的选择

（1）平面孔系零件的加工

这类零件的孔数较多，孔位精度要求较高，宜用点位直线控制的数控钻床与镗床加工。在加工时，孔系的定位都用快速运动。在编制加工程序时，应尽可能应用子程序调用的方法来减少程序段的数量，以减小加工程序的长度和提高加工的可靠性。

（2）旋转体类零件的加工

该类零件用数控车床或磨床来加工。由于车削零件毛坯多为棒料或锻坯，加工余量较大且不均匀，故编程中，粗车的加工线路往往是要考虑的主要问题。

（3）平面轮廓零件的加工

这类零件的轮廓多由直线和圆弧组成，一般在两坐标联动的铣床上加工。图 1-17 为铣削平面轮廓实例，若选用的铣刀半径为 R，则点画线为刀具中心的运动轨迹。一般数控系统具有刀具半径补偿功能，可按其零件轮廓编程。为保证加工平滑，应增加切入和切出程序段。由于一般数控系统都只具有直线和圆弧插补功能，所以对于非圆曲线的平面轮廓，都用圆弧和直线去逼近，有关逼近的插补计算方法见第二章。

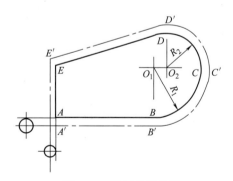

图 1-17 平面轮廓铣削

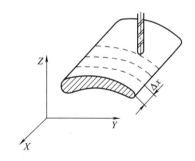

图 1-18 "行切法"加工

（4）立体轮廓表面的加工

它根据曲面形状、机床功能、刀具形状以及零件的精度要求有不同数控加工方法。

① "行切法"加工。它也称为 2.5 坐标加工，是指在三坐标控制的数控机床上，以 X、Y、Z 三轴中任意两轴做插补运动，第三轴做周期性进给，刀具采用球头铣刀。如图 1-18 所示，球头铣刀沿 YZ 平面的曲线进行插补加工，当一段加工完后进给 Δx，再加工另一相邻曲线，如此依次用平面曲线来逼近整个曲面。其中 Δx 根据表面粗糙度的要求及刀头的半径

选取，球头铣刀的球半径应尽可能选得大一些，以利于改善表面粗糙度，增加刀具刚度和散热性能。但在加工凹面时球头半径必须小于被加工曲面的最小曲率半径。

② 三坐标联动加工。对于一些空间曲线的零件，需用自动编程系统通过空间直线去逼近，可在有空间直线插补功能的三坐标联动机床上加工。

③ 四坐标联动加工。如图 1-19 所示的飞机大梁，它的加工表面是直纹扭曲面，若在三坐标联动机床上采用球头铣刀加工，不但生产效率低，而且零件的表面粗糙度也很高。因此，

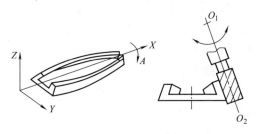

图 1-19　四坐标联动加工

可采用圆柱铣刀周边切削方式，在四坐标联动的机床上加工，除了三个移动坐标的联动外，为保证刀具与工件型面在全长上始终贴合，刀具还应绕 O_1 或 O_2 做摆动联动。由于摆动运动，导致直线移动坐标需做附加运动，其附加运动量与摆动中心 O_1 或 O_2 的位置有关，其编程计算比较复杂。

④ 五坐标联动加工。图 1-20 所示为螺旋桨叶片的形状，半径为 R_i 的圆柱面与叶面的交线 AB 为螺旋线的一部分，螺旋角为 ψ_i，叶片的径向叶型线（轴向剖面）DE 的倾角 α 为后倾角。螺旋线 AB 用极坐标方法以空间折线进行逼近，逼近线段 mn 是 C 坐标旋转 $\Delta\theta$ 与 Z 坐标位移 ΔZ 的合成。当 AB 加工完后，刀具应径向位移一个微小值（改变 R_i），再加工相邻的另一条叶型线，依次逐一加工，即可形成整个叶面。由于叶面的曲率半径较大，所以常用端面铣刀加工，以提高生产效率并简化程序。为保证铣刀端面始终与曲面贴合，铣刀还应绕坐标轴 X 和 Y 做摆角运动，在摆角的同时还应做直角坐标的附加运动，以保证铣刀端面中心始终位于程序编制值所规定的位置上。这种加工的程序编制一般都采用自动编程的方法来完成。

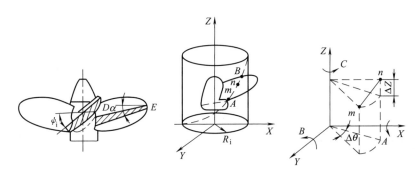

图 1-20　五坐标联动加工

（五）数控加工的工序设计

数控加工工序设计的主要内容是进一步把本工序的加工内容、加工用量、工艺装备、定位夹紧方式及刀具运动轨迹都具体确定下来，为编制加工程序做好充分准备。在工序设计时应注意以下方面。

1. 确定走刀路线和安排工步顺序

零件加工的走刀路线是刀具在整个加工工序中的运动轨迹，它不但包括工步的内容，还反映出工步顺序，是编程的主要依据之一。因此，在确定走刀路线时最好画出一张工序简

图，可以将已经拟订出的走刀路线画上去（包括切入、切出路线），这样可以方便编程。工步的安排一般可随走刀路线来进行。在确定走刀路线时，主要考虑以下几点：

① 对点位加工的数控机床，如钻床、镗床，要考虑尽可能缩短走刀路线，以缩短空程时间，提高加工效率。

② 为保证工件轮廓表面加工后的粗糙度要求，最终轮廓应安排最后一次走刀连续加工。

③ 刀具的进退刀路线必须认真考虑，要尽量避免在轮廓处停刀或垂直切入切出工件，以免留下刀痕（切削力发生突然变化而造成弹性变形）。在车削和铣削零件时，应尽量避免图 1-21（a）所示的径向切入或切出，而应按图 1-21（b）所示切向切入或切出，这样加工后的表面粗糙度较好。

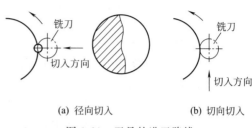

(a) 径向切入　　　　(b) 切向切入

图 1-21　刀具的进刀路线

④ 铣削轮廓的加工路线要合理选择，一般采用图 1-22 所示的三种方式进行。在铣削封闭的凹轮廓时，刀具的切入或切出不允许外延，最好选在两面的交界处；否则，会产生刀痕。为保证表面质量，最好选择图 1-23（b）、（c）所示的走刀路线。

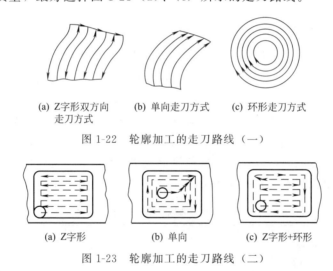

(a) Z字形双方向　　(b) 单向走刀方式　　(c) 环形走刀方式
走刀方式

图 1-22　轮廓加工的走刀路线（一）

(a) Z字形　　　　(b) 单向　　　　(c) Z字形+环形

图 1-23　轮廓加工的走刀路线（二）

⑤ 旋转体类零件的加工一般采用数控车床或数控磨床加工。由于车削零件的毛坯多为棒料或锻件，加工余量大且不均匀，因此合理制订粗加工时的加工路线，对于编程至关重要。

图 1-24 所示为手柄加工实例，其轮廓由三段圆弧组成，由于加工余量较大而且又不均匀，因此比较合理的方案是先用直线和斜线程序车去图中虚线所示的加工余量，再用圆弧程序精加工成形。

图 1-25 所示的零件表面形状复杂，毛坯为棒料，加工时余量不均匀，其粗加工路线应首先按图中 1～4 依次分段进行矩形走刀加工，然后换精车刀一次成形，最后用螺纹车刀粗、精车螺纹。至于粗加工走刀的具体次数，应视每次的切削深度而定。

2. 定位基准和夹紧方式的确定

在确定定位基准和夹紧方式时，应力求设计、工艺与编程计算的基准统一，减少装夹次数，尽量避免采用占机人工调整式方案。

3. 夹具的选择

数控加工对夹具提出了两个基本要求：一是要保证夹具的坐标方向与机床的坐标方向相对

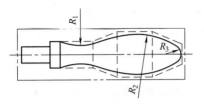

图 1-24　直线、斜线走刀路线

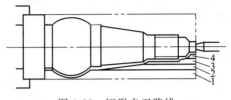

图 1-25　矩形走刀路线

固定；二是要能协调零件与机床坐标系的尺寸。此外，当零件加工批量小时，尽量采用组合夹具、可调式夹具以及其他通用夹具；成批生产时才考虑专用夹具；零件装卸要方便可靠。

4. 刀具的选择

数控机床上的刀具选择比较严格，有些刀具是专用的。选择刀具应考虑工件材质、加工轮廓类型、机床允许的切削用量以及刚性和刀具耐用度等。编程时，要规定刀具的结构尺寸和调整尺寸。对加工凹轮廓，端铣刀的刀具半径或球头铣刀的球头半径必须小于被加工面的最小曲率半径。对自动换刀的数控机床，在刀具装到机床上以前，要在机外预调装置（如对刀仪）中，根据编程确定的参数，调整到规定的尺寸或测出精确的尺寸。在加工前，将刀具有关尺寸输入到数控装置中。

（六）数控加工主要工艺文件的编写

编写数控加工主要工艺文件是数控加工工艺设计的主要内容之一。将工艺规程的内容填入一定格式的卡片中，用于生产准备、工艺管理和指导工人操作等的各种技术文件称为工艺文件。工艺文件的种类和形式是多种多样的，应根据产品图样与技术要求、生产纲领、生产条件和国内外同行业的工艺技术状况等来编制。工艺文件的详细程度差异较大，主要根据生产类型而定。在单件或小批生产中，一般只编制简单的工艺规程，采用工艺文件中的机械加工工艺卡。机械加工工艺卡是以工序为单位简要说明产品或零、部件的加工（或装配）过程的一种工艺文件，格式如表 1-1 所示。

表 1-1　机械加工工艺卡

工厂	机械加工工艺卡	产品名称及型号		零件名称		零件图号			
		材料	名称牌号	毛坯	种类	零件质量/kg	毛重净重	第　页共　页	
			性能		尺寸	每台件数		每批件数	

工序	装夹	工步	工序内容	同时加工零件数	切削用量				设备名称及编号	工艺装备名称及编号			技术等级	工时定额/min	
					切削深度/mm	切削速度/(m/min)	每分钟转数或往复次数	进给量/[(mm/r)或双行程/mm]		夹具	刀具	量具		单件	准备终结

更改内容								

编制		校对		审核		会签	

在成批生产中多采用详细的工艺规程，规定产品或零、部件的制造工艺过程和操作方法，常见的工艺文件有下列几种。

1. 机械加工工艺过程卡

机械加工工艺过程卡如表 1-2 所示。这种卡片主要列出整个零件加工所经过的工艺路线，它是制订其他工艺文件的基础，也是生产技术准备、编制作业计划和组织生产的依据。由于它对各个工序的说明不够具体，故适用于生产管理，是工艺规程的总纲。它订在工艺规程的最前面，是在所有工序卡填写完后再编写。表中的"工序号"可逢五进位（0、5、10…）。

表 1-2　机械加工工艺过程卡

工厂	机械加工工艺过程卡		零件材料	
	零件名称		零件毛坯	
工序号	工序名称	设备		刀量具		夹具名称
		名称	型号	名称	规格	
更改内容						
编制		校对		审核		会签	

2. 机械加工工序卡

这种卡片是用来具体指导工人在普通机床上加工时进行操作的一种工艺文件，它是根据机械加工工艺过程卡中每道工序制订的，其格式如表 1-3 所示。

表 1-3　机械加工工序卡

工厂	机械加工工序卡	工序名称	工序号
	零件名称		
设备名称	设备型号	硬度	
零件材料	同时加工零件数		
（工序简图）			

序号	工序内容	夹具	刀具	量具
编制	校对	审核	会签	

卡片中部按加工位置绘制工序简图，该图可不按比例绘制，但各部分要大致适当，应清楚表明全部加工内容及要求（包括形状、位置、尺寸、公差、粗糙度等），并以加粗线表示加工表面。定位（支靠）、夹紧表面分别用"⌵"、"⌰"等符号表示。工序简图左下角填写冷却润滑液。技术条件可用形位公差符号和框格表示，也可在工序简图右下角用文字注明。

"硬度"指本工序加工时的硬度;"序号"栏即为工步号,按顺序填写 1、2、3…;表面粗糙度有不同要求时,必须分别注出,较多相同者,用"其余 $\sqrt{RaX}$"注于工序简图之右上方。

3. 数控加工工序卡

这种卡片与机械加工工序卡有许多相似之处,所不同的是数控加工工序卡片上的工序简图应注明编程原点与对刀点,要进行编程简要说明(如所用控制机型号、程序介质、程序编号、镜像加工对称方式、刀具半径补偿等)及切削参数(即程序编入的主轴转速、进给速度等)的选定。

4. 数控加工程序说明卡

仅用机械加工工艺卡或机械加工工艺过程卡、数控加工工序卡、数控加工程序单和程序介质来进行数控实际加工,还有许多不足之处。由于操作人员对程序的内容不清楚,对编程人员的意图不够理解,经常需要编程人员在现场进行口头解释、说明与指导,这对于程序仅使用几次就不用了的场合是可以的。但是,若程序用于长期批量生产,或编程人员临时不在现场或调离,弄不好会造成质量事故或临时停产。故对于那些需要长期保存和使用的程序,制订数控加工程序说明卡就显得特别重要。

数控加工程序说明卡的主要内容包括:所用数控设备的型号及控制机型号;对刀点及允许的对刀误差;工件相对于机床的坐标方向及位置(用简图表达);镜像加工使用的对称轴;所用刀具的规格、图号及其在程序中对应的刀具号(如 D03 或 L02 等),必须按实际刀具半径或长度加大或缩小补偿值的特殊要求(如用同一个程序、同一把刀具作粗加工而利用加大刀具半径补偿值时),更换该刀具的程序段号等;整个程序加工内容的顺序安排;子程序的说明;其他需要作特殊说明的问题等。

5. 数控加工走刀路线图

走刀路线主要反映加工过程中刀具的运动轨迹,其作用:一方面是方便编程人员编程;另一方面是帮助操作人员了解刀具的走刀轨迹(如从哪里下刀,在哪里抬刀,哪里是斜下刀等),以便确定夹紧位置和控制夹紧元件的高度。

在制订零件的机械加工工艺规程时,应根据该零件的生产类型、结构、零件技术要求、生产条件和企业或行业技术标准,选择上述有关的工艺文件。当零件选择数控加工时,则需要制订有关的数控加工专用技术文件,包括上述数控加工工序卡、数控加工程序说明卡和数控加工走刀路线图等,各具体格式可由本单位的技术标准确定。

第三节　数控程序编制基础

一、程序编制的内容与步骤

程序编制是指从绘制零件图纸到编制零件加工程序和制作控制介质的全部过程。它可分为手工编程和自动编程两类。

手工编程时,整个程序的编制过程是由人工完成的。这就要求编程人员不仅要熟悉数控代码及编程规则,而且必须具备机械加工工艺知识和数值计算能力,其编程内容和步骤如图

1-26 所示。对于点位加工和几何形状简单的零件加工，程序段较少，计算简单，用手工编程即可完成。但对复杂型面或程序量很大的零件，则采用手工编程相当困难，必须采用自动编程。有关数控自动编程技术的内容将在第七章作具体介绍。

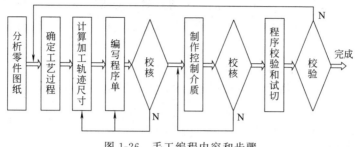

图 1-26　手工编程内容和步骤

二、程序编制的代码标准

数控机床的零件加工程序，可通过拨码盘、键盘、穿孔纸带、磁带及磁盘等介质输入到数控装置中。常用的标准穿孔纸带有五单位（五列孔，宽 17.5mm）和八单位（八列孔，宽 25.4mm）两种。前者所能记录的信息量较少，用于功能简单的简易数控机床（如数控线切割）；后者则广泛用于车削、铣削等多功能数控机床和加工中心。

目前广泛应用的八单位穿孔纸带的代码标准有两种：EIA（Electronic Industries Association，美国电子工业协会）标准和 ISO（International Standard Organization，国际标准化组织）标准。ISO 标准又被称为 ASCII（American Standard Code for Information Interchange，美国信息交换标准码）标准。

EIA 标准使用较早，在北美洲广泛采用。ISO 代码标准，由于具有信息量大、可靠性高、与当今数控传输系统统一等优点，目前被许多国家的数控系统采用。我国现在规定新产品一律采用 ISO 代码标准。

三、NC 程序的结构

1. 程序的组成

一个完整的零件加工程序，由若干程序段组成，每个程序段又由若干个代码字组成，每个代码字则由文字（地址符）和数字（有些数字还带有符号）组成。字母、数字和符号统称为字符。举例如下：

```
%
N01   G91   G00    X50    Y60    LF
N02   G01   X1000  Y5000  F150   S300   T12   M03   LF
 ⋮                    ⋮
N10   G00   X－50   Y－60  M02    LF
EM
```

上例为一个完整的零件加工程序，它由 10 个程序段组成，每个程序段以序号"N"开头，用 LF 结束。M02 代表整个程序的结束。有些数控系统还规定，整个程序要以符号"%"开头，以符号"EM"结尾。

每个程序段中有若干个代码字，如第二程序段有 9 个代码字，一个程序段表示一个完整的加工工步或动作。

一个程序的最大长度取决于数控系统中零件程序存储区的容量，如日本的 FANUC-7M 系统，零件主程序存储区最大容量为 4KB，也可以根据用户要求扩大存储区的容量。对一个程序段的字符数，某些数控系统规定了一定的数量，如规定字符数≤90 个，90 个字符足够使用了。

2. 程序段格式

程序段格式是指一个程序段中字的排列书写方式和顺序，以及每个字和整个程序段的长度限制和规定。不同的数控系统往往有不同的程序段格式，格式不符合规定，则数控系统不能接受。

常见的程序段格式有以下两类。

(1) 分隔符固定顺序式

这种格式是用分隔符 "HT"（在 EIA 代码中用 "TAB"）代替地址符，而且预先规定了所有可能出现的代码字的固定排列顺序，根据分隔符出现的顺序，就可判定其功能。不需要的字或与上一程序段相同功能的字可以不写，但其分隔符必须保留。前面举例中的程序写成分隔符固定顺序格式如下：

```
01 HT 91 HT 00 HT 50 HT 60 HT      HT      HT      HT      HT L
02 HT    HT 01 HT 1000 HT 5000 HT 150 HT 300 HT 12 HT 03 L
⋮           ⋮
10 HT    HT 00 HT −50 HT −60 HT      HT      HT      HT 02 L
```

我国数控线切割加工机床采用的 "3B" 或 "4B" 格式指令就是典型的分隔符固定顺序格式。其 3B 格式一般表示为 BX BY BJ GZ，其具体意义如表 1-4 所示。

表 1-4　数控线切割加工机床的 3B 格式

B	X	B	Y	B	J	G	Z
分隔符号	X 坐标值	分隔符号	Y 坐标值	分隔符号	计数长度	计数方向	加工指令

分隔符固定顺序式格式不直观，编程不便，常用于功能不多的数控装置（数控系统）中。

(2) 地址符可变程序段格式

这种格式又称字-地址程序段格式，在前面程序的组成中介绍的例子就是这种格式。程序段中每个字都以地址符开始，其后跟符号和数字，代码字的排列顺序没有严格的要求，不需要的代码字以及与上段相同的续效字可以不写。这种格式的特点是程序简单，可读性强，易于检查。因此现代数控机床广泛采用这种格式。

四、NC 程序的常用功能字

一般程序段由下列功能字组成：

N＿　　　G＿　　　X＿　Y＿　Z＿　　　F＿　　　S＿　　　T＿　M＿
程序号　准备功能　坐标值　　　　　进给速度　主轴速度　刀具　辅助功能

1. 准备功能字

准备功能字 G 代码，用来规定刀具和工件的相对运动轨迹（即指令插补功能）、机床坐标系、坐标平面、刀具补偿、坐标偏置等多种加工操作。我国原机械工业部根据 ISO 标准制定了 JB/T 3208—1999 标准，规定 G 代码由字母 G 及其后面的两位数字组成，从 G00～G99 共有 100 种代码，如表 1-5 所示。

表 1-5　G 功能代码

代码	模态代码组别	功能	代码	模态代码组别	功能
G00	a	点定位	G50	(d)	刀具偏置 0/−
G01	a	直线插补	G51	(d)	刀具偏置 +/0
G02	a	顺时针圆弧插补	G52	(d)	刀具偏置 −/0
G03	a	逆时针圆弧插补	G53	f	直线偏移,注销
G04		暂停	G54	f	直线偏移 X
G05		不指定	G55	f	直线偏移 Y
G06	a	抛物线插补	G56	f	直线偏移 Z
G07		不指定	G57	f	直线偏移 XY
G08		加速	G58	f	直线偏移 XZ
G09		减速	G59	f	直线偏移 YZ
G10～G16		不指定	G60	h	准确定位 1(精)
G17	c	XY 平面选择	G61	h	准确定位 2(中)
G18	c	ZX 平面选择	G62	h	快速定位(粗)
G19	c	YZ 平面选择	G63		攻螺纹
G20～G32		不指定	G64～G67		不指定
G33	a	螺纹切削,等螺距	G68	(d)	刀具偏移,内角
G34	a	螺纹切削,增螺距	G69	(d)	刀具偏移,外角
G35	a	螺纹切削,减螺距	G70～G79		不指定
G36～G39		永不指定	G80	e	固定循环注销
G40	d	刀具补偿/偏置注销	G81～G89	e	固定循环
G41	d	刀具左补偿	G90	j	绝对尺寸
G42	d	刀具右补偿	G91	j	增量尺寸
G43	(d)	刀具正偏置	G92		预置寄存
G44	(d)	刀具负偏置	G93	k	时间倒数,进给率
G45	(d)	刀具偏置 +/+	G94	k	每分钟进给
G46	(d)	刀具偏置 +/−	G95	k	主轴每转进给
G47	(d)	刀具偏置 −/−	G96	i	恒线速度
G48	(d)	刀具偏置 −/+	G97	i	每分钟转数(主轴)
G49	(d)	刀具偏置 0/+	G98,G99		不指定

G 代码分为模态代码和非模态代码。表 1-5 中模态代码组别中的 a、c、d、e、h、k、i 各字母所对应的为模态代码（又称续效代码）。它表示在程序中一经被应用（如 a 组的 G01），直到出现同组（a 组）的任一 G 代码（如 G02）时才失效，否则该指令继续有效。模态代码可以在其后的程序段中省略不写。非模态代码只在本程序中有效。表中"不指定"代码，指在未指定新的定义之前，由数控系统设计者根据需要定义新的功能。

2. 坐标功能字

坐标功能字（又称尺寸字）用来设定机床各坐标的位移量。它一般以 X、Y、Z、U、V、W、P、Q、R、A、B、C、D、E 等地址符为首，在地址符后紧跟"＋"（正）或"－"（负）及一串数字，该数字一般以系统脉冲当量（指数控系统能实现的最小位移量，即数控装置每发出一个脉冲信号，机床工作台的移动量，一般为 0.0001～0.01mm）为单位，不使用小数点。一个程序段中有多个尺寸字时，一般按上述地址符顺序排列。

3. 进给功能字

进给功能字用来指定刀具相对工件运动的速度，由地址符"F"和后面若干位数字构成，可通过直接法或代码法指定进给速度，单位一般为 mm/min。对于数控车床，F 可分为每分钟进给和主轴每转进给两种，当进给速度与主轴转速有关时，如车螺纹、攻螺纹等，指定的进给速度单位为 mm/r。对于其他数控机床，一般只用每分钟进给。F 指令在螺纹切削程序中常用来指螺纹的导程。

4. 主轴功能字

该功能字用来指定主轴速度，单位为 r/min，它以地址符"S"为首，后跟一串数字，可通过直接法或代码法指定进给速度。

5. 刀具功能字

当系统具有换刀功能时，刀具功能字用以选择替换的刀具。它以地址符"T"为首，其后一般跟两位数字或四位数字，代表刀具的编号和刀偏号。

以上 F 功能、T 功能、S 功能均为模态代码。

6. 辅助功能字

辅助功能字 M 代码主要用于数控机床的开关量控制，如主轴的正、反转，切削液开、关，工件的夹紧、松开，程序结束等。M 代码从 M00～M99 共 100 种。我国标准 JB/T 3208—1999 的有关规定如表 1-6 所示。表中"♯"号表示若选作特殊用途，必须在程序说明中注明；"＊"号表示对该具体情况起作用。下面介绍几种常用的 M 代码功能。

① M00 程序停止。执行 M00 后，机床所有动作均被切断，以便进行手动操作。重新按动程序启动按钮后，再继续执行后面的程序段。

② M01 选择停止。与执行 M00 相同，不同的是只有按下机床控制面板上"任选停止"开关时，该指令才有效，否则机床继续执行后面的程序。该指令常用于抽查工件的关键尺寸。

③ M02 程序结束。执行该指令后，表示程序内所存指令均已完成，因而切断机床所有动作，机床复位，但程序结束后，不返回到程序开头的位置。

④ M03、M04 和 M05 主轴正转、反转和停转。对于数控车床，从主轴后端往正 Z 方向看，顺时针方向为主轴正转；对于刀具旋转类机床，拇指指向工件，取右手螺旋方向为主轴正转方向。

⑤ M30 纸带结束。执行该指令后，除完成 M02 的内容外，还自动返回到程序开头的位置，为加工下一个工件做好准备。

表 1-6　M 功能代码

代码	功能与程序段运动同时开始	功能在程序段运动完后开始	功能	代码	功能与程序段运动同时开始	功能在程序段运动完后开始	功能
M00		*	程序停止	M36	*		进给范围 1
M01		*	选择停止	M37	*		进给范围 2
M02		*	程序结束	M38	*		主轴速度范围 1
M03	*		主轴顺时针方向	M39	*		主轴速度范围 2
M04	*		主轴逆时针方向	M40～M45	#	#	不指定或齿轮换挡
M05		*	主轴停止	M46、M47	#	#	不指定
M06	#	#	换刀	M48		*	注销 M49
M07		*	2 号切削液开	M49	*		进给率修正旁路
M08	*		1 号切削液开	M50	*		3 号切削液开
M09		*	切削液关	M51	*		4 号切削液开
M10	#	#	夹紧	M52～M54	#	#	不指定
M11	#	#	松开	M55	*		刀具直线位移,位置 1
M12	#	#	不指定	M56	*		刀具直线位移,位置 2
M13	*		主轴顺时针方向切削液开	M57～M59	#	#	不指定
M14	*		主轴逆时针方向切削液开	M60			更换工件
M15	*		正运动	M61	*		工件直线位移,位置 1
M16	*		负运动	M62	*		工件直线位移,位置 2
M17、M18	#	#	不指定	M63～M70	#	#	不指定
M19		*	主轴定向停止	M71	*		工件角度移位位置 1
M20～M29	#	#	永不指定	M72	*		工件角度移位位置 2
M30		*	纸带结束	M73～M89	#	#	不指定
M31	#	#	互锁旁路	M90～M99	#	#	永不指定
M32～M35	#	#	不指定				

第四节　数控加工技术的发展趋势

随着科学技术的发展,机械产品的形状和结构不断改进,对零件加工质量的要求也越来越高。随着社会对产品多样化需求的增强,产品品种增多,产品更新换代加快,这使得数控加工在生产中得到了广泛的应用,并不断地发展。尤其是随着 FMS 和 CIMS 的兴起和不断成熟,对机床数控系统提出了更高的要求,数控加工技术正在向高性能与高可靠性、功能复合化、开放化与定制化、智能化、网络化与集成化、绿色化等方向发展。

1. 高性能、高可靠性

数控机床技术发展过程中,一直在努力追求更高的加工精度、切削速度、生产效率和可靠性。提高数控机床的加工精度，一般可通过减小数控系统误差、提高数控机床基础大件结构特性和热稳定性、采用补偿技术和辅助措施来达到。在减小 CNC 系统误差方面，通常采用提高数控系统分辨率，使 CNC 控制单元精细化，提高位置检测精度以及在位置伺服系统中采用前馈和非线性控制等方法。在采用补偿技术方面，采用齿隙补偿、丝杠螺母误差补偿、刀具补偿、热变形误差补偿和空间误差综合补偿等。目前数控机床定位精度已开始进入纳米级（$0.001\mu m$），高精度五轴联动加工中心已应用生产。

在数控机床切削速度、生产效率发展方面，可通过高速运算技术、快速插补运算技术、超高速通信技术和高速主轴等技术来实现高速化，主轴转速可高达 200000r/min，最大进给速度可高达 240m/min，最大加速度可高达 $3m/s^2$。

数控机床的可靠性是数控机床产品质量的一项关键性指标。提高数控系统可靠性通常可采用冗余技术、故障诊断技术、自动检错与纠错技术、系统恢复技术、软件可靠性技术等。国外数控装置的平均无故障工作时间（Mean Time Between Failures，MTBF）已达 6000h以上，伺服系统的 MTBF 达到 30000h 以上。很多企业正在对可靠性设计技术、可靠性试验技术、可靠性评价技术、可靠性增长技术以及可靠性管理保证体系等进行深入研究和广泛应用，以期望使数控机床整机可靠性提高到一个新水平。目前，国外数控机床整机的 MTBF已达到 800h 以上，而国内最高为 300h 左右。

2. 功能复合化

从不同切削加工工艺复合（如车铣、铣磨）向不同成形方法的组合（如增材制造、减材制造和等材制造等成形方法的组合或混合），数控机床与机器人"机-机"融合与协同等方向发展；从"CAD-CAM-CNC"的传统串行工艺链向基于 3D 实体模型的"CAD＋CAM＋CNC 集成"一步式加工方向发展；从"机-机"互联的网络化，向"人-机-物"互联、边缘/云计算支持的加工大数据处理方向发展。

3. 开放化、定制化

开放化已经成为数控系统的发展之路。数控系统的开发可以在统一的运行平台上，面向机床厂家和最终用户，通过改变、增加或剪裁结构对象（数控功能），形成系列化，并可方便地将用户的特殊应用和技术诀窍集成到控制系统中，快速实现不同品种、不同档次的开放式数控系统，形成具有鲜明个性的名牌产品。开放式数控系统的体系结构规范、通信规范、配置规范、运行平台、数控系统功能库以及数控系统功能软件开发工具等是当前研究的核心。

定制化是根据用户需求，在机床结构、系统配置、专业编程、切削刀具、在机测量等方面提供定制化开发，在加工工艺、切削参数、故障诊断、运行维护等方面提供定制化服务。模块化设计、可重构配置、网络化协同、软件定义制造、可移动制造等技术将为实现数控机床加工定制化提供技术支撑。

4. 智能化

通过传感器和标准通信接口，感知和获取机床状态和加工过程的信号及数据；通过变换处理、建模分析和数据挖掘对加工过程进行学习，形成支持最优决策的信息和指令，实现对机床及加工过程的监测、预报和控制；在局部或全部完成加工过程智能监控、自适应、自诊断和自修复，满足优质、高效、柔性和自适应加工的要求。"感知、互联、学习、决策、自适应"将成为数控机床智能化的主要功能特征，加工大数据、工业物联、数字孪生、边缘计算/云计算、深度学习等将有力推动未来智能机床技术的发展与进步。

5. 网络化、集成化

支持多种通信协议与网络资源共享，既满足单机需要，又能满足 FMC、FMS、CIMS 对基层设备的集成要求；实现数控装备的远程监控、数字化服务（远程诊断、维护、电子商务等）；满足生产线、制造系统、制造企业对信息集成的需求，便于实现新的制造模式，如敏捷制造、虚拟企业、全球制造等。

6. 绿色化

数控加工技术面向未来可持续发展的需求，具有生态友好的设计、轻量化的结构、节能环保的制造、最优化能效管理、清洁切削技术、宜人化人机接口和产品全生命周期绿色化服务等，已开展应用高速干切削（准干切削）、飞秒激光加工等数控绿色制造技术。

随着未来量子计算新技术和量子计算机的应用，将催生出全新原理和全新概念的数控机床加工技术。

 本章小结

本章介绍了数控设备的产生与发展，数控设备的工作原理、组成与特点，数控设备的分类，数控机床的坐标系统，数控加工和程序编制基础，重点讨论了数控加工的工艺设计内容，要求了解数控加工技术的发展趋势。

通过本章的学习，应当明确以下几点：

① 数控机床是为解决单件、小批量，特别是复杂型面零件加工的自动化并保证质量而产生的。随着数控系统经历六代产品发展过程的同时，数控机床从第一台三坐标立式数控铣床产生开始，相继出现了加工中心、DNC、FMS、CIMS、高性能数控机床、并联运动机床、极端加工机床、聪明加工系统等机床或系统。在数控机床全面发展的同时，其他数控设备也得到了广泛的应用。数控加工技术正向高性能与高可靠性、功能复合化、开放化与定制化、智能化、网络化与集成化、绿色化等方向发展。

② 数控设备工作的关键问题是如何通过数控程序输入到数控设备的数控装置中，控制该设备执行机构的各种动作或运动轨迹。数控设备可以按多种方式进行分类。若按工艺用途分类，可分为金属切削类（含普通数控机床、数控加工中心）、金属成形类（如数控弯管机、数控压力机、数控冲剪机、数控折弯机、数控旋压机等）、特种加工类（如数控电火花线切割机、数控电火花成形机、数控激光与火焰切割机、七轴五联动磨齿机等）以及测量与绘图类（如数控绘图机、数控坐标测量机、数控对刀仪）四类；若按控制运动的方式分类，可以分为点位控制数控机床、点位直线控制数控机床和轮廓控制数控机床；若按伺服系统的控制方式分类，分为开环控制数控机床、半闭环控制数控机床和闭环控制数控机床；还可以按所用数控系统的档次分类，分为低档数控机床、中档数控机床和高档数控机床。

③ 数控加工包括八个方面的内容，其关键是进行数控加工工艺设计。数控加工的工艺设计主要包括：选择并确定零件的数控加工内容，对零件图进行数控加工工艺性分析，数控加工的工艺路线设计，数控加工的工序设计，数控加工主要工艺文件的编写。通过数控加工的工艺设计，最终把数控工艺和参数具体地设置在数控加工程序中，是数控加工的核心问题。

④ 数控加工程序的编制方法有手工编程和自动编程两类。为使用户方便和统一，国际标准化组织（ISO）对数控程序编制的代码制定了统一的标准。现在广泛使用的 ISO 代码列出了 G、M、F、S、T 等功能字的规定，按照一定的程序段格式将这些功能字组成数控程序。

习题一

1-1　数控设备由哪几部分组成？各部分的基本功能是什么？数控设备有哪些特点？

1-2　何谓点位控制数控机床、点位直线控制数控机床、轮廓控制数控机床？

1-3　数控机床伺服系统的控制方式有哪些？各有何特点？

1-4　数控系统的档次是如何划分的？什么是经济型数控机床？

1-5　数控机床的坐标系是怎样规定的？

1-6　何谓数控加工？数控加工包括哪些内容？数控加工有何特点？

1-7　三坐标数控机床能实现"三坐标加工"吗？何谓"2.5坐标加工"？

1-8　何谓刀具半径补偿？有何作用？

1-9　数控加工工艺设计的主要内容有哪些？

1-10　如何选择对刀点、刀位点和换刀点？

1-11　数控加工工序的划分应考虑哪些因素？工序划分的方法有哪些？

1-12　数控加工走刀路线应考虑哪些方面？

1-13　数控加工技术文件包括哪些？各有何作用？

1-14　什么是程序编制？有哪些方法？各有何特点？

1-15　试解释下列符号的意义：

(1) G03　　　　(2) M05　　　　(3) F120　　　　(4) LF

1-16　说明下列英文缩写词的含义：CNC、MNC、FMC、MC、FMS、CAM、CIMS。

第二章

数控机床结构及其控制原理

第一节　计算机数控系统

一、CNC 系统的组成与特点

计算机数控系统（简称 CNC 系统）是在硬件数控（NC）系统的基础上发展起来的，它用一台计算机完成数控装置的所有功能。CNC 系统由硬件和软件组成，其组成框图如图 2-1 所示。

图 2-1　CNC 系统的组成框图

根据上述组成框图，CNC 系统有如下特点。

① 灵活性。对于 NC 系统，一旦提供了某些控制功能，就不能被改变，除非改变硬件。而对于 CNC 系统，只要改变相应的软件即可，而不需要改变硬件。

② 通用性。在 CNC 系统中，硬件采用通用的模块化结构，而且易于扩展，并结合软件变化来满足数控机床的各种不同要求。接口电路由标准电路组成，给机床厂和用户带来了很大方便。这样用一种 CNC 系统就能满足多种数控机床的要求，当用户要求某些特殊功能时，仅仅改变某些软件即可。

③ 可靠性。在 CNC 系统中，零件数控加工程序在加工前一次性全部输入存储器，并经过模拟后才被调用加工，这就避免了在加工过程中由于纸带输入机的故障产生的停机现象。许多功能都由软件完成，硬件结构大大简化，特别是大规模和超大规模集成电路的采用，可靠性得到很大的提高。

④ 数控功能多样化。CNC 系统利用计算机的快速处理能力，可以实现许多复杂的数控功能，如多种插补功能、动静态图形显示、数字伺服控制等。

⑤ 使用维护方便。有的 CNC 系统含有对话编程、图形编程、自动在线编程等功能，使编程工作简单方便。编好的程序通过模拟运行，很容易检查程序是否正确。CNC 系统中还含有诊断程序，使得维修十分方便。

二、CNC 系统的硬件结构

数控系统的硬件由数控装置、输入/输出装置、驱动装置和机床电器逻辑控制装置等组成，这四部分之间通过 I/O 接口互连。

数控装置是数控系统的核心，其软件和硬件控制各种数控功能的实现。输入/输出装置主要有键盘、纸带阅读机、软盘驱动器、通信装置、显示器等，用以控制数据的输入/输出，监控数控系统的运行，进行机床操作面板及机床机电控制/监测机构的逻辑处理和监控，并为数控装置提供机床状态和有关应答信号。机床电器逻辑控制装置接收数控装置发出的数控辅助功能控制命令，实现数控机床的顺序控制。在现代数控系统中机床电器逻辑控制装置已经被可编程控制器（PLC）取代。驱动装置一般是以轴为单位的独立体，用以控制各轴的运动。

数控装置的硬件结构按 CNC 装置中印制电路板的插接方式，可以分为大板结构和功能模块（小板）结构；按 CNC 装置硬件的制造方式，可以分为专用型结构和个人计算机式结构；按 CNC 装置中微处理器的数量，可以分为单微处理器结构和多微处理器结构。

（一）大板结构与功能模板结构

1. **大板结构**

大板结构 CNC 系统的 CNC 装置由主电路板、位置控制板、PC 板、图形控制板、附加 I/O 板和电源单元等组成。主电路板是大印制电路板，其他电路板是小板（插在大印制电路板的插槽内）。这种结构类似于微型计算机的结构。

2. **功能模块结构**

在这种结构中，整个 CNC 装置按功能模块划分为若干个模块，硬件和软件的设计都采用模块化设计，每一个功能模块做成尺寸相同的印制电路板，相应功能模块的控制软件也模块化。用户根据需要选用各种控制单元母板及所需功能模块，将各功能模块插入控制单元母板的槽内，就组成了自己需要的 CNC 系统的控制装置。常用的功能模板有 CNC 控制板、位置控制板、PC 板、存储器板、图形板和通信板等。FANUC 系统 15 系列就采用了功能模块结构。

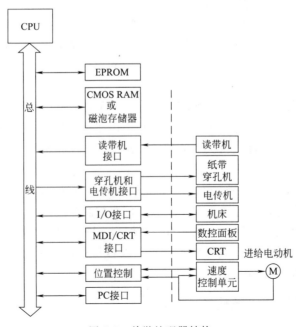

图 2-2　单微处理器结构

(二) 单微处理器结构与多微处理器结构

1. 单微处理器结构

在单微处理器结构中，只有一个微处理器，以集中控制、分时处理数控装置的各个任务。其他功能部件，如存储器、各种接口、位置控制器等都需要通过总线与微处理器相连。尽管有的 CNC 系统有两个以上微处理器，但只有一个微处理器能够控制系统总线，占有总线资源，而其他微处理器成为专用的智能部件，不能控制系统总线，不能访问主存储器。它们组成主从结构，故也被归于单微处理器结构中。图 2-2 是单微处理器结构图。

2. 多微处理器结构

随着数控系统功能的增加、数控机床加工速度的提高，单微处理器数控系统已不能满足要求，因此许多数控系统采用了多微处理器结构。若在一个数控系统中有两个或两个以上的微处理器，每个微处理器通过数据总线或通信方式进行连接，共享系统的公用存储器与 I/O 接口，每个微处理器分担系统的一部分工作，这就是多微处理器系统。图 2-3 所示的数控系统带有四个 CPU。目前使用的多微处理器系统有三种不同的结构，即主从式结构、总线式多主 CPU 结构和分布式结构。

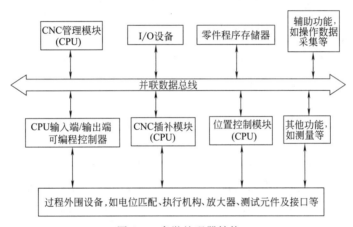

图 2-3 多微处理器结构

三、CNC 系统软件的组成与结构

(一) CNC 系统软件的组成

CNC 软件分为应用软件和系统软件。应用软件包括零件数控加工程序或其他辅助软件，如 CAD/CAM 软件。这里只介绍 CNC 系统软件。

CNC 系统软件是为实现 CNC 系统各项功能所编制的专用软件（也称控制软件），存放在计算机 EPROM 内存中。各种 CNC 系统的功能设置和控制方案各不相同，它们的系统软件在结构上和规模上差别很大，但是一般都包括输入数据处理程序、插补运算程序、速度控制程序、管理程序和诊断程序。下面分别叙述它们的作用。

1. 输入数据处理程序

它接收输入的零件加工程序，将标准代码表示的加工指令和数据进行译码、数据处理，并按规定的格式存放。有的系统还要进行补偿计算，或为插补运算和速度控制等进行预计算。通常，输入数据处理程序包括输入、译码和数据处理三项内容。

① 输入程序。它主要有两个任务：一个任务是从光电阅读机或键盘输入零件加工程序，并将其存放在工件程序存储器中；另一个任务是从工件程序存储器中把零件加工程序逐段往外调出，送入缓冲区，以便译码时使用。

② 译码程序。在输入的工件加工程序中含有工件的轮廓信息、加工速度及其他辅助功能信息。这些信息在计算机作插补运算与控制操作前必须翻译成计算机内部能识别的语言，译码程序就承担着此项任务。

③ 数据处理程序。它一般包括刀具半径补偿、速度计算以及辅助功能的处理等。刀具半径补偿是把工件轮廓轨迹转化成刀具中心轨迹。速度计算是解决该加工数据段以什么样的速度运动。另外，诸如换刀、主轴启停、切削液开停等辅助功能也在此程序中处理。

2. 插补计算程序

CNC 系统根据工件加工程序中提供的数据，如曲线的种类、起点、终点等进行运算。根据运算结果，分别向各坐标轴发出进给脉冲。这个过程称为插补运算。进给脉冲通过伺服系统驱动工作台或刀具做相应的运动，完成程序规定的加工任务。

CNC 系统一边插补进行运算一边进行加工，是一种典型的实时控制方式，所以插补运算的快慢直接影响机床进给速度的大小。因此，应该尽可能地缩短运算时间，这是编制插补运算程序的关键。

3. 速度控制程序

速度控制程序根据给定的速度值控制插补运算的频率，以保持预定的进给速度。在速度变化较大时，需要进行自动加减速控制，以避免因速度突变而造成驱动系统失步。

4. 管理程序

管理程序负责对数据输入、数据处理、插补运算等为加工过程服务的各种程序进行调度管理，还要对面板命令、时钟信号、故障信号等引起的中断进行处理。水平较高的管理程序可以使多道程序并行工作，如在插补运算与速度控制的空闲时间进行数据输入处理，即调用各种功能子程序，完成下一数据段的读入、译码和数据处理工作，并且保证在数据段加工过程中将下一数据段准备完毕。一旦本数据段加工完毕就立即开始下一数据段的插补加工。

5. 诊断程序

诊断程序的功能是在程序运行中及时发现系统的故障，并指出故障的类型；此外，也可以在运行前或故障发生后，检查系统各主要部件（如 CPU、存储器、接口、开关、伺服系统等）的功能是否正常，并指出发生故障的部位。

（二）CNC 系统软件的结构

CNC 系统是在同一时间或同一时间间隔内完成两种以上性质相同或不同的工作，因此需要对系统软件的各功能模块实现多任务并行处理。为此，在 CNC 软件设计中，常采用资源分时共享并行处理和资源重叠流水并行处理技术。资源分时共享并行处理适用于单微处理器系统，主要采用对 CPU 的分时共享来解决多任务的并行处理。资源重叠流水并行处理适用于多微处理器系统，资源重叠流水并行处理是指在一段时间间隔内处理两个或多个任务，即时间重叠。由于两种技术处理方式不同，相应的 CNC 软件也可设计成不同的结构形式。不同的软件结构，对各任务的安排方式也不同，管理方式也不同。较常见的 CNC 软件结构形式有前后台型软件结构和中断型软件结构。

1. 前后台型软件结构

前后台型软件结构将整个 CNC 系统软件分为前台程序和后台程序。前台程序为实时中断程序，几乎承担了全部实时任务，实现插补、位置控制及数控机床开关逻辑控制等实时功能；后台程序又称背景程序，是一个循环运行程序，实现数控加工程序的输入、预处理和管理的各项任务。在背景程序循环运行的过程中，前台的实时中断程序不断定时插入，二者密切配合，共同完成零件的加工任务。系统一经启动，经过一段初始化程序后，便进入背景程序循环。同时定时开放实时中断，每隔一定时间间隔发生一次中断，执行一次实时中断服务程序，执行完毕后返回背景程序，如此循环往复，共同完成数控的全部功能。这种前后台型软件结构一般适用于单微处理器系统集中控制。

2. 中断型软件结构

中断型软件结构的系统软件除初始化程序外，还将 CNC 的各功能模块分别安排在不同级别的中断程序中，无前后台程序之分。但中断程序有不同的中断优先级别，级别高的中断程序可以打断级别低的中断程序。系统软件本身就是一个大的多重中断服务程序，通过各级中断服务程序之间的通信来进行处理。各中断服务程序的优先级别与其作用和执行时间密切相关。

四、CNC 系统的控制原理

（一）零件程序的输入

数控加工程序的输入，通常是指将编制好的零件加工程序送入数控装置的过程，可分为手动输入和自动输入两种方式。手动输入一般是通过键盘输入。自动输入可用纸带、磁带、磁盘等程序介质输入，随着 CAD/CAM 技术的发展，越来越多地使用通信输入方式。

CNC 系统一般在存储器中开辟一个零件程序缓冲区作为零件程序进入 CNC 系统的必经之路。

（二）译码

所谓译码，指的是将输入的数控加工程序段按一定规则翻译成数控装置中计算机能够识别的数据形式，并按约定的格式存放在指定的译码结果缓冲器中。具体地说，译码是把数控加工程序缓冲器中的字符逐个读入，首先识别出其中的文字码和数字码，然后根据文字码所代表的功能，将后续数字码送到相应译码结果缓冲器单元中。

（三）刀具补偿

经过译码后得到的数据，还不能直接用于插补控制，要通过刀具补偿计算，将编程轮廓数据转换成刀具中心轨迹的数据才能用于插补。刀具补偿分为刀具长度补偿和刀具半径补偿。

1. 刀具长度补偿

在数控立式铣镗床上，当刀具磨损或更换刀具使 Z 向刀尖不在原初始加工的编程位置时，必须在 Z 向进给中，通过伸长（见图 2-4）或缩短一个偏置值 e 的办法来补偿其尺寸的变化，以保证加工深度仍然达到原设计位置。

刀具长度补偿由准备功能 G43、G44、G49 以及 H 代码指定。用 G43、G44 指令指定偏置方向，其中 G43 为正向偏置，G44 为负向偏置。G49 指令指定补偿撤销，H 代码指令指示偏置存储器中存储偏置量的地址。无论是绝对还是增量指令，G43 是将 H 代码指定的已存入偏

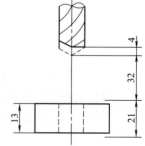

图 2-4　刀具长度补偿

置存储器中的偏置值加到主轴运动指令终点坐标值上去；而 G44 则相反，是从主轴运动指令终点坐标值中减去偏置值。G43、G44 是模态 G 代码。

用 H 后跟两位数指定偏置号，在每个偏置号所对应的偏置存储区中，通过键盘或纸带预先设置相应刀具的长度补偿值。对应偏置号 00 即 H00 的偏置值通常不设置，取为 0，相当于刀具长度补偿撤销指令 G49。

在图 2-4 中，所画刀具实线为刀具实际位置，虚线为刀具编程位置，则刀具长度补偿控制程序如下：

设定 H01＝－4.0(偏置值)

N1　G91　G00　G43　Z－32.0　H01；实际 Z 向将进给－32.0＋(－4.0)＝－36.0

N2　G01　Z－21.0　F1000；Z 向将从－36.0 位置进给到－57.0 位置

N3　G00　G49　Z53.0；Z 向将退回到 53.0＋4.0，返回初始位置

2. 刀具半径补偿

刀具半径补偿是指数控装置使刀具中心偏移零件轮廓一个指定的刀具半径值。根据 ISO 标准，当刀具中心轨迹在程序加工前进方向的右侧时，称为右刀具半径补偿，用 G42 表示；反之称为左刀具半径补偿，用 G41 表示；撤销刀具半径补偿用 G40 表示。

刀具半径补偿功能的优点是：在编程时可以按零件轮廓编程，不必计算刀具中心轨迹；刀具的磨损、刀具的更换不需要重新编制加工程序；可以采用同一程序进行粗、精加工；可以采用同一程序加工凸凹模。

刀具半径补偿的补偿值，由数控机床调整人员，根据加工需要，选择或刃磨好所需刀具，测量出每一把刀具的半径值，通过数控机床的操作面板，在 MDI 方式下，把半径值送入刀具参数中。

（四）速度控制

在零件数控程序中，F 指令设定了进给速度。速度控制的任务是为插补提供必要的速度信息。由于各种 CNC 系统采用的插补法不同，主要有脉冲增量法插补和数据采样法插补，所以速度控制方法也不相同。

1. 脉冲增量法插补的速度控制

脉冲增量插补方式用于以步进电动机为执行元件的系统中，坐标轴运动是通过控制步进电动机输出脉冲的频率来实现的。速度计算就是根据编程的 F 值来确定脉冲频率值。步进电动机走一步，相应的坐标轴移动一个对应的距离 δ（脉冲当量）。进给速度 F 与脉冲频率 f 之间的关系为

$$f = \frac{F}{60\delta}$$

式中，f 为脉冲频率，Hz；F 为进给速度，mm/min；δ 为脉冲当量，mm/脉冲。

两轴联动时，各坐标轴的进给速度分别为

$$F_x = 60\delta f_x$$
$$F_y = 60\delta f_y$$

式中，F_x、F_y 分别为 X 轴、Y 轴的进给速度，mm/min；f_x、f_y 分别为 X 轴、Y 轴步进电动机的脉冲频率。

合成进给速度为

$$F = \sqrt{F_x^2 + F_y^2}$$

用脉冲频率来控制速度,有两种实现方式:

① 程序延时方法:先根据系统要求的进给频率,计算出两次插补运算之间的时间间隔,用 CPU 执行延时子程序的方法控制两次插补之间的时间,改变延时子程序的循环次数,即可改变进给速度。

② 时间中断法:用中断的方法,每隔规定的时间向 CPU 发出中断请求,在中断服务程序中进行一次插补运算并发出一个进给脉冲。因此改变中断请求信号的频率,就等于改变了进给速度。中断请求信号可通过 F 指令设定的脉冲信号产生,也可通过可编程计数器/定时器产生。

如采用 CTC 作定时器,由程序设定时间常数,改变时间常数 T_c 就可以改变中断请求脉冲信号的频率。故进给速度计算与控制的关键是如何给定 CTC 的时间常数 T_c。

脉冲频率 f 所对应的时间间隔 T(单位为 s)为

$$T = \frac{1}{f} = \frac{60\delta}{F}$$

根据 CTC 中断频率确定的时间常数 T_c 为

$$T_c = \frac{T}{Pt_o} = \frac{60\delta}{FPt_o}$$

式中,P 为定标系数;t_o 为时钟周期。

2. 数据采样法插补的速度控制

数据采样法插补程序在每个插补周期内被调用一次,向坐标轴输出一个微小位移增量。这个微小的位移增量被称为一个插补周期内的插补进给量,用 f_s 表示。根据数控加工程序中的进给速度 F 和插补周期 T,可以计算出一个插补周期内的插补进给量为

$$f_s = \frac{KFT}{60 \times 1000}$$

式中,f_s 为一个插补周期内的插补进给量,mm;T 为插补周期,ms;F 为编程进给速度,mm/min;K 为速度系数(快速倍率、切削进给倍率)。

由此可得到指令进给值 f_s,即系统处于稳定进给状态时的进给量,因此称 f_s 为稳态速度。当数控机床启动、停止或加工过程中改变进给速度时,还需要进行自动加/减速处理。

数控机床进给系统的速度是不能突变的,进给速度的变化必须平稳过渡,以避免冲击、失步、超程、振荡或引起工件超差。在进给轴启动、停止时需要进行加减速控制。在程序段之间,为了使程序段转接处的被加工面不留痕迹,程序段之间的速度必须平滑过渡,不应有停顿或速度突变,这时也需要进行加减速控制。加减速控制多采用软件来实现。加减速控制可以在插补前进行,称为前加减速控制;也可以在插补之后进行,称为后加减速控制。

(1)前加减速控制

前加减速控制的优点是只对编程进给速度 F 进行控制,不会影响实际插补输出的位置精度;其缺点是需要预测加减速点。前加减速控制常用算法有线性加减速控制算法等。

当进给速度因数控机床启动、停止或进给速度指令改变而变化时,系统自动进行线性加减速处理。设进给速度为 F(mm/min),加速到 F 所需要的时间为 t,则加减速率 a($\mu m/ms^2$)为

$$a = 1.67 \times 10^{-2} \frac{F}{t}$$

每加/减速一次，瞬时速度为

$$f_{i+1}=f_i\pm at$$

减速需在减速区域内进行，减速区域 S 为

$$S=\frac{f_s^2}{2a}+\Delta S$$

式中，ΔS 为提前量。

（2）后加减速控制

后加减速控制的优点是对各坐标轴分别进行控制，不需要预测加减速点；其缺点是实际各坐标轴的合成位置可能不准确。后加减速控制常用算法有指数加减速控制和直线加减速控制。

① 指数加减速控制算法。这种算法是将启动或停止时的突变速度处理成随时间按指数规律上升或下降的速度，如图 2-5（a）所示。指数加减速控制时速度与时间的关系是：

加速时，有

$$v(t)=v_c(1-e^{-\frac{t}{T}})$$

式中，v_c 为稳定速度；T 为时间常数。

匀速时，有

$$v(t)=v_c$$

减速时，有

$$v(t)=v_c e^{-\frac{t}{T}}$$

② 直线加减速控制算法。这种算法使数控机床启动/停止时，速度沿一定斜率的斜线上升/下降，如图 2-5（b）所示。

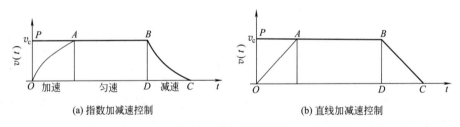

(a) 指数加减速控制   (b) 直线加减速控制

图 2-5 后加减速控制

（五）插补计算

零件程序经过译码、刀补计算和速度计算后，紧接着就是插补和位控，其中插补是数控系统的主要任务之一。在数控加工程序中，一般都已知运动轨迹的起点坐标、终点坐标和轨迹的曲线方程。另外，还要根据机床参数和工艺要求给出刀具长度、刀具半径和主轴转速、进给速度等。插补的任务就是根据进给速度的要求，计算出每一段零件轮廓起点与终点之间所插入中间点的坐标值，机床伺服系统根据此坐标值控制各坐标轴协调运动，走出预定轨迹。

插补可用硬件或软件来完成。在早期的 NC 中，都采用硬件数字逻辑电路来完成插补工作。在 CNC 中，插补工作一般由软件完成。

数控技术中常用的插补算法可归纳为以下两类：

　　第一类称为基准脉冲插补法或脉冲增量插补法。其特点是每插补运算一次，最多给每一轴进给一个脉冲，产生一个基本长度单位的移动量（即脉冲当量）。输出脉冲的最大速度取决于执行一次运算所需的时间。该方法虽然插补程序简单，但是进给率受到一定的限制，所以用于进给速度要求不很高的数控系统或开环数控系统中，常用的有逐点比较插补法和数字积分法。

　　第二类方法称为数据采样插补法。其特点是位置伺服通过计算机及测量装置构成闭环，在每个插补运算周期输出的不是单个脉冲，而是线段。计算机定时对反馈回路采样，得到的采样数据与插补程序产生的指令数据相比较后，用误差信号输出去驱动伺服电动机。采样周期一般取 10ms 左右。采样周期太短，计算机来不及处理，采样周期长，会损失信息而影响伺服精度。这种方法产生的最大速度不受计算机最大运算速度的限制。常用的有时间分割法和扩展数字积分法。

　　另外还有一种软件和硬件相结合的插补方法，把插补功能分别分配给软件插补器和硬件插补器。软件插补器完成粗插补，即把轨迹分为大的段；而硬件插补器完成精插补，进一步密化数据点。该方法响应速度和分辨率都比较高。

　　下面主要介绍逐点比较法、数字积分法、数据采样插补法。

1. 逐点比较法

　　逐点比较法又称区域判别法或代数运算法、醉步法。它的基本原理是：每走一步都要将加工点的瞬时坐标与规定的图形轨迹相比较，判断一下偏差，然后决定下一步的走向。这种方法的特点是：运算直观，插补误差小于一个脉冲当量，输出脉冲均匀，而且输出脉冲的速度变化小，调节方便，因此在两坐标联动的数控机床中应用较为广泛。

　　在逐点比较法中，每进给一步都需要四个节拍：偏差判别；坐标进给，根据偏差情况，决定进给方向；新偏差计算，每走一步都要计算新偏差值，作为下一步偏差判别的依据；终点判断，每走一步都要判断是否到终点，若到终点则停止插补，否则继续插补。现以直线插补和圆弧插补为例说明逐点比较法的工作原理。

　　（1）逐点比较法直线插补

　　1）插补原理

　　如图 2-6 所示，第 I 象限直线 $\overline{OE}$ 的起点为坐标原点，终点为 $E(x_e,\ y_e)$，加工动点为 $P_i(x_i,\ y_i)$，则直线的方程为

$$\frac{y_i}{x_i}=\frac{y_e}{x_e}$$

即 $x_e y_i - y_e x_i = 0$

　　若动点 $P_i(x_i,\ y_i)$ 在直线 $\overline{OE}$ 上方，则有

$$\frac{y_i}{x_i}>\frac{y_e}{x_e}$$

即
$$x_e y_i - y_e x_i > 0$$

　　若动点 $P_i(x_i,\ y_i)$ 在直线 $\overline{OE}$ 下方，则有

$$\frac{y_i}{x_i}<\frac{y_e}{x_e}$$

即
$$x_e y_i - y_e x_i < 0$$

　　由此可取偏差判别函数 F_i 为

$$F_i = x_e y_i - y_e x_i$$

① 偏差判别，由 F_i 的数值可以判别动点 P_i 与直线的相对位置。

当 $F_i = 0$，动点 $P_i(x_i, y_i)$ 正好在直线上；

当 $F_i > 0$，动点 $P_i(x_i, y_i)$ 在直线上方；

当 $F_i < 0$，动点 $P_i(x_i, y_i)$ 在直线下方。

② 坐标进给。从图2-6可知，对于起点在原点，终点为 $E(x_e, y_e)$ 的第 I 象限直线，当动点 $P_i(x_i, y_i)$ 在直线上方（$F_i > 0$）时，应该向 $+X$ 方向发一脉冲（走一步）；当动点 $P_i(x_i, y_i)$ 在直线下方（$F_i < 0$）时，应该向 $+Y$ 方向走一步，以减小偏差；当动点 $P_i(x_i, y_i)$ 在直线上（$F_i = 0$）时，既可向 $+X$ 方向走一步，又可向 $+Y$ 方向走一步，但通常将 $F_i = 0$ 与 $F_i > 0$ 归于一类，即 $F_i \geq 0$。

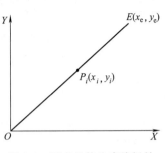

图2-6 逐点比较法直线插补

③ 新偏差计算。每走一步，都要计算新偏差函数值，由 $F_i = x_e y_i - y_e x_i$，得

$$F_{i+1} = x_e y_{i+1} - y_e x_{i+1}$$

则在计算新偏差函数 F_{i+1} 值时，要进行乘法和减法运算，这对具体电路实现起来不太方便，会增加硬件的复杂程度。为了简化运算，通常采用迭代法，即采用"递推法"。每走一步后，新偏差函数值采用前一点的偏差函数值递推出来。

当 $F_i \geq 0$ 时，向 $+X$ 方向走一步，即加工动点从 $P_i(x_i, y_i)$ 点走到新动点为

$$P_{i+1}(x_{i+1}, y_{i+1}), \quad x_{i+1} = x_i + 1, \quad y_{i+1} = y_i$$

则新偏差函数为

$$F_{i+1} = x_e y_{i+1} - y_e x_{i+1} = x_e y_i - y_e(x_i + 1) = x_e y_i - y_e x_i - y_e = F_i - y_e$$

即

$$F_{i+1} = F_i - y_e$$

当 $F_i < 0$ 时，向 $+Y$ 方向走一步，新动点坐标为

$$P_{i+1}(x_{i+1}, y_{i+1}), x_{i+1} = x_i, y_{i+1} = y_i + 1$$

则新偏差函数为

$$F_{i+1} = x_e y_{i+1} - y_e x_{i+1} = x_e(y_i + 1) - y_e x_i = x_e y_i - y_e x_i + x_e = F_i + x_e$$

即

$$F_{i+1} = F_i + x_e$$

由此可知，新加工点的偏差 F_{i+1} 完全可以用前加工点的偏差 F_i 递推出来，偏差 F_{i+1} 的计算只作加法和减法运算，没有乘法运算，计算简单。

其他象限直线的插补偏差递推公式可同理推导。四个象限的直线插补偏差计算递推公式如表2-1所示。

④ 终点判断。终点判断的方法有如下三种：第一种方法是总步长法，设置一个终点判断计数，计数器存入 X 和 Y 方向要走的总步数 Σ，即 $\Sigma = |x_e - x_0| + |y_e - y_0|$，当 X 或 Y 方向走一步时，终点判断计数器 Σ 减1，减到零时停止插补；第二种方法是投影法，设置一个终点判断计数 Σ，计数器存入 $|x_e - x_0|$、$|y_e - y_0|$ 较大者，当该方向进给一步时，进行 $\Sigma - 1$ 运算，直到 $\Sigma = 0$ 时停止插补；第三种方法是终点坐标法，设置 Σx、Σy 两个计数器，在加工开始前，在 Σx、Σy 计数器中分别存入 $|x_e - x_0|$、$|y_e - y_0|$，X 或 Y 坐标方向进给一步时，就在相应的计数器中减1，直至两个计数器中的数都减为零时，停止插补。

表 2-1　直线插补公式

象限	$F_i \geq 0$		$F_i < 0$	
	坐标进给	偏差计算	坐标进给	偏差计算
I	$+\Delta x$		$+\Delta y$	
II	$-\Delta x$	$F_{i+1}=F_i-y_e$	$+\Delta y$	$F_{i+1}=F_i+x_e$
III	$-\Delta x$		$-\Delta y$	
IV	$+\Delta x$		$-\Delta y$	

2）直线插补实例

【例题 2-1】　设加工第 I 象限直线 $\overline{OE}$，起点坐标为 $O(0，0)$，终点坐标为 $E(6，4)$，试进行插补运算并画出运动轨迹图。

用第一种方法进行终点判断，则 $\Sigma=6+4=10$，其插补运算过程如表 2-2 所示，插补轨迹如图 2-7 所示。

表 2-2　逐点比较法直线插补运算

序号	偏差判别	坐标进给	新偏差计算	终点判别
起点			$F_0=0$	$\Sigma=10$
1	$F_0=0$	$+x$	$F_1=F_0-y_e=-4$	$\Sigma=10-1=9$
2	$F_1=-4<0$	$+y$	$F_2=F_1+x_e=+2$	$\Sigma=9-1=8$
3	$F_2=+2>0$	$+x$	$F_3=F_2-y_e=-2$	$\Sigma=8-1=7$
4	$F_3=-2<0$	$+y$	$F_4=F_3+x_e=+4$	$\Sigma=7-1=6$
5	$F_4=+4>0$	$+x$	$F_5=F_4-y_e=0$	$\Sigma=6-1=5$
6	$F_5=0$	$+x$	$F_6=F_5-y_e=-4$	$\Sigma=5-1=4$
7	$F_6=-4<0$	$+y$	$F_7=F_6+x_e=+2$	$\Sigma=4-1=3$
8	$F_7=+2>0$	$+x$	$F_8=F_7-y_e=-2$	$\Sigma=3-1=2$
9	$F_8=-2<0$	$+y$	$F_9=F_8+x_e=+4$	$\Sigma=2-1=1$
10	$F_9=+4>0$	$+x$	$F_{10}=F_9-y_e=0$	$\Sigma=1-1=0$

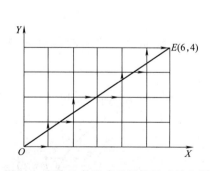

图 2-7　逐点比较法直线插补运动轨迹图

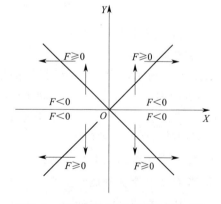

图 2-8　直线插补四个象限的进给方向

3）象限处理与插补软件流程

其他象限的插补方法和第 I 象限的插补方法类似。为适用于 4 个象限的直线插补，在偏差计算时，无论哪个象限直线，都用其坐标的绝对值计算，终点判别也用终点坐标的绝对值作为计数初值。4 个象限的进给方向如图 2-8 所示，插补偏差计算公式与进给方向列于表 2-3，插补软件流程如图 2.9 所示。

表 2-3　逐点比较法直线插补公式与进给方向

象限	$F_i \geqslant 0$		$F_i < 0$	
	坐标进给	偏差计算	坐标进给	偏差计算
I	$+\Delta x$		$+\Delta y$	
II	$-\Delta x$	$F_{i+1}=F_i-y_e$	$+\Delta y$	$F_{i+1}=F_i+x_e$
III	$-\Delta x$		$-\Delta y$	
IV	$+\Delta x$		$-\Delta y$	

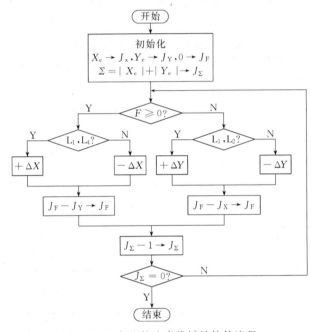

图 2-9　逐点比较法直线插补软件流程

（2）逐点比较法圆弧插补

1）插补原理

如图 2-10 所示，设第 I 象限逆圆弧 AB 的圆心为坐标原点，圆弧的起点为 $A(x_0, y_0)$，终点为 $B(x_e, y_e)$，已知圆弧的半径为 R。

① 偏差判别。设加工点 P 的坐标是 (x_i, y_i)，则 P 点相对圆弧 AB 有三种位置：

a. 当 P 点在圆弧 AB 上，则：$x_i^2+y_i^2-R^2=0$。

b. 当 P 点在圆弧外侧时，则：$x_i^2+y_i^2-R^2>0$。

c. 当 P 点在圆弧内侧时，则：$x_i^2+y_i^2-R^2<0$。

因此，用 F 表示 P 点的偏差值，并定义为

$$F=x_i^2+y_i^2-R^2$$

则 $F=0$ 时，P 点在圆弧 AB 上；$F>0$ 时，P 点在圆弧 AB 外侧；$F<0$ 时，P 点在圆弧 AB 内侧。

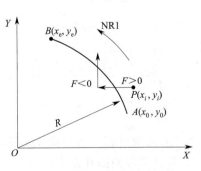

图 2-10　逐点比较法圆弧插补

② 坐标进给。

a. 当 $F \geqslant 0$ 时，控制刀具向 $-X$ 方向走一步；

b. 当 $F < 0$ 时，控制刀具向 $+Y$ 方向走一步。

③ 偏差计算。刀具每走一步后，将刀具新的坐标值代入 $F_i = x_i^2 + y_i^2 - R^2$ 中，求出新的 F_{i+1} 值，以确定下一步进给方向。

a. 当 $F \geqslant 0$ 时，沿 $-X$ 方向前进一步，即加工动点从 $P_i(x_i, y_i)$ 点走到新动点 P_{i+1} (x_{i+1}, y_{i+1})，$x_{i+1} = x_i - 1$，$y_{i+1} = y_i$，则新偏差函数为

$$F_{i+1} = x_{i+1}^2 + y_{i+1}^2 - R^2 = (x_i - 1)^2 + y_i^2 - R^2 = x_i^2 + y_i^2 - R^2 - 2x_i + 1 = F_i - 2x_i + 1$$

即

$$F_{i+1} = F_i - 2x_i + 1$$

b. 当 $F < 0$ 时，沿 $+Y$ 方向前进一步，即加工动点从 $P_i(x_i, y_i)$ 点走到新动点 P_{i+1} (x_{i+1}, y_{i+1})，$x_{i+1} = x_i$，$y_{i+1} = y_i + 1$，则新偏差函数为

$$F_{i+1} = x_{i+1}^2 + y_{i+1}^2 - R^2 = x_i^2 + (y_i + 1)^2 - R^2 = x_i^2 + y_i^2 - R^2 + 2y_i + 1 = F_i + 2y_i + 1$$

即

$$F_{i+1} = F_i + 2y_i + 1$$

由以上的推导可知，新的加工点的偏差，可由前一点偏差推算出。

④ 终点判别。圆弧插补的终点判别方法与直线插补的方法基本相同，可将 X、Y 轴走步数总和存入一个计数器，即

$$\Sigma = |x_e - x_0| + |y_e - y_0|$$

无论 X 轴还是 Y 轴，每进一步，计数器减 1，当 $\Sigma = 0$ 时，发出停止信号，插补结束。

2）圆弧插补实例

【例题 2-2】 设加工第一象限逆圆 AB，已知起点 $A(4, 0)$，终点 $B(0, 4)$。试进行插补计算并画出走步轨迹。

计算过程如表 2-4 所示，作出的走步轨迹如图 2-11 所示。

表 2-4 逐点比较法圆弧插补计算过程

序号	偏差判别	坐标进给	偏差计算	终点判别
起点		$x_0 = 4, y_0 = 0$	$F_0 = 0$	$\Sigma = 4 + 4 = 8$
1	$F_0 = 0$	$-X, x_1 = 4 - 1 = 3, y_1 = 0$	$F_1 = F_0 - 2x_0 + 1 = 0 - 2 \times 4 + 1 = -7$	$\Sigma = 8 - 1 = 7$
2	$F_1 = -7 < 0$	$+Y, x_2 = 3, y_2 = y_1 + 1 = 1$	$F_2 = F_1 + 2y_1 + 1 = -7 + 2 \times 0 + 1 = -6$	$\Sigma = 7 - 1 = 6$
3	$F_2 = -6 < 0$	$+Y, x_3 = 3, y_3 = 2$	$F_3 = F_2 + 2y_2 + 1 = -3$	$\Sigma = 6 - 1 = 5$
4	$F_3 = -3 < 0$	$+Y, x_4 = 3, y_4 = 3$	$F_4 = F_3 + 2y_3 + 1 = 2$	$\Sigma = 5 - 1 = 4$
5	$F_4 = 2 > 0$	$-X, x_5 = 2, y_5 = 3$	$F_5 = F_4 - 2x_4 + 1 = -3$	$\Sigma = 4 - 1 = 3$
6	$F_5 = -3 < 0$	$+Y, x_6 = 2, y_6 = 4$	$F_6 = F_5 + 2y_5 + 1 = 4$	$\Sigma = 3 - 1 = 2$
7	$F_6 = 4 > 0$	$-X, x_7 = 1, y_7 = 4$	$F_7 = F_6 - 2x_6 + 1 = 1$	$\Sigma = 2 - 1 = 1$
8	$F_7 = 1 > 0$	$-X, x_8 = 0, y_8 = 4$	$F_8 = F_7 - 2x_7 + 1 = 0$	$\Sigma = 1 - 1 = 0$

3）象限处理与插补软件流程

上面讨论的是第 I 象限的逆圆弧插补，实际上圆弧所处的象限不同、逆顺不同，则进给方向和插补偏差计算公式也不相同。四个象限的进给方向如图 2-12 所示，共有八种情况，

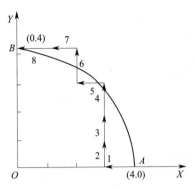

图 2-11 逐点比较法圆弧插补走步轨迹

按照第一象限逆圆插补偏差计算公式的推导方法，可得出其他七种情况的圆弧插补偏差计算公式。由图 2-12 可知，NR1/SR2/NR3/SR4 等加工，其进给对坐标轴来说是对称的［见图 2-12（a）］。若将 NR1 的进给 X 反向，就得出 SR2 的加工；又如将 NR1 的进给 Y 反向，则得出 SR4 的加工，且这些加工所用的插补计算公式都相同，因而可将它们归纳成一种类型，即 I 型（NR1 类）。另一种类型是对 SR1/NR2/SR3/NR4 的加工［见图 2-12（b）］，也能利用相同的插补计算公式，归为 II 型（SR1 类）。综合以上分析，可将圆弧插补计算公式与进给方向列成表 2-5（表中 x、y 为绝对值）。设圆弧起点为 $A(x_A，y_A)$，终点为 $B(x_e，y_e)$，其插补软件流程如图 2-13 所示。

表 2-5 逐点比较法圆弧插补公式与进给方向

加工类型		$F_i \geqslant 0$			$F_i < 0$		
		进给	偏差计算	坐标计算	进给	偏差计算	坐标计算
I 型（NR1 类）	NR1	$-\Delta x$	$F_{i+1} = F_i - 2x_i + 1$	$x_{i+1} = x_i - 1$ $y_{i+1} = y_i$	$+\Delta y$	$F_{i+1} = F_i + 2y_i + 1$	$x_{i+1} = x_i$ $y_{i+1} = y_i + 1$
	SR2	$+\Delta x$			$+\Delta y$		
	NR3	$+\Delta x$			$-\Delta y$		
	SR4	$-\Delta x$			$-\Delta y$		
II 型（SR1 类）	SR1	$-\Delta y$	$F_{i+1} = F_i - 2y_i + 1$	$x_{i+1} = x_i$ $y_{i+1} = y_i - 1$	$+\Delta x$	$F_{i+1} = F_i + 2x_i + 1$	$x_{i+1} = x_i + 1$ $y_{i+1} = y_i$
	NR2	$-\Delta y$			$-\Delta x$		
	SR3	$+\Delta y$			$-\Delta x$		
	NR4	$+\Delta y$			$+\Delta x$		

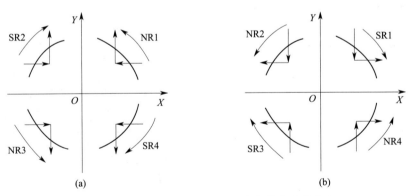

图 2-12 逐点比较法圆弧插补四个象限的进给方向

2. 数字积分法

数字积分法又称数字微分分析（Digital Differential Analyzer，DDA）法，是在数字积分器的基础上建立起来的一种插补法。数字积分法具有运算速度快、脉冲分配均匀、易实现坐标联动等优点，应用较广泛。其缺点是速度调节不便，插补精度需采取一定措施才能满足要求。但采用软件插补时，计算机有较强的功能和灵活性，可克服此缺点。

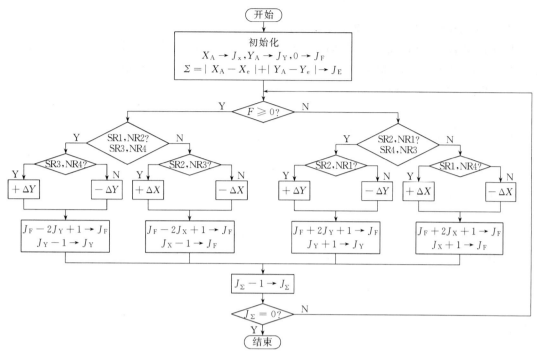

图 2-13　逐点比较法圆弧插补软件流程

如图 2-14 所示，设有一函数 $y = f(t)$，求此函数在 $t_0 \sim t_n$ 区间的积分，即求函数曲线与横坐标 t 在区间 (t_0, t_n) 所围成的面积。此面积可近似地视为曲线下许多小矩形面积之和，即

$$S = \int_{t_0}^{t_n} y_i \, \mathrm{d}t = \sum_{i=1}^{n} y_{i-1} \Delta t$$

式中，y_i 为 $t = t_i$ 时 $f(t)$ 值。

上式表明求积分的过程可以用累加的方法来近似。若 Δt 取基本单位时间"1"（相当于一个脉冲周期的时间），则上式简化为

$$S \sum_{i=0}^{n} y_i$$

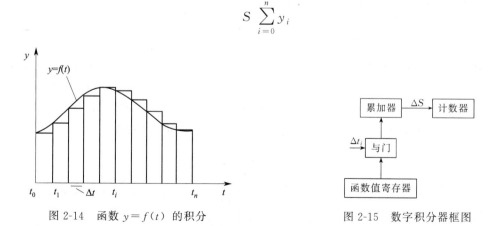

图 2-14　函数 $y = f(t)$ 的积分　　　　　　图 2-15　数字积分器框图

设置一个累加器，而且令累加器的容量为一个单位面积。用此累加器来实现这种累加运算，则累加过程中超过一个单位面积时必然产生溢出，累加过程中所产生的溢出脉冲总数就是要求的面积近似值，或者说就是要求的积分近似值。

图 2-15 为实现这种累加运算的数字积分器框图。它由函数值寄存器、与门、累加器及计数器等部分组成，其工作原理为每来一个 Δt 脉冲，与门打开一次，将函数值寄存器中的函数值送往累加器相加一次。当累加和超过累加器的容量时，便向计数器发出溢出脉冲，计数器累计此溢出脉冲，累加结束后，计数器的计数值就是面积积分近似值。

（1）DDA 法直线插补

1）直线插补原理

设在平面中有一直线 $\overline{OA}$，其起点为坐标原点，终点为 $A(x_e，y_e)$，直线方程为

$$y = \frac{y_e}{x_e}x$$

对时间 t 的参量方程为

$$\begin{cases} x = Kx_e t \\ y = Ky_e t \end{cases}$$

式中，K 为比例系数。

其微分形式为

$$\begin{cases} \mathrm{d}x = Kx_e \mathrm{d}t \\ \mathrm{d}y = Ky_e \mathrm{d}t \end{cases}$$

其积分形式为

$$\begin{cases} x = \int \mathrm{d}x = K\int x_e \mathrm{d}t \\ y = \int \mathrm{d}y = K\int y_e \mathrm{d}t \end{cases}$$

其累加和的近似形式为

$$\begin{cases} x = \sum_{i=1}^{n} Kx_e \Delta t \\ y = \sum_{i=1}^{n} Ky_e \Delta t \end{cases}$$

式中，$\Delta t = 1$ 时，写成近似微分形式为

$$\begin{cases} \Delta x = Kx_e \Delta t \\ \Delta y = Ky_e \Delta t \end{cases}$$

动点从原点出发走向终点的过程，可以看作是各坐标轴每隔一个单位时间 Δt，分别以增量 Kx_e 及 Ky_e 同时对两个累加器累加的过程。当累加器超过一个坐标单位（脉冲当量）时产生溢出，溢出脉冲驱动伺服系统进给一个脉冲当量，从而走出给定直线。

若经过 m 次累加后，X 和 Y 分别到达终点 $(x_e，y_e)$，即下式成立

$$\begin{cases} x = \sum_{i=1}^{m} Kx_e = Kx_e m = x_e \\ y = \sum_{i=1}^{m} Ky_e = Ky_e m = y_e \end{cases}$$

由此可见，比例系数 K 和累加次数 m 之间有如下的关系

$$Km = 1$$

即

$$m = 1/K$$

K 的数值与累加器的容量有关。累加器的容量应大于各坐标轴的最大坐标值，一般二者的位数相同，以保证每次累加最多只溢出一个脉冲。设累加器有 n 位，取

$$K = 1/2^n$$

则累加次数 m 为

$$m = 1/K = 2^n$$

上述关系表明，若累加器的位数为 n，则整个插补过程要进行 2^n 次累加才到达直线的终点。

因为 $K = 1/2^n$，n 为寄存器的位数，对于存放于寄存器中的二进制数来说，Kx_e（或 Ky_e）与 $x_e(y_e)$ 是相同的，只是认为前者小数点在最高位之前，而认为后者的小数点在最低位之后。所以，可以用 x_e 直接对 X 轴累加器累加，用 y_e 直接对 Y 轴的累加器累加。

图 2-16 为 DDA 法直线插补运算框图。它由两个数字积分器组成，每个坐标轴的积分器由累加器和被积函数寄存器组成。被积函数寄存器 J_{Vx}、J_{Vy} 存放终点坐标值，每隔一个时间间隔 Δt，将被积函数的值在各自的累加器中累加，X 轴累加器 J_{Rx}、Y 轴累加器 J_{Ry} 溢出的脉冲分别驱动 X 轴、Y 轴走步。

当累加器和寄存器的位数长而加工较短的直线时，就会出现累加很多次才能溢出一个脉冲的情况，这样进给速度就会很慢，影响生产率。为此，可在插补累加之前时将 x_e、y_e 同时放大 2^i 倍以提高进给速度。一般将 X 轴及 Y 轴被积函数寄存器同时左移，直到其中之一的最高位为 1 为止。此过程称为左移规格化，这实际是放大了 K 值。从直线参数方程可知，K 值变大后方程式仍成立，只是加快了插补速度。但这时到达终点的累加次数不再为 2^n，不能用此来判断终点。

通常情况下，DDA 法的终点判别，可设一个判终计数器 J_Σ，其初值为 0，每当累加器溢出一个脉冲，J_Σ 加 1，当 J_Σ 为 2^n 时，加工结束。

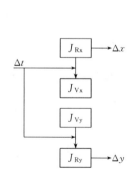

图 2-16　DDA 法直线插补运算框图

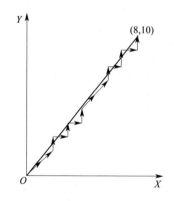

图 2-17　DDA 法直线插补走步轨迹

2）直线插补实例

【例题 2-3】　设有一直线 $\overline{OA}$，起点为原点 O，终点 A 坐标为（8，10），试用数字积分法进行插补计算并画出走步轨迹图。

选累加器和寄存器的位数为 4 位，判终计数器 $J_\Sigma = 2^4 = 16$。为加快插补速度，累加器的初值置为累加器容量的一半，插补计算过程如表 2-6 所示，走步轨迹如图 2-17 所示。

表 2-6 DDA 法直线插补计算过程

累加次数	X 轴数字积分器			Y 轴数字积分器			判终计算器 J_Σ
	X 被积函数寄存器 J_{Vx}	X 累加器 J_{Rx}	X 累加器溢出脉冲	Y 被积函数寄存器 J_{Vy}	Y 累加器 J_{Ry}	Y 累加器溢出脉冲	
0	8	8	0	10	8	0	0
1	8	16−16=0	1	10	18−16=2	1	1
2	8	8	0	10	12	0	2
3	8	16−16=0	1	10	22−16=6	1	3
4	8	8	0	10	16−16=0	1	4
5	8	16−16=0	1	10	10	0	5
6	8	8	0	10	20−16=4	1	6
7	8	16−16=0	1	10	14	0	7
8	8	8	0	10	24−16=8	1	8
9	8	16−16=0	1	10	18−16=2	1	9
10	8	8	0	10	12	0	10
11	8	16−16=0	1	10	22−16=6	1	11
12	8	8	0	10	16−16=0	1	12
13	8	16−16=0	1	10	10	0	13
14	8	8	0	10	20−16=4	1	14
15	8	16−16=0	1	10	14	0	15
16	8	8	0	10	24−16=8	1	16

3）插补软件流程

用与逐点比较法相同的处理方法，把符号与数据分开，取数据的绝对值作被积函数，而符号作进给方向控制信号处理，便可对所有不同象限的直线进行插补。须注意，DDA 法直线插补时，X 和 Y 两坐标可同时产生溢出脉冲，即同时进给，其插补软件流程如图 2-18 所示。

（2）DDA 法圆弧插补

1）圆弧插补原理

以第一象限逆圆弧为例，如图 2-19 所示，设圆弧 AB 的圆心在坐标原点，起点为 $A(x_0, y_0)$，终点为 $B(x_e, y_e)$，半径为 R，圆的参量方程可表示为

$$\begin{cases} x = R\cos t \\ y = R\sin t \end{cases}$$

对 t 微分得 x、y 方向上的速度分量为

$$\begin{cases} v_x = \dfrac{\mathrm{d}x}{\mathrm{d}t} = -R\sin t = -y \\ v_y = \dfrac{\mathrm{d}y}{\mathrm{d}t} = R\cos t = x \end{cases}$$

微分形式

$$\begin{cases} \mathrm{d}x = -y\,\mathrm{d}t \\ \mathrm{d}y = x\,\mathrm{d}t \end{cases}$$

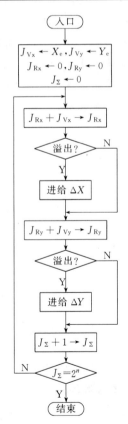

图 2-18 DDA 法直线插补软件流程

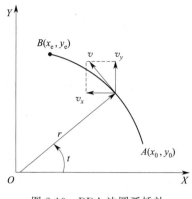

图 2-19　DDA 法圆弧插补

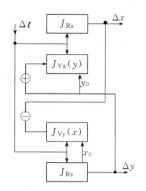

图 2-20　DDA 法圆弧插补运算框图

用累加和来近似积分得

$$
\begin{cases}
x = \sum_{i=1}^{n} -y\,\Delta t \\
y = \sum_{i=1}^{n} x\,\Delta t
\end{cases}
$$

上述表明圆弧插补时，X 轴的被积函数值为动点 Y 坐标瞬时值的累加，Y 轴的被积函数值为动点 X 坐标瞬时值的累加。图 2-20 为第一象限逆圆弧 DDA 圆弧插补运算框图，与直线插补比较，圆弧插补有如下不同：

① 直线插补时为常数累加，被积函数值 x_e（y_e）不变；而圆弧插补时为变量累加，被积函数值 $X(Y)$，必须由累加器的溢出来修改。

② 与直线插补时相反，圆弧插补 X 被积函数寄存器 J_{Vx} 中存 Y 值，初值存入 Y 的起点坐标 y_0；而 Y 被积函数寄存器 J_{Vy} 中存 X 值，初值存入 X 起点坐标 x_0。

③ 圆弧插补过程中，X 轴累加器 J_{Rx} 每溢出一个 Δx 脉冲，驱动 X 轴走一步，同时 J_{Vy} 中应减"1"；Y 轴累加器 J_{Ry} 每溢出一个 Δy 脉冲，驱动 Y 轴走一步，同时 J_{Vx} 中应加"1"。

与直线插补类似，被积函数值很小时，累加很多次才有一个脉冲溢出，插补效率很低，所以圆弧插补也需要左移规格化。因圆弧插补过程中被积函数要做修改，如果仍将其左移成最高位为 1，则在插补过程经过多次修改后，就有可能超过寄存器容量而产生溢出错误。因此圆弧左移规格化时，同时左移各被积函数初值直至其中至少一个的次高位为 1 为止。这里要特别注意，若被积函数左移了 n 位，相当于乘上 2^n，累加器有溢出脉冲时，被积函数修改就不再是加 1 或减 1，而是加 2^n。在程序设计时，另开辟 1 个数据区作为修改量寄存器，在左移规格化之前，存入 1，左移被积函数同时左移此寄存器，规格化后其值即为 2^n。修改坐标值即可用此寄存器的内容作为修改量。为改善插补质量，可将累加器初值都置为累加器容量的一半。

因为数字积分法圆弧插补两轴不一定同时到达终点，故可采用两个终点判别计数器 $J_{\Sigma X}$ 及 $J_{\Sigma Y}$，分别取总步长 $|x_e - x_0|$、$|y_e - y_0|$ 为各轴终点判别值。当某一坐标计数器减为 0 时，该轴停止进给；当两个计数器都减为 0 时，圆弧插补停止。

2）圆弧插补实例

【例题 2-4】　设加工第一象限逆圆弧 AB，其圆心在原点，起点 A 坐标为（6，0），终

点 B 的坐标为 $(0,6)$，累加器为三位，试用数字积分法插补计算，并画出走步轨迹图。

插补计算过程如表 2-7 所示。为加快插补，将两个累加器的初值置成容量的一半，走步轨迹如图 2-21 所示。

表 2-7　DDA 法圆弧插补计算过程

累加次数	X 轴数字积分器			Y 轴数字积分器		
	X 被积函数寄存器 J_{Vx}	X 累加器 J_{Rx}	X 累加器溢出脉冲	Y 被积函数寄存器 J_{Vy}	Y 累加器 J_{Ry}	Y 累加器溢出脉冲
0	0	4	0	6	4	0
1	0	4	0	6	$10-8=2$	1
2	1	5	0	6	$8-8=0$	1
3	2	7	0	6	6	0
4	2	$9-8=1$	1	6	$12-8=4$	1
5	3	4	0	5	$9-8=1$	1
6	4	$8-8=0$	1	5	6	0
7	4	4	0	4	$10-8=2$	1
8	5	$9-8=1$	1	4	6	0
9	5	6	0	3	$9-8=1$	1
10	6	$12-8=4$	1	3	4	0
11	6	$10-8=2$	1	2	6	0
12	6	$8-8=0$	1	1	7	0
13	6	6	0	0	7	0

3）插补软件流程

圆弧插补时，每溢出一个脉冲，都要对相应的坐标值进行修正，并计算该轴的终点判别值。图 2-22 为 DDA 法圆弧插补软件流程。

4）DDA 法在不同象限的脉冲分配

不同象限的直线及顺、逆圆弧的 DDA 插补，迭代方式相同，即被积函数寄存器 J_V 与累加器 J_R 相加，存累加器 J_R 中，每溢出一个脉冲，在各坐标轴进给及对动点坐标值进行修正，但其进给方向及对动点坐标值 x、y 作 $+1$ 或 -1 修正的情况不同。表 2-8 为 DDA 法不同象限的脉冲分配与坐标修正。

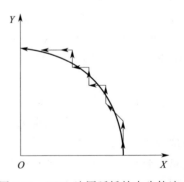

图 2-21　DDA 法圆弧插补走步轨迹

表 2-8　DDA 法不同象限的脉冲分配与坐标修正

项目	L1	L2	L3	L4	项目	SR1	SR2	SR3	SR4	NR1	NR2	NR3	NR4
$J_{Vx}(x_e)$					$J_{Vx}(y)$	-1	$+1$	-1	$+1$	$+1$	-1	$+1$	-1
$J_{Vy}(y_e)$					$J_{Vy}(x)$	$+1$	-1	$+1$	-1	-1	$+1$	-1	$+1$
Δx	$+$	$-$	$-$	$+$	Δx	$+$	$+$	$-$	$-$	$-$	$-$	$+$	$+$
Δy	$+$	$+$	$-$	$-$	Δy	$-$	$+$	$+$	$-$	$+$	$-$	$-$	$+$

3. 数据采样插补法

（1）数据采样插补的基本原理

数据采样插补是根据编程的进给速度将零件轮廓曲线按时间分割为采样周期的直线段，然后将这些微小直线段对应的位置增量数据进行输出，以控制伺服系统实现坐标轴的进给。

数据采样插补一般分为粗、精插补两步完成。第一步是粗插补，它在给定的曲线起、终点之间插入若干个中间点，将曲线分割为若干个微小直线段，即用一系列直线段来逼近曲线。第二步是精插补，它是将粗插补中产生的微小直线段再进行数据点的密化工作，该步相当于对直线的脉冲增量插补。精插补可以由软件实现，也可以由硬件实现。

数据采样插补中的插补一般指粗插补，通常由软件实现，常用的有时间分割法、扩展 DDA 法和双 DDA 法。

（2）插补周期的选择

① 插补周期与插补运算时间的关系。根据完成某种插补算法所需的最大指令条数，可以大致确定插补运算所占用 CPU 的时间。通常插补周期 T 须大于 CPU 插补运算时间与执行其他实时任务（如精插补、显示和监控等）所需时间之和。一般插补周期约为 $8 \sim 20 \mathrm{ms}$。

② 插补周期与位置反馈采样的关系。采样周期太短，计算机来不及处理；采样周期长，会损失信息而影响伺服精度。插补周期与采样周期可以相等，也可以取采样周期的整数倍。各系统的采样周期不尽相同，一般取 $10 \mathrm{ms}$ 左右。

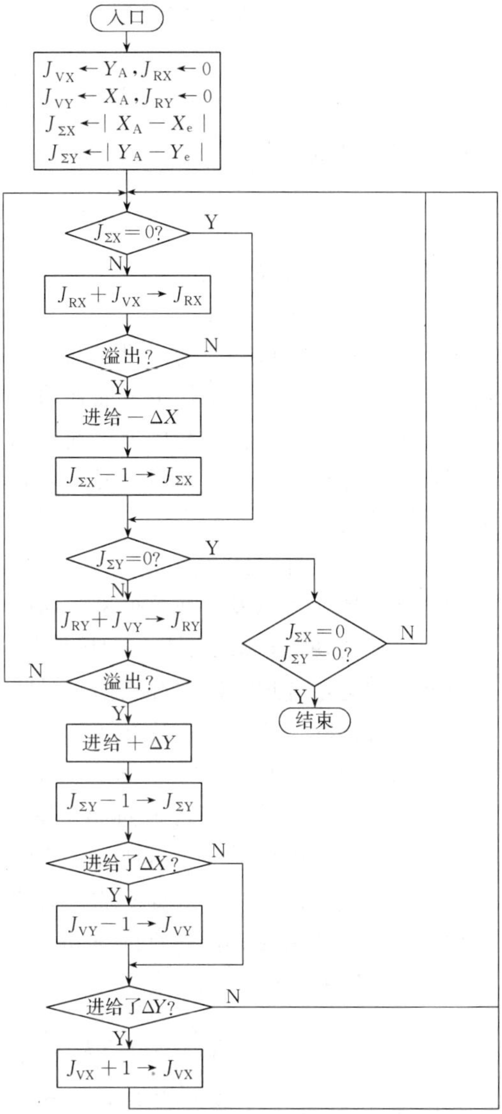

③ 插补周期与精度、速度的关系。在直线插补时，插补所形成的每段小直线与给定直线重合，不会造成轨迹误差。在圆弧插补时，用内接弦线或内外均差弦线来逼近圆弧，会造成轨迹误差。

采用内接弦线逼近圆弧时，如图 2-23 所示。设 δ 为在一个插补周期 T 内逼近弦线 l 所对应的圆心角，r 为圆弧半径，则最大半径误差 e_{r} 为

$$e_{\mathrm{r}} = r \left(1 - \cos \frac{\delta}{2} \right)$$

图 2-22　DDA 法圆弧插补软件流程

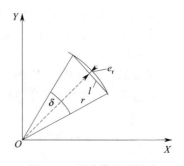

图 2-23　用弦线逼近圆弧

将上式的 $\cos\dfrac{\delta}{2}$ 用密级数展开，得

$$e_r = r\left\{1 - \left[1 - \frac{(\delta/2)^2}{2!} + \frac{(\delta/2)^4}{4!} - \cdots\right]\right\}$$

略去高阶分量，得

$$e_r = \frac{(\delta)^2}{8}r = \frac{(l/r)^2}{8}r = \frac{(TF/r)^2}{8}r = \frac{(TF)^2}{8r}$$

式中，F 为刀具移动速度。

在一台数控机床上，允许的插补误差是一定的，它应小于数控机床的一个脉冲当量。从上式可看出，较小的插补周期，可以在小半径圆弧插补时允许较大的进给速度。另外，在进给速度、圆弧半径一定的条件下，插补周期越短，逼近误差就越小。但插补周期的选择要受计算机运算速度的限制。插补周期一般是固定的，如 FANUC 数控系统的插补周期为 8ms。插补周期确定之后，一定的圆弧半径，应有与之对应的最大进给速度限定，以保证逼近误差 e_r 不超过允许值。

（3）时间分割直线插补

时间分割插补法是典型的数据采样插补方法。它首先根据加工指令中的进给速度 F，计算出每一插补周期的轮廓步长 l。即用插补周期为时间单位，将整个加工过程分割成许多个单位时间内的进给过程。以插补周期为时间单位，则单位时间内的移动路程等于速度，即轮廓步长 l 与轮廓速度 f 相等。插补计算的主要任务是算出下一插补点的坐标，从而算出轮廓速度 f 在各个坐标轴的分速度，即下一插补周期内各个坐标的进给量 Δx、Δy。控制 X、Y 坐标分别以 Δx、Δy 为速度协调进给，即可走出逼近直线段，到达下一插补点。在进给过程中，对实际位置进行采样，与插补计算的坐标值比较，得出位置误差，位置误差在后一采样周期内修正。采样周期可以等于插补周期，也可以小于插补周期，如插补周期的 1/2。

设指令进给速度为 F，其单位为 mm/min，插补周期 8ms，f 的单位为 μm/8ms，l 的单位为 μm，则有

$$l = f = \frac{F \times 1000 \times 8}{60 \times 1000} = \frac{2}{15}F$$

无论进行直线插补还是圆弧插补，都要必须先用上式计算出单位时间（插补周期）的进给量，然后才能进行插补点的计算。

设要加工 XOY 平面上的直线 OA，如图 2-24 所示。直线起点在坐标原点 O，终点为 $A(x_e, y_e)$。当刀具从 O 点移动到 A 点时 X 轴和 Y 轴移动的增量分别为 x_e 和 y_e。要使动点从 O 到 A 沿给定直线运动，必须使 X 轴和 Y 轴的运动速度始终保持一定比例关系，这个比例关系由终点坐标 x_e、y_e 的比值决定。

设要加工的直线与 X 轴的夹角为 α，l 为已计算出的轮廓步长，单位时间间隔（插补周期）的进给量为 f，则有

$$\begin{cases} \Delta x = l\cos\alpha \\ \Delta y = \dfrac{y_e}{x_e}\Delta x = \Delta x \tan\alpha \end{cases}$$

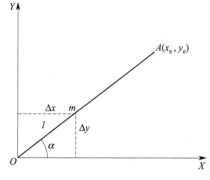

图 2-24 时间分割直线插补

而

$$\cos\alpha = \frac{x_\mathrm{e}}{\sqrt{x_\mathrm{e}^2+y_\mathrm{e}^2}} = \frac{1}{\sqrt{1+\tan^2\alpha}}$$

式中，Δx 为 X 轴插补进给量；Δy 为 Y 轴插补进给量。

时间分割法插补计算，就是算出下一单位时间间隔（插补周期）内各个坐标轴的进给量，其步骤如下：

① 根据加工指令中的速度值 F，计算轮廓步长 l；

② 根据终点坐标 x_e、y_e，计算 $\tan\alpha$；

③ 根据 $\tan\alpha$ 计算 $\cos\alpha$；

④ 计算 X 轴进给量 Δx；

⑤ 计算 Y 轴进给量 Δy。

在进给速度不变的情况下，各个插补周期 Δx、Δy 不变，但在加减速过程中是要变化的。为了和加减速过程统一处理，即使在匀速段也进行插补计算。

第二节　数控机床的位置检测装置

一、概述

位置检测装置是数控机床实现传动控制的重要组成部分，在闭环伺服系统和半闭环伺服系统均装有位置检测装置。常用的位置检测装置有旋转变压器、光栅、感应同步器、编码盘等。位置检测装置的主要作用是检测位移量，并将检测的反馈信号和数控装置发出的指令信号相比较，若有偏差，经放大后控制执行部件，使其向着消除偏差的方向运动，直到偏差为零。

为提高数控机床的加工精度，必须提高测量元件和测量系统的精度。不同的数控机床对测量元件和测量系统的精度要求、允许的最高移动速度各不相同。一般要求测量元件的分辨率（测量元件能测量的最小位移量）在 0.0001～0.01mm 之内，测量精度为 0.001～0.02mm，运动速度为 0～24m/min。

数控机床对位置检测装置的要求如下：

① 工作可靠，抗干扰性强。由于机床上有电动机、电磁阀等各种电磁感应元件及切削过程中润滑油、切削液的存在，所以要求位置检测装置除了对电磁感应有较强的抗干扰能力外，还要求不怕油、水的污染。此外，在切削过程中由于有热量的产生，还要求对环境温度的适应性强。

② 满足精度和速度的要求。即在满足数控机床最大位移速度的条件下，要达到一定的检测精度和较小的累积误差。随着数控机床的发展，其精度和速度越来越高，因此要求位置检测装置必须满足数控机床高精度和高速度的要求。

③ 便于安装和维护。位置检测装置安装时要有一定的安装精度要求；由于受使用环境的影响，位置检测装置还要求有较好的防尘、防油雾、防切屑等措施。

④ 成本低、寿命长。

用于数控机床上的位置检测装置，如表 2-9 所示。

表 2-9   位置检测装置分类

项目	数字式		模拟式	
	增量式	绝对式	增量式	绝对式
回转形	圆光栅	编码盘	旋转变压器，圆感应同步器，圆形磁栅	多级旋转变压器
直线形	长光栅，激光干涉仪	编码尺	直线感应同步器，磁栅	绝对值式磁尺

二、旋转变压器

1. 旋转变压器的结构与工作原理

旋转变压器是一种电磁式传感器，又称同步分解器。它是一种测量角度用的小型交流电动机，由定子和转子组成。其中定子绕组作为变压器的一次侧，接受励磁电压，励磁频率通常用 400Hz、500Hz、3000Hz 及 5000Hz 等。转子绕组作为变压器的二次侧，通过电磁耦合得到感应电压。旋转变压器的工作原理和普通变压器基本相似，区别在于普通变压器的一、二次绕组是相对固定的，所以输出电压和输入电压之比是常数；而旋转变压器的一、二次绕组随转子的角位移发生相对位置的改变，因而其输出电压的大小随转子角位移而发生变化。

旋转变压器一般有两极绕组和四极绕组两种结构形式。两极绕组旋转变压器的定子和转子各有一对磁极，四极绕组则各有两对磁极，主要用于高精度的检测系统。除此之外，还有多极式旋转变压器，用于高精度绝对式检测系统。

在实际应用中，考虑到使用的方便性和检测精度等因素，常采用四极绕组式旋转变压器。这种结构形式的旋转变压器可分为鉴相式和鉴幅式两种工作方式。

（1）鉴相工作方式

图 2-25 所示为四极旋转变压器，给定子的两个绕组分别通以同幅、同频但相位相差 $\pi/2$ 的交流励磁电压，即

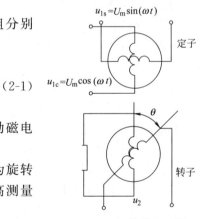

图 2-25   四极旋转变压器

$$\begin{cases} u_{1s} = U_m \sin(\omega t) \\ u_{1c} = U_m \sin\left(\omega t + \dfrac{\pi}{2}\right) = U_m \cos(\omega t) \end{cases} \quad (2\text{-}1)$$

式中，U_m 为定子的最大瞬时电压；ω 为定子交流励磁电压的角速度；t 为定子交流励磁电压的变化时间。

在转子绕组的其中一个绕组，接一高阻抗，它不作为旋转变压器的测量输出，主要起平衡磁场的作用，目的是提高测量精度。

这两个励磁电压在转子的另一绕组中都产生了感应电压，并叠加在一起，因而转子中的感应电压应为这两个电压的代数和，即

$$\begin{aligned} u_2 &= k u_{1s} \sin\theta + k u_{1c} \cos\theta \\ &= k U_m \sin(\omega t) \sin\theta + k U_m \cos(\omega t) \cos\theta \\ &= k U_m \cos(\omega t - \theta) \end{aligned} \quad (2\text{-}2)$$

式中，k 为旋转变压器的电磁耦合系数；θ 为两绕组轴线间夹角。

同理，假如转子逆向转动，可得

$$u_2 = kU_m \cos(\omega t + \theta) \qquad (2\text{-}3)$$

由式（2-1）和式（2-2）比较可见，旋转变压器转子绕组中的感应电压 u_2 与定子绕组中的励磁电压同频率，但相位不同，其差值为 θ。而 θ 角正是被测位移，故通过比较感应电压 u_2 与定子励磁输出电压 u_{1c} 的相位，便可求出 θ。

（2）鉴幅工作方式

给定子的两个绕组分别通以同频率、同相位但幅值不同的交变励磁电压，即

$$\begin{cases} u_{1s} = U_{sm} \sin(\omega t) \\ u_{1c}^i = U_{cm} \sin(\omega t) \end{cases} \qquad (2\text{-}4)$$

式中，幅值 $U_{sm} = U_m \sin\alpha$，$U_{cm} = U_m \cos\alpha$（α 可改变，称为旋转变压器的电气角）。

则在转子上的叠加感应电压为

$$u_2 = ku_{1s}\sin\theta + ku_{1c}\cos\theta \qquad (2\text{-}5)$$

如果转子逆向转动，可得

$$u_2 = kU_m \cos(\alpha + \theta)\sin(\omega t) \qquad (2\text{-}6)$$

由式（2-5）和式（2-6）可得，转子感应电压的幅值随转子的偏转角 θ 而变化，测量出幅值即可求得转角 θ。

在实际应用中，应根据转子误差电压的大小，不断修改励磁信号中的 α 角（即励磁幅值），使其跟踪 θ 的变化。

2. 旋转变压器的应用

通过检测旋转变压器的转子绕组感应电压 u_2 的幅值或相位的变化，即可知转角 θ 的变化。如果将旋转变压器安装在数控机床的滚珠丝杠上，当丝杠转动使 θ 角从 0°变化到 360°时，表示丝杠上的螺母走了丝杠的一个螺距值，这样就间接地测出了数控机床移动部件的直线位移量。

由于旋转变压器具有结构简单、动作灵敏、工作可靠、对环境条件要求低、输出信号幅度大、抗干扰能力强和测量精度一般等特点，所以在连续控制系统中得到了普遍应用，一般用于精度要求不高的数控机床上。

三、感应同步器

感应同步器也是一种非接触电磁式测量装置，它可以测量角位移或直线位移。它的特点是：感应同步器有许多极，其输出电压是许多极感应电压的平均值，因此检测装置本身微小的制造误差由于取平均值而得到补偿，其测量精度较高；测量距离长，感应同步器可以采用拼接的方法，增大测量尺寸；对环境的适应性较强，因其利用电磁感应原理产生信号，所以抗油、水和灰尘的能力较强；结构简单，使用寿命长且维护简单。

1. 感应同步器的结构与工作原理

感应同步器是由旋转变压器演变而来的，即相当于一个展开的旋转变压器。它是利用两个保持均匀气隙的平面形印制电路绕组的互感，随着它们的位置变化而变化的原理进行工作的。感应同步器测量装置分为直线式和旋转式两种。

直线式感应同步器由定尺和滑尺两部分组成，如图 2-26 所示。定尺上制有单向的均匀感应绕组，

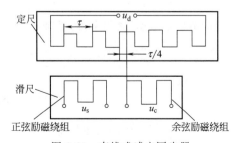

图 2-26 直线式感应同步器

尺长一般为250mm，绕组节距（两个单元绕组之间的距离）为τ（通常为2mm）。滑尺上有两组励磁绕组，一组是正弦绕组，另一组是余弦绕组，两绕组节距与定尺绕组节距相同，并且相互错开1/4节距。当正弦绕组和定尺绕组对准时，余弦绕组和定尺绕组相差$\tau/4$的距离（即1/4节距），一个节距相当于旋转变压器的一转（即360°），这样两励磁绕组的相位差为90°。

感应同步器的定尺和滑尺是通过定尺尺座和滑尺尺座分别安装在机床上两个相对移动的部件上（如工作台和床身），两者平行放置，保持0.15~0.35mm的气隙，并在测量全程范围内气隙的允许变化量为±0.05mm。

当给滑尺的正弦绕组、余弦绕组加上交流励磁电压时，则在滑尺绕组中产生励磁电流，绕组周围产生按正弦规律变化的磁场。由于电磁感应的存在，在定尺绕组上产生感应电压。当滑尺与定尺之间产生相对位移时，由于电磁耦合的变化，使定尺绕组上的感应电压随滑尺的位移变化而变化。

图2-27表示了定尺绕组感应电压与定尺、滑尺之间相对位置的关系。如果滑尺处于A点位置，即滑尺绕组与定尺绕组完全重合，定尺绕组中穿入的磁通最多，此时为最大耦合，则定尺绕组上感应电压最大；随着滑尺相对定尺向右做平行移动，穿入定尺绕组中的磁通逐渐减少，感应电压慢慢减小；当滑尺相对定尺刚好右移1/4节距（即图中B点）时，定尺绕组中穿入穿出的磁通相等，感应电压为0；当滑尺继续向右移动至1/2节距位置（即图中C点）时，定尺绕组中穿出的磁通最多，而穿入的磁通为零，此时定尺绕组中的感应电压达到与A点位置极性相反的最大感应电压，即最大负值电压；当滑尺再右移至3/4节距位置（即图中D

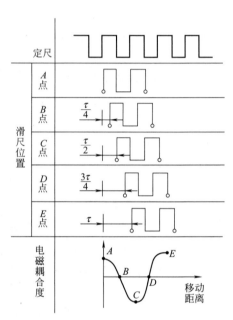

图 2-27　感应同步器的工作原理

点）时，感应电压又变为0；当滑尺移动至一个节距（即图中E点）时，又恢复为初始状态（即与A点位置完全相同），此时定尺绕组上感应电压最大。这样，滑尺在移动一个节距的过程中，定尺绕组感应电压的幅值变化规律就是一个周期性的余弦曲线。

2. 感应同步器的工作方式

同旋转变压器工作方式相似，根据滑尺励磁绕组供电方式的不同，感应同步器的工作方式可分为相位工作方式和幅值工作方式两种情况。

（1）相位工作方式

给滑尺的正弦绕组和余弦绕组分别通以同频、同幅但相位相差$\pi/2$的交流励磁电压，即

$$\begin{cases} u_s = U_m \sin(\omega t) \\ u_c = U_m \sin\left(\omega t + \dfrac{\pi}{2}\right) = U_m \cos(\omega t) \end{cases} \tag{2-7}$$

由于定尺绕组的感应电压滞后滑尺绕组的励磁电压90°，当滑尺移动时，正弦交流励磁电压和余弦交流励磁电压在定尺绕组中产生的感应电压分别为

$$\begin{cases} u_{ds} = ku_s\cos\theta = kU_m\sin(\omega t)\cos\theta \\ u_{dc} = ku_c\cos\left(\theta+\dfrac{\pi}{2}\right) = -kU_m\cos(\omega t)\sin\theta \end{cases} \tag{2-8}$$

式中，k 为耦合系数；θ 为滑尺绕组相对于定尺绕组的空间相位角，$\theta=2\pi x/\tau$，其中 x 为滑尺相对定尺的位移量，τ 为节距。

应用叠加原理，定尺绕组上的感应电压为

$$\begin{aligned} u_d &= u_{ds}+u_{dc} = kU_m\sin(\omega t)\cos\theta - kU_m\cos(\omega t)\sin\theta \\ &= kU_m\sin(\omega t-\theta) \end{aligned} \tag{2-9}$$

由上述分析可知，在相位工作方式中，感应输出电压 u_d 是一个幅值不变的交流电压。由于耦合系数 k、励磁电压幅值 U_m 以及频率 ω 均为常数，所以定尺感应电压 U_d 只随空间相位角 θ 的变化而变化，即定尺感应电压 U_d 与滑尺的位移值 x 有严格的对应关系。通过鉴别定尺感应电压相位，即可测得滑尺和定尺的相对位移量。

（2）幅值工作方式

给滑尺的正弦绕组和余弦绕组分别通以同频率、同相位但幅值不同的交流励磁电压，即

$$\begin{cases} u_s = U_{sm}\sin(\omega t) \\ u_c = U_{cm}\sin(\omega t) \end{cases} \tag{2-10}$$

式中，幅值 $U_{sm}=U_m\sin\alpha$，$U_{cm}=U_m\cos\alpha$，α 为给定的电气角。

则在定尺绕组上产生的感应电压为

$$\begin{aligned} u_d &= u_{ds}+u_{dc} = ku_s\cos\theta - ku_c\sin\theta \\ &= kU_m\sin(\alpha-\theta)\sin(\omega t) \end{aligned} \tag{2-11}$$

当滑尺和定尺处于初始位置时，$\alpha=\theta$，则 $u_d=0$。在滑尺移动过程中，在一个节距内任一 $u_d=0$ 的 $\alpha=\theta$ 点称为节距零点。当定尺、滑尺之间产生相对位移 Δx，即改变滑尺位置时，$\alpha\neq\theta$，使得 $u_d\neq0$。令 $\alpha=\theta+\Delta\theta$，此时在定尺绕组上产生的感应电压为

$$u_d = kU_m\sin(\omega t)\sin(\alpha-\theta) = kU_m\sin(\omega t)\sin\Delta\theta \tag{2-12}$$

当 $\Delta\theta$ 很小时，定尺绕组上的感应电压可以近似表示为

$$u_d = kU_m\sin(\omega t)\Delta\theta \tag{2-13}$$

又因为 $\Delta\theta=2\pi\Delta x/\tau$，所以定尺绕组上的感应电压又可表示为

$$u_d = kU_m\frac{2\pi\Delta x}{\tau}\sin(\omega t) \tag{2-14}$$

由上式可知，定尺绕组上的感应电压 u_d 实际上是误差电压。当滑尺位移量 Δx 很小时，误差电压幅值和 Δx 成正比，因此可通过测量 u_d 的幅值来测定位移量 Δx 的大小。

在幅值工作方式中，每改变一个 Δx 位移增量，就有误差电压 u_d 产生。当 u_d 超过某一预先整定的门槛电平时，就会产生脉冲信号，并以此来修正励磁信号 u_s、u_c，使误差信号重新降到门槛电平以下（相当节距零点），以把位移量转化为数字量，实现对位移的测量。

四、光栅

光栅是用于数控机床的非接触式精密检测装置。它是利用光学原理进行工作的，按形状可分为圆光栅和长光栅。圆光栅用于角位移的检测，长光栅用于直线位移的检测。

光栅是利用光的透射、衍射现象制成的光电检测元件，它主要由光栅尺（包括标尺光栅和指示光栅）和光栅读数头两部分组成。通常，标尺光栅固定在机床的活动部件上（如工作

台或丝杠），光栅读数头安装在机床的固定部件上（如机床底座），两者随着工作台的移动而相对移动。在光栅读数头中，安装着一个指示光栅，当光栅读数头相对于标尺光栅移动时，指示光栅便在标尺光栅上移动。当安装光栅时，要严格保证标尺光栅和指示光栅的平行度以及两者之间的间隙（一般取 0.05mm 或 0.1mm）要求。

光栅尺是用真空镀膜的方法光刻上均匀密集线纹的透明玻璃片或长条形金属镜面。对于长光栅，这些线纹相互平行，各线纹之间的距离相等，称此距离为栅距。对于圆光栅，这些线纹是等栅距角的向心条纹。栅距和栅距角是决定光栅光学性质的基本参数。常见的长光栅的线纹密度为 25、50、100、250（单位为条/mm）。对于圆光栅，若直径为 70mm，一周内刻线 100~768 条；若直径为 110mm，一周内刻线达 600~1024 条，甚至更高。同一个光栅元件，其标尺光栅和指示光栅的线纹密度必须相同。

光栅读数头由光源、透镜、标尺光栅指示光栅、光敏元件和驱动线路组成，如图 2-28 所示。读数头的光源一般采用白炽灯泡。白炽灯泡发出的辐射光线，经过透镜后变成平行光束，照射在光栅尺上。光敏元件是一种将光强信号转换为电信号的光电转换元件，它接收透过光栅尺的光强信号，并将其转换成与之成比例的电压信号。光敏元件产生的电压信号一般比较微弱，在长距离传递时很容易被各种干扰信号所淹没、覆盖，造成传送失真。为了保证光敏元件输出的信号在传送中不失真，应首先将该电压信号进行功率和电压放大，然后进行传送。驱动线路就是实现对光敏元件输出信号进行功率和电压放大的线路。

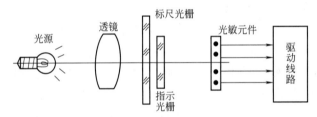

图 2-28 光栅读数头

由于玻璃光栅容易受外界气温的影响，灰尘、切屑、油、水等污物浸入，使光学系统受到污染。所以光栅系统的安装、维护保养都很重要。当光栅受污后，必须及时清洗。

常见光栅是根据物理上莫尔条纹的形成原理进行工作的，这里不再详述。

光栅具有如下特点：

① 响应速度快、量程宽、测量精度高。测直线位移，精度可达 $0.5 \sim 3\mu m$（300mm 范围内），分辨率可达 $0.1\mu m$；测角位移，精度可达 $0.15''$，分辨率可达 $0.1''$，甚至更高。

② 可实现动态测量，易于实现测量及数据处理的自动化。

③ 具有较强的抗干扰能力。

④ 怕振动、怕油污，高精度光栅的制作成本高。

五、脉冲编码器

脉冲编码器是一种旋转式脉冲发生器，能把机械转角变成电脉冲，是数控机床上使用很广泛的位置检测装置。脉冲编码器可分为增量式与绝对式两类。

1. 绝对式脉冲编码器

绝对式脉冲编码器是一种旋转式检测装置，可直接把被测转角用数字代码表示出来，且每一个角度位置均有其对应的测量代码。它能表示绝对位置，没有累积误差，电源切除后，位置信息不丢失，仍能读出转动角度。根据内部结构和检测方式，绝对式编码器可分为光电式、电磁式和接触式三种。其中，光电编码器在数控机床上应用较多；利用霍尔效应的电磁编码器则可用作速度检测元件；而接触式编码器可直接把被测转角用数字代码表示出来，且每一个角度位置均有其对应的测量代码，因此这种测量方式即使切断电源，也能读出转动角度。

现以接触式 4 位二进制编码器为例，说明接触式编码器的工作原理，如图 2-29（a）所示。它在一个不导电基体上做成许多金属区使其导电，其中有剖面线的部分为导电区，用"1"表示；其他部分为绝缘区，用"0"表示。每一径向，由若干同心圆组成的图案代表了某一绝对计数值。通常，人们把组成编码的各圈称为码道，码盘最里圈是公用的，它和各码道所有导电部分连在一起，经电刷和电阻接电源负极。在接触式码盘的每个码道上都装有电刷，电刷经电阻接到电源正极 [见图 2-29（b）]。当检测对象带动码盘一起转动时，电刷和码盘的相对位置发生变化，与电刷串联的电阻将会出现有电流通过或没有电流通过两种情况。若回路中的电阻上有电流通过，为"1"；反之，电刷接触的是绝缘区，电阻上无电流通过，为"0"。如果码盘顺时针转动，就可依次得到按规定编码的数字信号输出，根据电刷位置得到由"1"和"0"组成的二进制码，输出为 0000、0001、0010、…、1111。

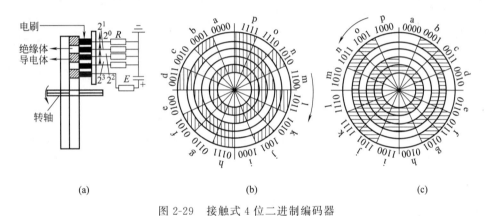

图 2-29　接触式 4 位二进制编码器

由图 2-29 可看出，码道的圈数就是二进制的位数，且高位在内，低位在外。对于 4 位二进制码盘，其分辨角 $\theta = 360°/2^4 = 22.5°$。若是 n 位二进制码盘，就有 n 圈码道，分辨角 $\theta = 360°/2^n$，码盘位数越大，所能分辨的角度越小，测量精度越高。若要提高分辨率，就必须增多码道，即二进制位数增多。目前接触式码盘一般可以做到 9 位二进制，光电式码盘可以做到 18 位二进制。若要求位数更多，虽测量精度得到提高，但码盘结构相当复杂。

另外，在实际应用中对码盘制作和电刷安装要求十分严格，否则就会产生非单值性误差。如图 2-29（b）所示，当电刷由位置 h（0111）向 i（1000）过渡时，若电刷安装位置不准或接触不良，可能会出现从 8（1000）到 15（1111）之间的读数误差。为消除这种误差，可采用二进制循环码盘，称为格雷码盘。

图 2-29（c）为一个 4 位格雷码盘，与图 2-29（b）所示码盘的不同之处在于，它的各码道的数码并不同时改变，任何两个相邻数码间只有 1 位是变化的，所以每次只切换 1 位数，把误差控制在最小单位内。

接触式码盘体积小，输出信号功率大，但易磨损，寿命短且转速不能太高。

2. 增量式脉冲编码器

增量式脉冲编码器分光电式、接触式和电磁感应式三种。就精度和可靠性来讲，光电式脉冲编码器优于其他两种，它的型号是用脉冲数/转（p/r）来区分，数控机床常用 2000p/r、2500p/r、3000p/r 等，现在已有每转发 10 万个脉冲的脉冲编码器。脉冲编码器除用于角度检测外，还可以用于速度检测。

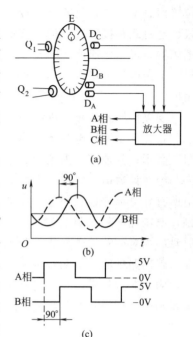

图 2-30 为一光电脉冲编码器。在图 2-30（a）中，E 为等节距的辐射状透光窄缝圆盘，透光窄缝在圆周上等分，其数量从几百条到几千条不等；Q_1、Q_2 为光源，D_A、D_B、D_C 为光电元件（光敏二极管或光电池），D_A 与 D_B 错开 90° 相位角安装。圆盘 E 与工作轴连在一起转动，每转过一个缝隙就发生一次光线的明暗变化。当 E 旋转一个节距时，在光源照射下，通过 D_A、D_B 得到图 2-30（b）所示的光电波形输出，A、B 信号为具有 90° 相位差的正弦波。这组电信号，经放大器放大与整形后，得到图 2-30（c）所示的输出脉冲信号，A 相比 B 相超前 90°，其电压幅值为 5V。设 A 相比 B 相超前时为正方向旋转，则 B 相超前 A 相就为负方向旋转，利用 A 相与 B 相的相位关系可以判别旋转方向。C 相产生的脉冲为基准脉冲，它是转轴旋转一周时在固定位置上产生一个脉冲。通过记录 A、B 相产生的脉冲数目，就可以测出转角；测出脉冲的变化率，即单位时间脉冲的数目，就可以求出速度。

图 2-30　增量式光电脉冲编码器

增量式光电脉冲编码器的优点是没有接触磨损，寿命长，允许的转速高，精度较高；其缺点为结构复杂，价格高，所用光源寿命短。

第三节　数控机床的进给伺服系统

一、概述

数控机床的伺服系统是指以数控机床移动部件（如工作台）的位置和速度作为控制量的自动控制系统，也就是位置随动系统。它的作用是接收来自数控装置中插补器或计算机插补软件生成的进给脉冲，经变换、放大将其转化为数控机床移动部件的位移，并保证动作的快速和准确。伺服系统的性能，在很大程度上决定了数控机床的性能，如数控机床的定位精度、跟踪精度、最高移动速度等重要指标。

伺服系统由执行元件和驱动控制电路构成。伺服系统按控制方式分为开环伺服系统、闭环伺服系统和半闭环伺服系统。在开环伺服系统中，一般采用步进电动机、功率步进电动机或电液脉冲马达作为执行元件，而在闭环伺服系统和半闭环伺服系统中，采用直流伺服电动机、交流伺服电动机或电液伺服阀——液压马达作为执行元件。驱动控制电路的作用是先将数控装置发出的进给脉冲进行功率放大转化为执行元件所需的信号形式。

伺服系统的基本要求主要是稳定性好、精确度高以及快速响应性高。稳定性是指系统在给定输入或外界作用下，能在短暂的调节过程之后到达新的或者回到原有平衡状态的性能，它将直接影响到数控加工的精度和表面质量。伺服系统的精确度，是指输出量能复现输入量的精确程度。作为精密加工的数控机床，要求的定位或廓形加工精度都比较高，允许的偏差一般都在 0.01～0.001mm 左右。快速响应性是伺服系统动态品质的重要指标，反映了系统的跟踪精度，具体指伺服系统跟踪指令信号的响应要快，一般在 200ms 以内，甚至小于几十毫秒。

数控机床伺服系统主要有两种：一种是进给伺服系统，它控制机床各坐标轴的切削进给运动，以直线运动为主；另一种是主轴伺服系统，它控制主轴的切削运动，以旋转运动为主。本节只介绍前一种。

二、开环进给伺服系统与闭环进给伺服系统

1. 开环进给伺服系统

开环进给伺服系统是数控机床中最简单的伺服系统，执行元件一般为步进电动机。开环进给伺服系统控制原理如图 2-31 所示。

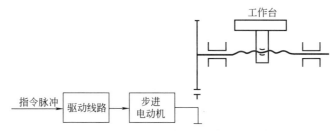

图 2-31　开环进给伺服系统控制原理

在开环进给伺服系统中，数控装置发出的指令脉冲经驱动线路，送到步进电动机，使其输出轴转过一定的角度，再通过齿轮副和丝杠螺母副带动机床工作台移动。步进电动机的旋转速度取决于指令脉冲的频率，转角的大小由指令脉冲数决定。由于没有检测反馈装置，系统中各个部分的误差如步进电动机的步距误差、启停误差、机械系统的误差（反向间隙、丝杠螺距误差）等都合成为系统的位置误差，所以其精度较低，速度也受到步进电动机性能的限制。但由于其结构简单，易于调整，在精度要求不太高的场合中得到较广泛的应用。

2. 闭环进给伺服系统

因为开环系统的精度不能很好地满足数控机床的要求，所以为了保证精度，最根本的办法是采用闭环控制方式。闭环控制系统是采用直线型位置检测装置（直线感应同步器、长光栅等）对数控机床工作台位移进行直接测量并进行反馈控制的位置伺服系统，其控制原理如

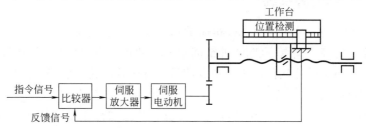

图 2-32　闭环进给伺服系统控制原理

图 2-32 所示。这种系统有位置检测反馈电路，有时还加上速度反馈电路。

在闭环进给伺服系统中，对数控机床移动部件的位移用位置检测装置进行检测，并将测量的实际位置反馈到输入端与指令位置进行比较。如果二者存在偏差，便将此偏差信号进行放大，控制伺服电动机带动数控机床移动部件向着消除偏差的方向进给，直到偏差等于零为止。根据输入比较的信号形式以及反馈检测方式，又可分为鉴相式伺服系统、鉴幅式伺服系统和数字比较式伺服系统。在鉴相式伺服系统中，输入比较的指令信号和反馈信号是用相位表示的；而在鉴幅式伺服系统和数字比较式伺服系统中，输入比较的指令信号和反馈信号是数字脉冲信号。

该系统将数控机床本身包括在位置控制环之内，因此机械系统引起的误差可由反馈控制得以消除。但数控机床本身固有频率、阻尼、间隙等的影响，成为系统不稳定的因素，从而增加了系统设计和调试的困难。故闭环控制系统的特点是精度较高，但系统的结构较复杂、成本高，且调试维修较难，因此适用于大型精密机床。

3. 半闭环进给伺服系统

采用旋转型角度测量元件（如脉冲编码器、旋转变压器、圆感应同步器等）和伺服电动机按照反馈控制原理构成的位置伺服系统，称作半闭环控制系统，其控制原理如图 2-33 所示。半闭环控制系统的检测装置有两种安装方式：一种是把角位移检测装置安装在丝杠末端；另一种是把角位移检测装置安装在电动机轴端。

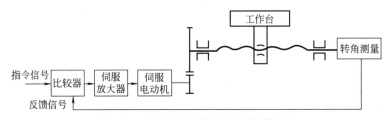

图 2-33 半闭环进给伺服系统控制原理

对于检测装置安装在丝杠末端的半闭环控制系统，由于丝杠的反向间隙和螺距误差等带来机械传动部件的误差限制了位置精度，因此它比闭环系统的精度差；另一方面，由于数控机床移动部件、滚珠丝杠螺母副的刚度和间隙都在反馈控制环以外，因此控制稳定性比闭环系统好。当检测装置安装在电动机轴端，和前一种半闭环控制相比，丝杠在反馈控制环以外，因此位置精度更低，但安装调试简单，控制稳定性更好，所以这种系统应用得更广泛。

半闭环进给伺服系统的精度比闭环要差一些，但驱动功率大，快速响应好，因此适用于各种数控机床。对半闭环控制系统的机械误差，可以在数控装置中通过间隙补偿和螺距误差补偿来减小。

三、CNC 进给伺服系统

CNC 进给伺服系统是指用于 CNC 机床的伺服系统，它与前面介绍的伺服系统相比较，具有精度高、稳定性好等优点。CNC 进给伺服系统利用计算机的计算功能，将来自位置检测装置的反馈信号与由插补软件产生的指令信号进行比较，其差值经位置控制组件去驱动执行元件带动工作台移动。

CNC 进给伺服系统分为软件和硬件两个部分。软件部分主要完成跟随误差的计算，即指令信号与反馈信号的比较计算。硬件部分由位置检测组件和位置控制组件组成。CNC 进给伺服系统的结构框图如图 2-34 所示。由于计算机的引入，用软件代替了大量的硬件，因而使得硬件线路简单。在 CNC 进给伺服系统中还可用计算机对伺服系统进行最优控制、前瞻控制等，从而提高整个系统的性能。

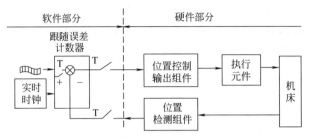

图 2-34　CNC 进给伺服系统的结构框图

图 2-35 是以光电脉冲发生器为测量元件的 CNC 伺服系统框图。从图中可以看出，除了以计算机代替了比较器之外，其他部分与脉冲比较伺服系统和幅值比较伺服系统基本相同，工作原理也基本相同。可以说 CNC 伺服系统是脉冲比较伺服系统和幅值比较伺服系统的灵活应用。

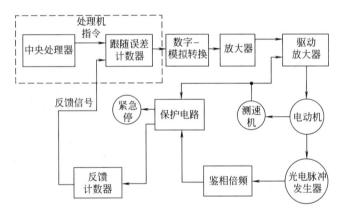

图 2-35　采用直流电动机驱动和光电脉冲发生器检测的系统

四、进给系统的机械传动结构

数控机床进给传动装置的精度、灵敏度和稳定性，将直接影响工件的加工精度。为此，数控机床的进给传动系统必须满足下列要求。

① 传动精度高。从机械结构方面考虑，进给传动系统的传动精度主要取决于传动间隙和传动件的精度。传动间隙主要来自传动齿轮副、丝杠螺母副之间，因此进给传动系统中广泛采用施加预紧力或其他消除间隙的措施。缩短传动链及采用高精度的传动装置，也可提高传动精度。

② 摩擦阻力小。为了提高数控机床进给系统的快速响应性能，必须减小运动件之间的摩擦阻力和动、静摩擦力之差。欲满足上述要求，数控机床进给系统普遍采用滚珠丝杠螺母副、静压丝杠螺母副、滚动导轨、静压导轨和塑料导轨。

③ 运动部件惯量小。运动部件的惯量对伺服机构的启动和制动特性都有影响。因此，在满足部件强度和刚度的前提下，应尽可能减小运动部件的质量，减小旋转零件的直径，以降低其惯量。

下面主要介绍滚珠丝杠螺母副和导轨副两种机械传动结构。

1. 滚珠丝杠螺母副

在数控机床上，将回转运动与直线运动相互转换的传动装置一般采用滚珠丝杠螺母副。

滚珠丝杠螺母副的特点是：传动效率高，一般为 $\eta = 0.92 \sim 0.98$；传动灵敏，摩擦力小，不易产生爬行；使用寿命长；具有可逆性，不仅可以将旋转运动转变为直线运动，亦可将直线运动变成旋转运动；轴向运动精度高，施加预紧力后，可消除轴向间隙，反向时无空行程；但制造成本高，不能自锁，垂直安装时需有平衡装置。

（1）滚珠丝杠螺母副的结构和工作原理

滚珠丝杠螺母副的结构有内循环与外循环两种方式。图 2-36 为外循环式，它由丝杠 1、滚珠 2、回珠管 3 和螺母 4 组成。在丝杠 1 和螺母 4 上各加工有圆弧形螺旋槽，将它们套装起来便形成螺旋形滚道，在滚道内装满滚珠 2。当丝杠相对于螺母旋转时，丝杠的旋转面经滚珠推动螺母轴向移动，同时滚珠沿螺旋形滚道滚动，使丝杠和螺母之间的滑动摩擦转变为滚珠与丝杠、螺母之间的滚动摩擦。螺母螺旋槽的两端用回珠管 3 连接起来，使滚珠能够从一端重新回到另一端，构成一个闭合的循环回路。

图 2-37 为内循环式。在螺母的侧孔中装有圆柱凸轮式反向器，反向器上铣有 S 形回珠槽，将相邻两螺纹滚道连接起来。滚珠从螺纹滚道进入反向器，借助反向器迫使滚珠越过丝杠牙顶进入相邻滚道，实现循环。

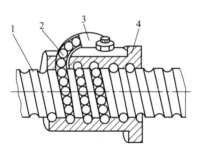

图 2-36 外循环滚珠丝杠螺母副

1—丝杠；2—滚珠；3—回珠管；4—螺母

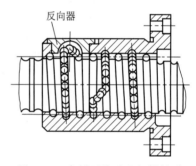

图 2-37 内循环滚珠丝杠螺母副

（2）滚珠丝杠螺母副间隙的调整方法

为了保证滚珠丝杠螺母副的反向传动精度和轴向刚度，必须消除轴向间隙。常采用双螺母预紧办法，其结构形式有三种，基本原理都是使两个螺母产生轴向位移，以消除它们之间的间隙和施加预紧力。必须注意预紧力不能太大，预紧力过大会造成传动效率降低，摩擦力增大，磨损增大，使用寿命缩短。

① 垫片调整间隙法。如图 2-38 所示，调整垫片 4 的厚度使左右两螺母产生轴向位移，从而消除间隙和产生预紧力。这种方法简单、可靠，但调整费时，适用于一般精度的机床。

② 齿差调整间隙法。如图 2-39 所示，两个螺母的凸缘为圆柱外齿轮，而且齿数差为 1，即 $z_2 - z_1 = 1$。两个内齿轮用螺钉、

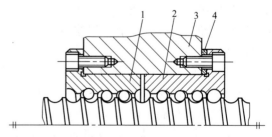

图 2-38 垫片调整间隙法

1,2—单螺母；3—螺母座；4—调整垫片

定位销紧固在螺母座上。调整时首先将内齿轮取出，根据间隙大小使两个螺母分别向相同方向转过一个或几个齿，然后插入内齿轮，使螺母在轴向彼此移动相应的距离，从而消除两个螺母的轴向间隙。这种方法结构复杂，尺寸较大，适用于高精度传动。

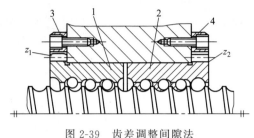 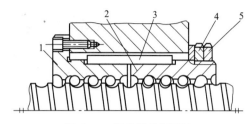

图 2-39　齿差调整间隙法　　　　　　　　图 2-40　螺纹调整间隙法

1,2—单螺母；3,4—内齿轮　　　　　　　　1,2—单螺母；3—平键；4—调整螺母；5—锁紧螺母

③ 螺纹调整间隙法。如图 2-40 所示，右螺母 2 外圆上有普通螺纹，再用两圆螺母 4、5 固定。当转动圆螺母 4 时，即可调整轴向间隙，然后用螺母 5 锁紧。这种方法的特点是结构紧凑、工作可靠，滚道磨损后可随时调整，但预紧量不准确。

2. 导轨副

导轨是数控机床的重要部件之一，它在很大程度上决定数控机床的刚度、精度与精度保持性。目前，数控机床上的导轨形式主要有滑动导轨、直线滚动导轨和液体静压导轨等。

（1）滑动导轨

滑动导轨具有结构简单、制造方便、刚度好、抗振性高等优点，在数控机床上应用广泛。但对于金属对金属形式，静摩擦系数大，动摩擦系数随速度变化而变化，在低速时易产生爬行现象。为了提高导轨的耐磨性，改善摩擦特性，可选用合适的导轨材料、热处理方法等。例如，导轨材料可采用优质铸铁、耐磨铸铁或镶淬火钢，热处理方法采用导轨表面滚压强化、表面淬硬、镀铬、镀钼等方法提高机床导轨的耐磨性能。目前多数使用金属对塑料形式，称为贴塑导轨。贴塑滑动导轨的优点是塑料化学成分稳定、摩擦系数小、耐磨性好、耐腐蚀性强、吸振性好、相对密度小、加工成形简单，能在任何液体或无润滑条件下工作；其缺点是耐热性差、热导率低、热膨胀系数比金属大、在外力作用下易产生变形、刚性差、吸湿性大、影响尺寸稳定性。

（2）直线滚动导轨

图 2-41 是直线滚动导轨副的外形图，直线滚动导轨由一根长导轨（导轨条）和一个或几个滑块组成。当滑块相对于导轨条移动时，每一组滚珠（滚柱）都在各自的滚道内循环运动，其所受的载荷形式与滚动轴承类似。

直线滚动导轨的特点是摩擦系数小，精度高，安装和维修都很方便。由于直线滚动导轨是一个独立的部件，对机床支承导轨部分的要求不高，既不需要淬硬也不需要磨削或刮研，只需精铣或精刨。因为这种导轨可以预紧，所以其刚度高。

（3）液体静压导轨

对于液体静压导轨，由于导轨的工作面完全处于纯液体摩擦下，因而工作时摩擦系数极小（$f = 0.0005$）；导轨的运动不受负载和速度的限制，且低速时移动均匀，无爬行现象；由于液体具有吸振作用，因而导轨的抗振性好；承载能力大、刚性好；摩擦发热小，导轨温升小。但液体静压导轨的结构复杂，多了一套液压系统；成本高；油膜厚度难以保持恒定不

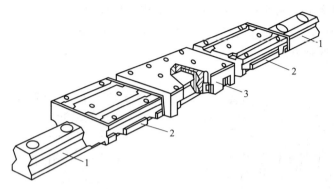

图 2-41　直线滚动导轨副的外形

1—导轨条；2—循环滚柱滑座；3—抗振阻尼滑座

变。故液体静压导轨主要用于大型、重型数控机床上。

液体静压导轨的结构形式可分为开式和闭式两种。图 2-42 为开式静压导轨工作原理图。来自液压泵的压力油经节流阀 4，压力降至 p_1，进入导轨面，借助压力将运动导轨浮起，使导轨面间以一层厚度为 h_0 的油膜隔开，油腔中的油不断地穿过各封油间隙流回油箱。当运动导轨受到外负荷 W 作用时，其向下产生一个位移，导轨间隙由 h_0 降至 h，使油腔回油阻力增大，油压增大，以平衡负载，使导轨仍在纯液体摩擦下工作。

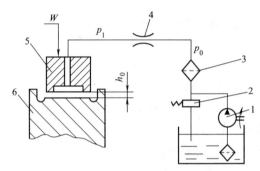

图 2-42　开式静压导轨工作原理

1—液压泵；2—溢流阀；3—过滤器；4—节流阀；
5—运动导轨；6—床身导轨

对于闭式液体静压导轨，其导轨的各个方向导轨面上均开有油腔，所以闭式导轨具有承受各方向载荷的能力，且其导轨保持平衡性较好。

第四节　数控机床的主轴驱动及其机械结构

一、主轴驱动及其控制

（一）对主轴驱动的要求

数控机床的主轴驱动是指产生主切削运动的传动，它是数控机床的重要功能之一。随着数控技术的不断发展，传统的主轴驱动已不能满足要求，现代数控机床对主轴驱动提出了更高的要求。

① 数控机床主传动要有宽的调速范围及尽可能实现无级变速。数控加工时切削用量的选择，特别是切削速度的选择，关系到表面加工质量和机床生产效率。对于自动换刀数控机床，为适应各种工序和不同材料加工的要求，更需要主传动有宽的自动变速范围。

数控机床的主轴变速是依指令自动进行的，要求能在较宽转速范围内进行无级变速，并减少中间传递环节，以简化主轴箱。目前数控机床的主驱动系统要求在（1：100）～（1：1000）范围内进行恒转矩和1：10范围内的恒功率调速。由于主轴电动机与驱动的限制，为满足数控机床低速强力切削的需要，常采用分段无级变速的方法，即在低速段采用机械减速装置，以提高输出转矩。

② 功率大。要求主轴有足够的驱动功率或输出转矩，能在整个速度范围内均提供切削所需的功率或转矩，特别是在强力切削时。

③ 动态响应性要好。要求主轴升降速时间短，调速时运转平稳。对的数控机床需同时实现正、反转切削，要求换向时均可进行自动加减速控制，即要求主轴有四象限驱动能力。

④ 精度高。这里主要指主轴回转精度。要求主轴部件具有足够的刚度和抗振性，具有较好的热稳定性，即主轴的轴向和径向尺寸随温度变化较小。另外，要求主传动的传动链要短。

⑤ 旋转轴联动功能。要求主轴与其他直线坐标轴能同时实现插补联动控制，如在车削中心上，为了使之具有螺纹车削功能，要求主轴能与进给驱动实行联动控制，即主轴具有旋转进给轴（C轴）的控制功能。

⑥ 恒线速切削功能。为了提高工件表面质量和加工效率，有时要求数控机床能实现表面恒线速度切削。如数控车床对大直径工件端面切削时，要求主轴转速随切削端面的直径变小而变快，并以切削表面为恒线速度的规律变化。

⑦ 加工中心上，要求主轴具有高精度的准停控制。在加工中心上自动换刀时，主轴必须停在一个固定不变的方位上，以保证换刀位置的准确；以及某些加工工艺的需要，要求主轴具有高精度的准停控制。

此外，有的数控机床还要求具有角度分度控制功能。为了达到上述有关要求，对主轴调速系统还需加位置控制，比较多地采用光电编码器作为主轴的转角检测。

（二）主轴驱动方式

数控机床的主轴驱动及其控制方式主要有四种，如图2-43所示。

① 带有变速齿轮的主传动。如图2-43（a）所示，通过少数几对齿轮降速，增大输出转矩，以满足主轴低速时对输出转矩特性的要求。滑移齿轮的移动大都采用液压缸加拨叉，或直接由液压缸带动齿轮来实现。

② 通过带传动的主传动。如图2-43（b）所示，电动机与主轴通过形带或同步齿形带传动，不用齿轮传动，可以避免齿轮传动引起的振动和噪声。它适用于高速、低转矩特性要求的主轴。

③ 用两台电动机分别驱动主轴。如图2-43（c）所示，高速时通过传动带直接驱动主轴旋转；低速时，另一台电动机通过齿轮传动驱动主轴旋转，齿轮起降速和扩大变速范围的作用，这样使恒功率区增大，克服了低速时转矩不够且电动机功率不能充分利用的缺陷。

④ 内装电动机主轴传动结构。如图2-43´（d）所示，这种主传动方式大大简化了主轴箱体与主轴的结构，提高了主轴部件的刚度，但主轴输出转矩小，电动机发热对主轴影响较大。

（三）主轴调速方法

数控机床的主轴调速是按照控制指令自动执行的，为了能同时满足对主传动的调速和输

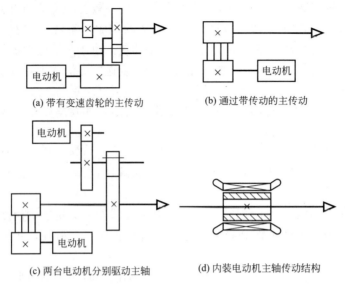

(a) 带有变速齿轮的主传动　　　　(b) 通过带传动的主传动

(c) 两台电动机分别驱动主轴　　　　(d) 内装电动机主轴传动结构

图 2-43　数控机床的主轴驱动方式

出转矩的要求，数控机床常用机电结合的方法，即同时采用电动机和机械齿轮变速两种方法。其中齿轮减速以增大输出转矩，并利用齿轮换挡来扩大调速范围。

1. 电动机调速

用于主轴驱动的调速电动机主要有直流电动机和交流电动机两大类。

① 直流电动机主轴调速。由于主轴电动机要求输出较大的功率，所以主轴直流电动机在结构上不适用永磁式，一般是他励式。为缩小体积，改善冷却效果，以免电动机过热，常采用轴向强迫风冷或热管冷却技术。

从电机拖动理论知，该直流电动机的转速 n 为

$$n = \frac{U - RI_a}{KI_f}$$

式中，U 为电枢电压，V；R 为电枢电阻，Ω；I_a 为电枢电流，A；K 为常数；I_f 为励磁电流，A。

从式中可知，要改变电动机转速 n，可通过改变电枢电压 U（降压调速），或改变励磁电流 I_f（弱磁调速）来实现。当采用降压调速时，从电动机转矩公式 $T = C_e K I_f I_a$ 中可得，它属于恒转矩调速。而当采用弱磁调速时，根据功率公式 $P = nT$，并把上述 n 与 T 代入，可得电动机的功率 $P = (U - RI_a)C_e I_a$，可知它属于恒功率调速。

通常在数控机床中，为扩大调速范围，对直流主轴电动机的调速，同时采用调压和调磁两种方法。典型的主轴直流电动机特性曲线如图 2-44 所示。在基本转速 n_j 以下时属于恒转矩调速范围，用改变电枢电压来调速；在基本转速以上属于恒功率调速范围，采用控制励磁电流来实现。一般来说，恒转矩速度范围与恒功率速度范围之比为 1∶2。

另外，主轴直流电动机一般都有过载能力，且大都以能过载 150%（即连续额定电流的 1.5 倍）为指标。至于过载时间，则根据生产厂的不同有较大差别，从 1～30min 不等。

② 交流电动机主轴调速。大多数交流进给伺服电动机采用永磁式同步电动机，但主轴交流电动机则多采用笼型异步电动机，这是因为受永磁体的限制，永磁同步电动机的容量不允许做得太大，而且其成本也很高。另外，数控机床主轴驱动系统不必像进给系统那样，需

要如此高的动态性能和调速范围。笼型异步电动机结构简单、便宜、可靠，配上矢量变换控制的主轴驱动装置则完全可以满足数控机床主轴的要求。

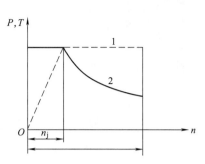

图 2-44　主轴直流电动机特性曲线
1—功率特性曲线；2—转矩特性曲线

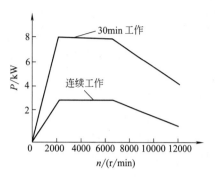

图 2-45　主轴交流电动机特性曲线

主轴交流电动机的性能可由图 2-45 所示的功率-速度关系曲线反映出来。从图中曲线可见，主轴交流电动机的特性曲线与直流电动机类似，即在基本速度以下为恒转矩区域，而在基本速度以上为恒功率区域。但有些电动机，如图中所示那样，当电动机速度超过某一定值之后，其功率-速度曲线又往下倾斜，不能保持恒功率。对于一般主轴电动机，这个恒功率的速度范围只有 1∶3 的速度比。另外交流主轴电动机也有一定的过载能力，一般为额定值的 1.2～1.5 倍，过载时间则从几分钟到 30min 不等。

交流主轴电动机的驱动目前广泛采用矢量控制变频调速的方法，并为适应负载特性的要求，对交流电动机供电的变频器，应同时有调频兼调压功能。有关交流异步电动机矢量控制原理，这里不予以介绍。

2. 机械齿轮变速

采用电动机无级调速，使主轴齿轮箱的结构大大简化，但其低速段输出转矩常常无法满足机床强力切削的要求。如单纯片面追求无级调速，势必要增大主轴电动机的功率，从而使主轴电动机与驱动装置的体积、重量及成本大大增加。因此数控机床常采用 1～4 挡齿轮变速与无级调速相结合的方式，即所谓分段无级变速。采用机械齿轮减速，增大了输出转矩，并利用齿轮换挡扩大了调速范围。

数控机床在加工时，主轴是按零件加工程序中主轴速度指令所指定的转速来自动运行。数控系统通过两类主轴速度指令信号来进行控制，即用模拟量信号或数字量信号（程序中的 S 代码）来控制主轴电动机的驱动调速电路，同时采用开关量信号（程序上用 M41～M44 代码）来控制机械齿轮变速自动换挡的执行机构。自动换挡执行机构是一种电-机转换装置，常用的有液压拨叉和电磁离合器。

（1）液压拨叉换挡

液压拨叉是一种用一只或几只液压缸带动齿轮移动的变速机构。最简单的二位液压缸实现双联齿轮变速。对于三联或三联以上的齿轮换挡则必须使用差动液压缸。图 2-46 为三位液压拨叉的原理图，其具有液压缸 1 与 5、活塞杆 2、拨叉 3 和套筒 4，通过电磁阀改变不同的通油方式可获得如下三个位置：

① 当液压缸 1 通入压力油而液压缸 5 卸压时，活塞杆 2 带动拨叉 3 向左移至极限位置。

② 当液压缸 5 通入压力油而液压缸 1 卸油时，活塞杆 2 和套筒 4 一起移至右极限位置。

③ 当左右缸同时通压力油时，由于活塞杆 2 两端直径不同使其向左移动，而由于套筒 4 和活塞杆 2 的截面直径不同，使套筒 4 向右的推力大于活塞杆 2 向左的推力，因此套筒 4 压向液压缸 5 的右端，而活塞杆 2 则紧靠套筒 4 的右面，拨叉处于中间位置。

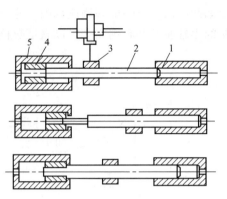

图 2-46　三位液压拨叉的工作原理

1,5—液压缸；2—活塞杆；3—拨叉；4—套筒

要注意的是每个齿轮的到位，需要有到位检测元件（如感应开关）检测，该信号能有效说明变挡已经结束。对采用主轴驱动无级变速的场合，可采用数控系统控制主轴电动机慢速转动或振动来解决上述液压拨叉可能产生的顶齿问题。对于纯有级变速的恒速交流电动机驱动场合，通常需在传动链上安置一个微电动机。正常工作时，离合器脱开；齿轮换挡时，主轴 M1 停止工作而离合器吸合，微电动机 M2 工作，带动主轴慢速转动。同时，液压缸移动齿轮，从而顺利啮合，如图 2-47 所示。

液压拨叉需附加一套液压装置，将信号转换为电磁阀动作，再将压力油分至相应液压缸，因而增加了复杂性。

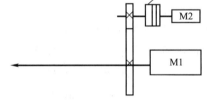

图 2-47　微电动机工作齿轮换挡原理

（2）电磁离合器换挡

电磁离合器是应用电磁效应接通或切断运行的元件，可便于实现自动化操作。但它的缺点是体积大，磁通易使机械件磁化。在数控机床主传动中，使用电磁离合器能简化变速机构，通过安装在各传动轴上的离合器的吸合与分离，形成不同的运动组合传动路线，实现主轴变速。

在数控机床中常使用无滑环摩擦片式电磁离合器和牙嵌式电磁离合器。由于摩擦片式电磁离合器采用摩擦片传递转矩，所以允许不停车变速。但如果速度过高，会由于滑差运动产生大量的摩擦热。牙嵌式电磁离合器由于在摩擦面上做成一定的齿形，故提高了传递转矩，减小了离合器的径向轴尺寸，使主轴结构更加紧凑，摩擦热减少。但牙嵌式电磁离合器必须在低速时（数转每分钟）变速。

二、主传动的机械结构

数控机床的主轴部件一般包括主轴、主轴轴承和传动件等。对于加工中心，主轴部件还包括刀具自动夹紧装置、主轴准停装置和主轴孔的切屑消除装置。

1. 主轴轴承的配置形式

数控机床主轴轴承主要有以下几种配置形式：

① 前支承采用双列短圆柱滚子轴承和 $60°$ 角接触双列向心推力球轴承，后支承采用向心推力球轴承，如图 2-48（a）所示。该种配置形式的主轴刚性好，可以满足强力切削的要求，广泛用于各类数控机床的主轴。

② 前支承采用高精度双列向心推力球轴承，如图 2-48（b）所示。该种配置形式承载能力小，适用于高速、轻载和精密的数控机床主轴。

③ 前支承采用双列圆锥滚子轴承，后支承采用单列圆锥滚子轴承，如图 2-48（c）所

示。该种配置形式的承载能力强，安装和调整方便，但主轴的转速不能太高，适用于中等精度、低速和重载的数控机床。

在主轴的结构上必须处理好卡盘或刀具的安装、主轴的卸荷、主轴轴承的定位、间隙调整、主轴部件的润滑和密封等问题。对于某些立式数控加工中心，还必须处理好主轴部件的平衡问题。

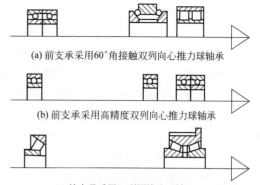

(a) 前支承采用60°角接触双列向心推力球轴承

(b) 前支承采用高精度双列向心推力球轴承

(c) 前支承采用双列圆锥滚子轴承

图 2-48　数控机床主轴轴承的配置形式

2．主轴的自动装夹和切屑消除装置

在加工中心上，为了实现刀具在主轴上的自动装卸，主轴必须设计自动夹紧机构。例如自动换刀数控立式镗铣床（JCS-018）的主轴部件如图 2-49 所示。

加工用的刀具通过刀柄 1 安装在主轴上，刀柄 1 以 7：24 的锥度在主轴 3 前端的孔中定位，并通过拉钉 2 拉紧。夹紧刀柄时，液压缸右（上）腔接通回油路，弹簧 11 推动活塞 6 右（上）移，拉杆 4 在碟形弹簧 5 作用下向右（上）移动。由于此时装在拉杆前端径向孔中的四个钢球 12 进入主轴孔中直径较小的 d_2 处，被迫径向收拢而卡进拉钉 2 的环形凹槽内，因而刀柄被拉杆拉紧。切削扭矩由端面键 13 传递。换刀前需将刀柄松开，压力油进入液压缸的右（上）腔，活塞 6 推动拉杆 4 向左（下）移动，碟形弹簧被压缩。当钢球 12 随拉杆一起左（下）移进入主轴孔径较大的 d_1 处时，它就不能再约束拉钉的头部，紧接着拉杆前端内孔的台肩端面碰到拉钉，把刀柄松开。此时行程开关 10 发出信号，换刀机械手随即将刀柄取下。与此同时，压缩空气由管接头 9 经活塞和拉杆的中心通孔吹入主轴装刀孔中，把切屑或脏物清除干净，以保证刀具的安装精度。机械手把新刀装上主轴后，液压缸 7 接通回油，碟形弹簧又拉紧刀柄。刀柄拉紧后，行程开关 8 发出信号。

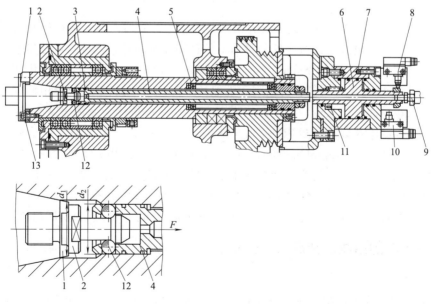

图 2-49　JCS-018 加工中心的主轴部件

1—刀柄；2—拉钉；3—主轴；4—拉杆；5—碟形弹簧；6—活塞；7—液压缸；

8，10—行程开关；9—压缩空气管接头；11—弹簧；12—钢球；13—端面键

3. 主轴准停装置

加工中心的主轴部件上设有准停装置，其作用是使主轴每次都准确地停在固定不变的周向位置上，以保证自动换刀时主轴上的端面键能对准刀柄上的键槽，同时使每次装刀时刀柄与主轴的相对位置不变，提高刀具的重复安装精度，从而提高孔加工时孔径的一致性。另外，对于一些特殊工艺要求，如在通过前壁小孔镗内壁的同轴大孔，或进行反倒角等加工时，也要求主轴实现准停，使刀尖停在一个固定的方位上，以便主轴偏移一定尺寸后，使大刀刃能通过前壁小孔进入箱体内对大孔进行镗削。

目前，主轴准停装置很多，主要分为机械式和电气式两种。JCS-018 加工中心采用电气准停装置，其原理如图 2-50 所示。

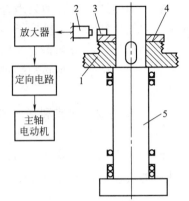

图 2-50 JCS-018 加工中心的主轴准停装置

1—多楔带轮；2—磁传感器；3—永久磁铁；4—垫片；5—主轴

在带动主轴旋转的多楔带轮 1 的端面上装有一个厚垫片 4，垫片上装有一个体积很小的永久磁铁 3，在主轴箱箱体对应于主轴准停的位置上装有磁传感器 2。当机床需要停车换刀时，数控装置发出主轴停转的指令，主轴电动机立即降速，在主轴以最低转速慢转几圈、永久磁铁 3 对准磁传感器 2 时，磁传感器发出准停信号，该信号经放大后，由定向电路控制主轴电动机停在规定的周向位置上。

第五节 可编程控制器（PLC）

1969 年，美国 NEC 公司研制出世界第一台可编程控制器。由于最初研制的可编程控制器只是为了解决生产设备在运行中开关量信号的逻辑控制问题，因此这种控制装置当时称为可编程逻辑控制器（Programmable Logic Controller，PLC）。20 世纪 70 年代初，国外许多大公司竞相对 PLC 进行研究。各种系列和性能的 PLC 不断涌入市场，应用范围很快扩大到包括数控机床在内的各个工业领域。70 年代中期，在数控机床上采用 PLC 主要是用来替代传统的继电器控制电路以实现机床的顺序控制功能。1980 年，美国电气制造商协会正式将这类装置命名为 "Programmable Controller"，简称 PC（仍沿用 PLC 名称）。此后，PLC 已成为各种高性能数控设备和生产制造系统中不可缺少的控制装置，如一台标准型数控机床，CNC 和控制面板与强电逻辑之间的信号多达 100 多个。PLC 具有逻辑运算、计时、计数、模拟控制、数据处理等控制功能，用 PLC 取代继电器逻辑控制已成为发展趋势。

一、 PLC 的组成、特点与工作原理

1. PLC 的组成

PLC 是一种计算机控制系统。它不同于通用计算机的是：它是为工业现场而开发，具有更多、功能更强大的 I/O 接口和面向电气工程技术人员的编程语言。图 2-51 所示是一个小型 PLC 的内部结构示意图。

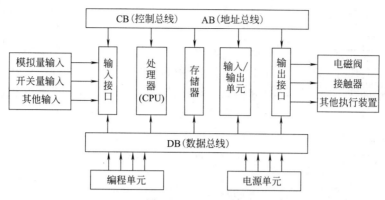

图 2-51　PLC 结构

从图 2-51 中可看出，PLC 由中央处理器（CPU）、存储器、输入/输出单元、编程器、电源和外围设备等组成，内部通过总线连接。其中 CPU、存储器的作用与微型计算机基本相同。输入/输出单元（又称为 I/O 单元）是 PLC 与工业设备之间的连接组件，每一个连接口称为一点，不同的 PLC 其点数不同。例如 C28P 表示 28 点、16 个输出接口和 12 个输入接口。为便于检查，每个接口都接有指示灯，当接通时相应的指示灯发亮，当断开时相应的指示灯熄灭，用户可以核对各点的通断状态。编程器用于用户程序的编制、编辑、调试检查和工作监视。编程器一般是单独的专用部件，通过通信接口与 CPU 模块连接，在 PLC 正常工作时，不一定需要编程器。

PLC 正常工作还需要与之配套的软件。PLC 的软件一般分为系统程序和用户程序。

2. PLC 的特点

① 可靠性高。PLC 是针对恶劣的工业环境设计的控制器，其硬件和软件方面均采用了很多有效措施来提高其可靠性。

② 编程简单。PLC 编程方法一般分成两大类，一类是语言编程，另一类是梯形图编程。不论是哪一种编程方式，其编程都非常简单。

③ 灵活性好。PLC 控制各被控设备是通过设计相应的程序来实现的。当在现场装配和调试过程中需要改变控制逻辑时，就不必改变外部电路，只要改写程序重新固化即可。作为 PLC 这样的产品很容易系列化和通用化，稍做修改就可用于不同的控制对象。这样使得 PLC 不仅能用于单台设备的控制，在柔性制造单元和柔性制造系统中也被大量采用。

④ 直接驱动负载能力强。在 PLC 的输出模块中，有直接用于驱动强电线圈的功能模块。在这种模块中，采用了大功率晶体管和控制继电器的形式进行输出，所以具有较强的驱动能力，一般都能直接驱动执行电器的线圈，接通或断开强电电路。

⑤ 便于实现机电一体化。由于 PLC 在设计过程中，应充分注意到其应用的环境和条件，所以不论是何种品牌的 PLC 都设计成结构紧凑型。PLC 通常具有体积小、重量轻、功耗低、效率高的特点，所以很容易将其装入控制柜内，实现机电一体化。

另外，利用 PLC 通信网络功能还可以实现计算机网络控制。

3. PLC 的工作原理

PLC 内部工作方式一般是循环扫描工作方式，在一些大中型 PLC 中增加了中断工作方式。当用户将用户程序调试完成后，通过编程器将其程序写入 PLC 存储器中，同时将现场的输入信号和被控制的执行元件相应地连接在输入模块的输入端和输出模块的输出端，接着

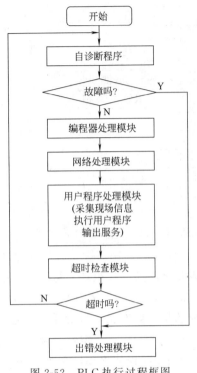

图 2-52　PLC 执行过程框图

将 PLC 工作方式选择为运行工作方式，后面的工作就由 PLC 根据用户程序去完成，图 2-52 是 PLC 执行过程框图。PLC 在工作过程中，主要完成六个模块的处理。

从自诊断模块的运行开始执行，对软硬件进行校验和测试。测试结束后，如果 PLC 控制开关已经拨向编程工作方式，则进入编程器处理模块。这时 CPU 马上将总线控制权交给编程器，用户可以根据需要对 PLC 工作进行在线监视和修改用户程序等操作。当编程器完成处理工作或达到所规定的信息交换时间后，CPU 重新获得总线控制权。当编程处理器模块运行完后，如果 PLC 配置了网络交换功能模块，就开始扫描运行此模块。该模块主要完成 PLC 与 PLC 之间、PLC 与磁带机之间、PLC 与计算机之间的信息交换。

在处理完成上面两个模块后，PLC 进入用户程序处理过程。用户程序处理是 PLC 的基本功能，其处理过程采用循环扫描方式进行，可分为输入采样、程序执行、输出控制三个阶段，如图 2-53 所示。对用户程序进行的处理首先是输入采样阶段。在输入采样阶段，PLC 以扫描方式将所有输入端的输入信号状态（ON/OFF）读入到输入映像寄存器中寄存起来，然后进入用户程序执行状态。在 PLC 执行程序过程中，根据需要可在输入映像区中提取有关现场信息，在输出映像区中提取有关历史信息，并在处理后将其结果存入输出映像区，供下次处理时使用或者以备输出。接着进入输出服务过程，CPU 将输出映像区中要输出的状态值按顺序传送到输出数据寄存器，然后再通过输出模块转换后送去控制现场的执行元件。

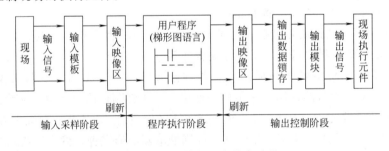

图 2-53　PLC 执行用户程序过程

经过用户程序处理模块后，PLC 开始执行超时检查模块，若扫描周期没有超过设定的时间，则继续执行下一个扫描周期。若超过了，则 CPU 将停止运行，复位至输入/输出状态，并在报警后转入停机扫描过程。当超时或自诊断出错时，PLC 进入出错处理模块，并进行报警、错误显示，同时作相应处理，然后停止扫描过程。

二、PLC 的应用

在机械制造业中，PLC 得到了非常广泛的应用，特别是数控机床都或多或少地使用了 PLC 作为开关量的控制。除了数控机床，其他的加工设备目前也在越来越多地采用 PLC 进行控制。例如组合机床、各种自动化生产线等都使用了 PLC 控制。

1. 数控机床使用 PLC 的类型

数控机床使用的 PLC 可分为两类:一类是内装型 PLC,另一类是独立型 PLC。

(1)内装型 PLC

图 2-54 所示为内装型 PLC 的 CNC 系统框图。内装型 PLC 从属于 CNC 装置,PLC 与 CNC 装置之间的信号传送在 CNC 装置内部即可实现。PLC 与机床则通过 CNC 输入/输出接口电路实现信号传送。这样内装型 PLC 的硬件电路可以单独设计在自己的电路板内,也可以与 CNC 装置的某一块电路板共用。内装型 PLC 的成功应用,扩大了 CNC 内部直接处理数据的能力,可以使用梯形图方式进行编程,并且造价较低,提高了 CNC 的性能价格比。

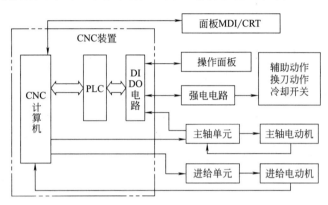

图 2-54 内装型 PLC 的 CNC 系统框图

(2)独立型 PLC

所谓独立型 PLC 实际上就是一个通用型 PLC,它完全独立于 CNC 装置,具有完备的硬件和软件,独立完成 CNC 系统所要求的控制任务。图 2-55 所示是独立型 PLC 的 CNC 系统框图。从图中可以看到,独立型 PLC 不但要与机床侧的 I/O 连接,还要与 CNC 装置侧的 I/O 连接。所以,独立型 PLC 造价较高,性能价格比不如内装型 PLC。

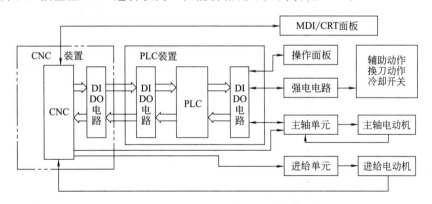

图 2-55 独立型 PLC 的 CNC 系统框图

2. PLC 与 CNC 及机床之间的信息交换

在信息交换中,分为 PLC 与 CNC 之间的信息交换和 PLC 与机床之间的信息交换。

PLC 与 CNC 之间的信息交换分为两个方向进行:一个方向是 CNC 向 PLC 发送信息,主要有各种功能代码 M、S、T 的信息,手动/自动方式信息,各种使能信息等;另一个方向是 PLC 向 CNC 发送信息，主要有 M、S、T 功能的应答信息和各坐标轴对应的机床参考点信息等。

PLC 与机床之间的信息交换也分为两个方向进行：一个方向是 PLC 向机床发送信息，主要有控制机床的执行元件信息，如电磁铁、接触器、继电器的各种状态指示和故障报警等；另一个方向是机床向 PLC 发送信息，主要有机床操作面板输入信息和其上各种开关、按钮等信息，如机床启动/停止、主轴正转/反转/停止、冷却液开/关、倍率选择、各坐标轴点动以及刀架卡盘夹紧/松开等信息，还有各运动部件的限位开关、主轴状态监视信号和伺服系统运行准备信号等。

本章小结

本章介绍了 CNC 系统的组成与特点、软硬件与结构、CNC 系统的控制原理，以及数控机床的进给伺服系统、主轴驱动系统和可编程控制器。

CNC 系统由硬件和软件组成。CNC 系统的硬件从电路板结构来分，有大板结构和模块化结构两种；从使用的微机结构来分，有单微机结构和多微机结构。为了完成控制机床的任务，CNC 系统都有一套专用软件，即系统软件，它一般包括输入数据处理、插补计算、位置控制、速度控制、管理和诊断等软件。输入数据处理软件包括程序段的输入、存储、译码及预计算（如刀补计算）等内容。插补计算是 CNC 系统的一项重要任务，CNC 系统的插补计算有基准脉冲插补法、数据采样插补法两类，主要介绍了逐点比较法、数字积分法、时间分割直线插补等方法。CNC 系统常见的软件结构有前后台型和中断型两种。

数控机床的进给伺服系统有开环伺服系统、闭环伺服系统、半闭环伺服系统和 CNC 伺服系统。数控机床进给系统的机械结构与普通机床有很大的区别，体现在采用了精密的滚珠丝杠副、消除间隙机构、精密的导轨（如直线导轨、液体静压导轨、贴塑导轨等）。位置检测装置是保证闭环伺服系统和半闭环伺服系统精度的关键，常用的位置检测装置有旋转变压器、感应同步器、光栅、磁栅等。

数控机床的主轴驱动方式有变速齿轮传动、带传动、用两台电动机分别驱动主轴、内装主轴电动机等。主轴调速有电动机调速和机械齿轮变速。为满足数控机床低速强力切削的需要，常采用分段无级变速的方法。

PLC 在数控机床中得到了非常广泛的应用，如采用 PLC 作为开关量控制的控制器。本章介绍了 PLC 的特点、工作原理及应用。

 习题二

2-1   CNC 系统由哪几部分组成？

2-2   CNC 系统软件一般包括哪几部分？各完成什么工作？

2-3   单微处理机结构和多微处理机结构各有何特点？

2-4   CNC 系统中，常见的软件结构有哪几种？简述其特点。

2-5   数控机床常用的输入方法有哪几种？

2-6   什么是刀具半径补偿？它有何作用？

2-7   欲用逐点比较法插补直线 OE，起点为 $O\ (0,0)$，终点为 $E\ (-6,5)$，试写出插补运算过程并绘出插补轨迹。

2-8 利用逐点比较法插补圆弧 AB ，起点为 A （8，0），终点为 B （0，8），试写出插补过程并绘出轨迹。

2-9 若加工第一象限直线 OF ，起点为 O （0，0），终点为 F （11，8），设累加器为 4 位，试用 DDA 法进行插补计算，并绘出插补轨迹。

2-10 设加工圆弧 PQ ，起点为 P （7，0），终点为 Q （0，7、），累加器为三位，试用 DDA 法插补计算，并画出轨迹。

2-11 数据采样插补是如何实现的？怎样选择插补周期？

2-12 要求数据采样圆弧插补的径向误差 $e_r \leqslant 1\mu$m，已知插补周期 $T = 8$ms，插补圆弧半径为 100mm，计算允许的最大进给速度 v （mm/min）为多少？

2-13 数控机床的进给传动系统有何特点？

2-14 数控机床为什么常采用滚珠丝杠螺母副作为传动元件？

2-15 为什么要消除数控机床滚珠丝杠螺母副的间隙？如何消除？

2-16 数控机床伺服系统对位置检测装置的要求是什么？各应用特点如何？

2-17 对数控机床的主轴驱动有何要求？如何实现其主轴变速？

2-18 可编程控制器由哪些组成？各部分的功能怎样？有何特点？在数控机床中 PLC 主要完成的任务是什么？

2-19 可编程控制器在数控机床的应用中可分为哪几类？各有何特点？

第三章
数控车削加工技术

第一节　数控车床简介

一、概述

（一）数控车床的用途

数控车床能对轴类或盘类等回转体零件自动完成内外圆柱面、圆锥面、圆弧面和直/锥螺纹等工序的切削加工，并能进行切槽、钻、扩和铰等工作。它是目前国内使用极为广泛的一种数控机床，约占数控机床总数的 25%。

（二）数控车床的组成、特点与布局

1. 数控车床的组成及特点

图 3-1 为济南第一机床厂生产的 MJ-50 型全功能型数控车床，一般由以下几个部分组成。

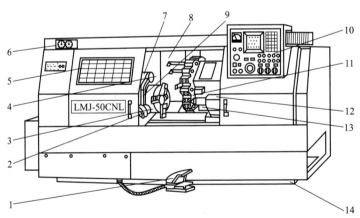

图 3-1　MJ-50 型全功能型数控车床

1—主轴卡盘松、夹开关；2—对刀仪；3—主轴卡盘；4—主轴箱；

5—机床防护门；6—压力表；7—对刀仪防护罩；8—导轨防护罩；

9—对刀仪转臂；10—操作面板；11—回转刀架；12—尾座；

13—床鞍；14—床身

① 主机。它是数控车床的机械部件，包括床身、主轴箱、刀架尾座、进给机构等。

② 数控装置。它是数控车床的控制核心，其主体是由数控系统运行的一台计算机（包括 CPU、存储器、CRT 等）。

③ 伺服驱动系统。它是数控车床切削工作的动力部分，主要实现主运动和进给运动，由伺服驱动电路和伺服驱动装置组成。伺服驱动装置主要有主轴电动机和进给伺服驱动装置（步进电动机或交、直流伺服电动机等）。

④ 辅助装置。辅助装置是指数控车床的一些配套部件，包括液压/气压装置及冷却系统、润滑系统和排屑装置等。

与普通车床相比较，数控车床的结构有不少特点。由于数控车床刀架的纵向（Z 向）和横向（X 向）运动分别采用两台伺服电动机驱动经滚珠丝杠传到滑板和刀架，不必使用挂轮、光杠等传动部件，所以它的传动链短；多功能数控车床采用直流或交流主轴控制单元来驱动主轴，它可以按控制指令作无级变速，与主轴间无须再用多级齿轮副来进行变速；其床头箱内的结构也比普通车床简单得多。故数控车床的结构大为简化，其精度和刚度大大提高。另外，数控车床还具有轻拖动（刀架移动采用了滚珠丝杠副）、加工时冷却充分、防护较严密等特点。

2. 数控车床的布局

数控车床的布局形式与普通车床基本一致，但数控车床刀架和导轨的布局形式有很大变化，直接影响着数控车床的使用性能及机床的结构和外观。此外，数控车床上都设有封闭的防护装置。

（1）床身和导轨的布局

数控车床床身导轨水平面的相对位置如图 3-2 所示。

① 平床身的布局 [见图 3-2（a）]。它的工艺性好，便于导轨面的加工。水平床身配上水平放置的刀架，可提高刀架的运动精度。这种布局一般可用于大型数控车床或小型精密数控车床。但是水平床身由于下部空间小，故排屑困难。从结构尺寸上看，刀架水平放置使滑板横向尺寸较长，从而加大了机床宽度方向的结构尺寸。

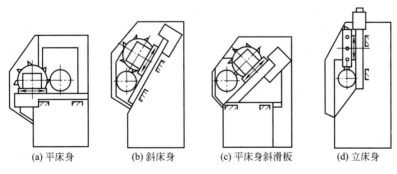

(a) 平床身   (b) 斜床身   (c) 平床身斜滑板   (d) 立床身

图 3-2　数控车床的布局形式

② 斜床身的布局 [见图 3-2（b）]。它的导轨倾斜角度分别为 30°、45°、60° 和 75° 等。当导轨倾斜的角度为 90° 时，称为立床身，如图 3-2（d）所示。倾斜角度小，排屑不便；倾斜角度大，导轨的导向性及受力情况差。其倾斜角度的大小还直接影响机床外形尺寸高度与宽度的比例。综合考虑以上因素，中小规格的数控车床床身的倾斜度以 60° 为宜。

③ 平床身斜滑板的布局 [见图 3-2（c）]。这种布局形式一方面具有水平床身工艺性好

的特点；另一方面机床宽度方向的尺寸较水平配置滑板要小，且排屑方便。

平床身斜滑板和斜床身的布局形式，被中小型数控车床普遍采用。这是由于此两种布局形式排屑容易，热切屑不会堆积在导轨上，也便于安装自动排屑器；操作方便，易于安装机械手，以实现单机自动化；机床占地面积小，外形美观，容易实现封闭式防护。

（2）刀架的布局

分为排式刀架和回转式刀架两大类。目前两坐标联动数控车床多采用回转刀架。回转刀架在机床上的布局有两种形式：一种是用于加工盘类零件的回转刀架，其回转轴平行于主轴；另一种是用于加工轴类和盘类零件的回转刀架，其回转轴垂直于主轴。

对于四坐标轴控制的数控车床，其床身上安装有两个独立的滑板和回转刀架，也称为双刀架四坐标数控车床。其上每个刀架的切削进给量是分别控制的，因此两刀架可以同时切削同一工件的不同部位，既扩大了加工范围又提高了加工效率，适用于加工曲轴、飞机零件等形状复杂、批量较大的零件。

（三）数控车床的分类

随着数控车床制造技术的不断发展，形成了产品繁多、规格不一的局面，因而也出现了几种不同的分类方法。

1. **按数控系统的功能分类**

① 经济型数控车床。它一般采用步进电动机驱动形成开环伺服系统，其控制部分采用单板机或单片机来实现。此类车床结构简单，价格低廉，无刀尖圆弧半径自动补偿和恒线速切削等功能。

② 全功能型数控车床。如图 3-1 所示，它一般采用闭环或半闭环控制系统，具有高刚度、高精度和高效率等特点。

③ 车削中心。它是以全功能型数控车床为主体，并配置刀库、换刀装置、分度装置、铣削动力头和机械手等，实现多工序复合加工的机床。在工件一次装夹后，它可完成回转类零件的车、铣、钻、铰、攻螺纹等多种加工工序，其功能全面，但价格较高。

④ FMC 车床。它实际上是一个由数控车床、机器人等构成的柔性加工单元。它能实现工件搬运、装卸的自动化和加工调整准备的自动化。

2. **按加工零件的基本类型分类**

① 卡盘式数控车床。这类车床未设置尾座，适用于车削盘类零件。该类车床的夹紧方式多为电动或液压控制，卡盘结构多数具有卡爪。

② 顶尖式数控车床。这类车床设置普通尾座或数控尾座，适合车削较长的轴类零件及直径不太大的盘、套类零件。

3. **按主轴的配置形式分类**

① 卧式数控车床。这类车床的主轴轴线处于水平位置，它又可分为水平导轨卧式数控车床和倾斜导轨卧式数控车床（其倾斜导轨结构可以使车床具有更大的刚性，并易于排屑）。

② 立式数控车床。这类车床的主轴轴线处于垂直位置，并有一个直径很大的圆形工作台，供装夹工件用。这类机床主要用于加工径向尺寸大、轴向尺寸较小的大型复杂零件。

具有两根主轴的车床，称为双轴卧式数控车床或双轴立式数控车床。

4. **其他分类**

数控车床按数控系统的不同控制方式等指标，可分为直线控制数控车床、轮廓控制数控车床等；按特殊或专门的工艺性能，可分为螺纹数控车床、活塞数控车床、曲轴数控车床等；按刀架数量，可分为单刀架数控车床和双刀架数控车床；另外，也把车削中心列为数控车床一类。

二、数控车床的典型结构

下面主要介绍全功能型数控车床的典型结构。

如图 3-1 所示，MJ-50 型数控车床为两坐标连续控制的全功能型卧式车床。床身 14 为平床身，床身导轨面上支承着 30°倾斜布置的床鞍 13，排屑方便。导轨的横截面为矩形，支承刚性好，且导轨上配置有导轨防护罩 8。床身的左上方安装有主轴箱 4，主轴由交流伺服电动机驱动，免去变速传动装置，因此主轴箱的结构变得十分简单。为了快速而省力地装夹工件，主轴卡盘 3 的夹紧与松开是由主轴尾端的液压缸来控制的。床身右方安装有尾座 12。滑板的倾斜导轨上安装有回转刀架 11，其刀盘上有 10 个工位，最多安装 10 把刀具。滑板上分别安装 X 轴和 Z 轴的进给传动装置。

为方便对刀和刀具检测，主轴箱前端面上可安装对刀仪 2，用于机床的机内对刀。检测刀具时，对刀仪转臂 9 摆出，其上端的接触式传感器测头对所用刀具进行检测。检测完成后，对刀仪转臂摆回至图 3-1 所示的原位，且测头被锁在对刀仪防护罩 7 中。

1. 主轴结构与主传动系统

① 主轴结构。图 3-3 为 MJ-50 型数控车床的主轴箱结构，主轴交流伺服电动机（11kW）通过带轮 15 把运动传给主轴 7。主轴采用两支承结构，前支承由一个双列圆柱滚子轴承 11 和一对角接触球轴承 10 组成。轴承 11 用来承受径向载荷，两个角接触球轴承一个大口朝向主轴前端，另一个大口朝向主轴后端，用来承受双向的轴向载荷和径向载荷。前支承轴承的间隙用螺母 8 来调整。螺钉 12 用来防止螺母 8 回松。主轴的后支承为双列圆柱滚子轴承 14，轴承间隙由螺母 1 和 6 来调整。螺钉 17 和 13 是防止螺母 1 和 6 回松的。主轴的支承形式为前端定位，主轴受热膨胀向后伸长。前后支承所用双列圆柱滚子轴承的支承刚性好，允许的极限转速高。前支承中的角接触球轴承能承受较大的轴向载荷，且允许的极限

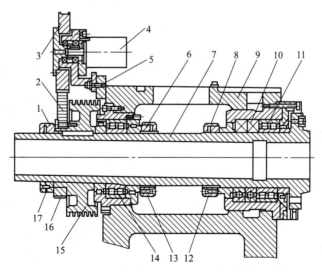

图 3-3　MJ-50 型数控车床的主轴箱结构

1,6,8—螺母；2—同步带；3,16—同步带轮；4—脉冲编码器；5,12,13,17—螺钉；
7—主轴；9—主轴箱体；10—角接触球轴承；11,14—双列圆柱滚子轴承；15—带轮

转速高。主轴所采用的支承结构适合高速大载荷切削的需要。主轴的运动经过同步带轮 16 和 3 以及同步带 2 带动脉冲编码器 4，使其与主轴同速运转。脉冲编码器用螺钉 5 固定在主轴箱体 9 上。

　　② 主传动系统。数控车床主运动要求速度在一定范围内可调，有足够的驱动功率，主轴回转轴心线的位置准确稳定，并有足够的刚性与抗振性。

　　全功能型数控车床的主轴变速是按照加工程序指令自动进行的。为确保机床主传动的精度，降低噪声，减少振动，主传动链要尽可能地缩短；为保证满足不同的加工工艺要求并能获得最低切削速度，主传动系统应能无级地大范围变速；为提高端面加工的生产效率和加工质量，还应能实现恒切削速度控制。此外，主轴应能配合其他构件实现工件自动装夹。

　　图 3-4 为 MJ-50 型数控车床的传动系统，其中主运动传动系统由功率为 11kW 的 AC 伺服电动机驱动，经一级 1∶1 的带传动带动主轴旋转，使主轴在 35～3500r/min 的转速范围内实现无级调速，主轴箱内部省去了齿轮传动变速机构，因此减少了齿轮传动对主轴精度的影响，并且维修方便。另外，在主轴箱内还安装脉冲编码器，主轴的运动通过同步带轮以及同步带 1∶1 地传到脉冲编码器。当主轴旋转时，脉冲编码器便发出检测脉冲信号给数控系统，使主轴电动机的旋转与刀架的切削进给保持同步关系，即实现加工螺纹时主轴转一转，刀架 Z 向移动一个工件导程的运动关系。

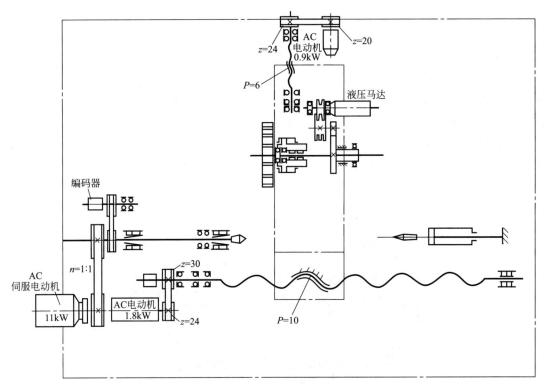

图 3-4　MJ-50 型数控车床的传动系统

2. 进给传动系统

　　数控车床进给传动系统是用数字控制 X、Z 坐标轴的直接对象，工件最后的尺寸精度和轮廓精度都直接受进给运动的传动精度、灵敏度和稳定性的影响。为此，数控车床的进给传动系统应充分注意减小摩擦力，提高传动精度和刚度，消除传动间隙以及减小运动件的惯量等。

为使全功能型数控车床进给传动系统实现高精度、快速响应、低速大转矩，一般采用交、直流伺服进给驱动装置，通过滚珠丝杠螺母副带动刀架移动。刀架的快速移动和进给移动为同一条传动路线。

如图 3-4 所示，MJ-50 型数控车床的进给传动系统分为 X 轴进给传动和 Z 轴进给传动。X 轴进给由功率为 0.9kW 的交流伺服电动机驱动，经 20/24 的同步带轮传动到滚珠丝杠（滚珠丝杠螺距为 6mm），其螺母带动回转刀架移动。Z 轴进给由功率为 1.8kW 的交流伺服电动机驱动，经 24/30 的同步带轮传动到滚珠丝杠（滚珠丝杠螺距为 10mm），其上螺母带动滑板移动。

滚珠丝杠螺母轴向间隙可通过预紧方法消除，预紧载荷以能有效地减小弹性变形所带来的轴向位移为度，过大的预紧力将增加摩擦阻力，降低传动效率，并使寿命大为缩短。所以，一般要经过几次仔细调整才能保证机床在最大轴向载荷下，既消除间隙又能灵活运转。目前，丝杠螺母副已由专业厂生产，其预紧力由制造厂调好后供用户使用。

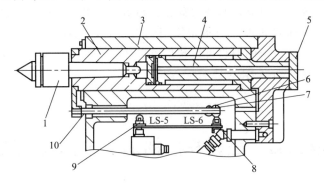

图 3-5　MJ-50 型数控车床尾座结构简图
1—顶尖；2—尾座套筒；3—尾座体；4—活塞杆；5—端盖；
6—移动挡块；7—固定挡块；8,9—确认开关；10—行程杆

3. 机床尾座

图 3-5 所示为 MJ-50 型数控车床出厂时配置的标准尾座结构简图。尾座体的移动由滑板带动实现。尾座体移动后，由手动控制的液压缸将其锁紧在床身上。

在调整机床时，可以手动控制尾座套筒移动。顶尖 1 与尾座套筒 2 用锥孔连接，尾座套筒可带动顶尖一起移动。在机床自动工作循环中，可通过加工程序由数控系统控制尾座套筒的移动。当数控系统发出尾座套筒伸出的指令后，液压电磁阀动作，压力油通过活塞杆 4 的内孔进入套筒液压缸的左腔，推动尾座套筒伸出。当数控系统发出尾座套筒退回的指令时，压力油进入套筒液压缸右腔，从而使尾座套筒退回。

尾座套筒移动的行程，靠调整套筒外部连接的行程杆 10 上面的移动挡块 6 来完成。图中所示移动挡块的位置在右端极限位置时，套筒的行程最长。

当套筒伸出到位时，行程杆上的移动挡块 6 压下确认开关 9，向数控系统发出尾座套筒到位信号；当套筒退回时，行程杆上的固定挡块 7 压下确认开关 8，向数控系统发出套筒退回的确认信号。

4. 自动回转刀架

数控车床的刀架是机床的重要组成部分，其结构直接影响机床的切削性能和工作效率。

回转刀架上回转头各刀座用于安装或支持各种不同用途的刀具，通过回转头的旋转、分度和定位，实现机床的自动换刀。回转刀架分度准确，定位可靠，重复定位精度高，转位速度快，夹紧性好，可以保证数控车床的高精度和高效率。

按照回转刀架的回转轴相对于机床主轴的位置，可分为立式和卧式回转刀架。

① 立式回转刀架。立式回转刀架的回转轴垂直于机床主轴，有四方刀架和六方刀架等外形，多用于经济型数控车床。

② 卧式回转刀架。卧式回转刀架的回转轴与机床主轴平行（见图3-1），可径向与轴向安装刀具。径向刀具多用作外圆柱面及端面加工，轴向刀具多用作内孔加工。回转刀架的工位数最多可达到20个，常用的有8工位、10工位、12工位、14工位四种。刀架回转及松开夹紧的动力可采用全电动，全液压电动回转松开-碟形弹簧夹紧，电动回转-液压松开夹紧等。刀位计数采用光电编码器。由于回转刀架机械结构复杂，使用中故障率相对较高，因此在选用及使用维护中要给予足够重视。

MJ-50型数控车床的自动回转刀架为卧式回转刀架的结构，其转位换刀过程为：当接收到数控系统的换刀指令后，刀盘松开→刀盘旋转到指令要求的刀位→刀盘夹紧并发出转位结束信号。在机床自动工作状态下，当指定换刀的刀号后，数控系统可以通过内部的运算判断，实现刀盘就近转位换刀，即刀盘可正转也可反转。但当手动操作机床时，从刀盘方向观察，只允许刀盘顺时针转动换刀。

第二节　数控车削的加工工艺与工装

一、数控车削加工的工艺分析

理想的加工程序不仅应保证加工出符合图样的合格工件，而且应能使数控机床的功能得到合理的应用和充分的发挥。除必须熟练掌握其性能、特点和使用操作方法外，还必须在编程之前正确地确定加工工艺。

由于生产规模的差异，对于同一零件的车削加工方案是有所不同的，应根据具体条件，选择经济、合理的车削工艺方案。

（一）加工工序划分

在数控机床上加工零件，工序可以比较集中，一次装夹应尽可能完成全部工序。与普通机床加工相比，加工工序划分有其自己的特点，常用的工序划分原则有以下两种。

1. 保持精度原则

数控加工要求工序尽可能集中，通常粗、精加工在一次装夹下完成，为减少热变形和切削力变形对工件的形状、位置精度、尺寸精度和表面粗糙度的影响，应将粗、精加工分开进行。对轴类或盘类零件，将待加工面先粗加工，留少量余量精加工，来保证表面质量要求。对轴上有孔、螺纹加工的工件，应先加工表面后加工孔、螺纹。

2. 提高生产效率的原则

在数控加工中，为减少换刀次数和节省换刀时间，应将需用同一把刀加工的加工部位全部完成后，再换另一把刀来加工其他部位。同时应尽量减少空行程，用同一把刀加工工件的多个部位时，应以最短的路线到达各加工部位。

在实际生产中，数控加工工序的划分要根据具体零件的结构特点、技术要求等情况综合考虑。

（二）加工路线的确定

在数控加工中，刀具（严格说是刀位点）相对于工件的运动轨迹和方向称为加工路线，即刀具从对刀点开始运动起，直至结束加工程序所经过的路径，包括切削加工的路径及刀具引入、返回等非切削空行程。加工路线的确定首先必须保持被加工零件的尺寸精度和表面质量，其次考虑数值计算简单、走刀路线尽量短、效率较高等。下面举例分析数控车床加工零件时常用的加工路线。

1. 车圆锥的加工路线分析

在车床上车外圆锥时可以分为车正锥和车倒锥两种情况，而每一种情况又有两种加工路线。图 3-6 所示为车正锥的两种加工路线。按图 3-6（a）车正锥时，需要计算终刀距 S。假设圆锥大径为 D，小径为 d，锥长为 L，背吃刀量为 a_p，则由相似三角形可得

$$(D-d)/2L = a_p/S$$

则 $S = 2La_p/(D-d)$，按此种加工路线，刀具切削运动的距离较短。

当按图 3-6（b）的走刀路线车正锥时，则不需要计算终刀距 S，只要确定了背吃刀量 a_p，即可车出圆锥轮廓，编程方便。但在每次切削中背吃刀量是变形的，且刀具切削运动的路线较长。

图 3-7（a）、（b）为车倒锥的两种加工路线，分别与图 3-6（a）、（b）相对应，其车锥原理与车正锥相同。

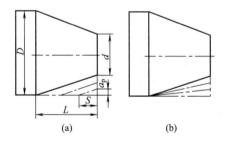

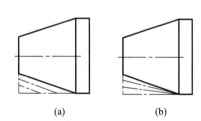

（a）　　　　　（b）　　　　　　　　　（a）　　　　　（b）

图 3-6　车正锥的两种加工路线　　　　　图 3-7　车倒锥的两种加工路线

2. 车圆弧的加工路线分析

应用 G02（或 G03）指令车圆弧，若用一刀就把圆弧加工出来，吃刀量太大，容易打刀。所以，实际切削时需要多刀加工，先将大部分余量切除，再车得所需圆弧。下面介绍车圆弧常用的加工路线。

图 3-8 为车圆弧的车圆法切削路线，即用不同半径圆来车削，最后将所需圆弧加工出来。此方法在确定了每次背吃刀量 a_p 后，对 90°圆弧的起点、终点坐标较易确定。图 3-8（a）的走刀路线较短，但图 3-8（b）加工的空行程时间较长。此方法数值计算简单，编程方便，常用于较复杂的圆弧。

图 3-9 为车圆弧的车锥法切削路线，即先车一个圆锥，再车圆弧。但要注意车锥时的起点和终点的确定。若确定不好，则可能损坏圆弧表面，也可能将余量留得过大。确定方法是连接 OB 交圆弧于 D，过 D 点作圆弧的切线 AC。由几何关系得

$$CD = DB = OB - OD = \sqrt{2}R - R = 0.414R$$

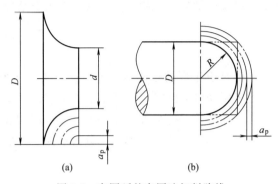

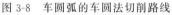

(a)　　　　　　(b)

图 3-8　车圆弧的车圆法切削路线

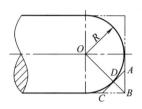

图 3-9　车圆弧的车锥法切削路线

此为车锥时的最大切削余量，即车锥时加工路线不能超过 AB 线。由 CD 与 $\triangle ABC$ 的关系，可得

$$AB = BC = \sqrt{2}CD = 0.585R$$

这样可确定出车锥时的起点和终点。当 R 不太大时，可取 $AB = BC = 0.5R$。此方法数值计算较繁，但其刀具切削路线较短。

3. 车螺纹时轴向进给距离的分析

车螺纹时，刀具沿螺纹方向的进给应与工件主轴旋转保持严格的速比关系。考虑到刀具从停止状态到达指定的进给速度或从指定的进给速度降至零，驱动系统必有一个过渡过程，沿轴向进给的加工路线长度，除保证加工螺纹长度外，还应增加 δ_1（2～5mm）的刀具引入距离和 δ_2（1～2mm）的刀具切出距离，如图 3-10 所示。这样在切削螺纹时，能保证在升速完成后使刀具接触工件，刀具离开工件后再降速。

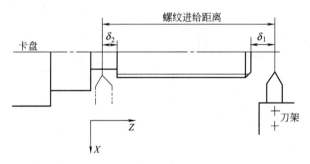

图 3-10　切削螺纹时的引入距离和引出距离

二、数控车削加工与工装

（一）夹具的选择、工件装夹方法的确定

1. 夹具的选择

数控加工时夹具主要有两大要求：一是夹具应具有足够的精度和刚度；二是夹具应有可靠的定位基准。选用夹具时，通常考虑以下几点：

① 尽量选用可调整夹具、组合夹具及其他适用夹具，避免采用专用夹具，以缩短生产准备时间。

② 在成批生产时，才考虑采用专用夹具，并力求结构简单。

③ 装卸工件要迅速方便，以缩短机床的停机时间。

④ 夹具在机床上安装要准确可靠，以保证工件在正确的位置上加工。

2. 夹具的类型

数控车床上的夹具主要有两类：一类用于盘类或短轴类零件，工件毛坯装夹在可调卡爪的卡盘（三爪、四爪）中，由卡盘传动旋转；另一类用于轴类零件，工件毛坯装在主轴顶尖和尾座顶尖间，工件由主轴上的拨动卡盘传动旋转。

3. 零件的安装

数控车床上零件的安装方法与普通车床一样，要合理选择定位基准和夹紧方案，主要注意以下两点：

① 力求设计、工艺与编程计算的基准统一，这样有利于提高编程时数值计算的简便性和精确性。

② 尽量减少装夹次数，尽可能在一次装夹后，加工出全部待加工面。

（二）切削用量的确定

数控编程时，编程人员必须确定每道工序的切削用量，并以指令的形式写入程序中。切削用量包括主轴转速、背吃刀量及进给速度等。对于不同的加工方法，需要选用不同的切削用量。切削用量的选择原则是：保证零件加工精度和表面粗糙度，充分发挥刀具的切削性能，保证合理的刀具耐用度；充分发挥机床的性能，最大限度提高生产效率，降低成本。

1. 主轴转速的确定

主轴转速应根据允许的切削速度和工件（或刀具）直径来选择。主轴转速计算公式为

$$n = \frac{1000v}{\pi d}$$

式中，v 为切削速度，由刀具的耐用度决定，m/min；n 为主轴转速，r/min；d 为工件直径或刀具直径，mm。

最后要根据计算的主轴转速 n 选取机床说明书中有的或较接近的转速。

2. 进给速度的确定

进给速度是数控机床切削用量中的重要参数，主要根据零件的加工精度和表面粗糙度要求以及刀具、工件的材料性质选取。最大进给速度受机床刚度和进给系统的性能限制。

确定进给速度的原则是：

① 当工件的质量要求能够得到保证时，为提高生产效率，可选择较高的进给速度。一般在 100～200mm/min 范围内选取。

② 在切断、加工深孔或用高速钢刀具加工时，宜选择较低的进给速度，一般在 20～50mm/min 范围内选取。

③ 当加工精度、表面粗糙度要求较高时，进给速度应选小些，一般在 20～50mm/min 范围内选取。

④ 刀具空行程时，特别是远距离"回零"时，可以选择该机床数控系统设定的最高进给速度。

3. 背吃刀量的确定

背吃刀量根据机床、工件和刀具的刚度来决定。在刚度允许的条件下，应尽可能使背吃刀量等于工件的加工余量，这样可以减少走刀次数，提高生产效率。为了保证加工表面质

量，可留少许精加工余量，一般为 0.2～0.5mm。

以上切削用量（a_p、f、v）选择是否合理，对于能否充分发挥机床潜力与刀具的切削性能，实现优质、高产、低成本和安全操作具有很重要的作用。车削用量的具体选择原则是：

① 粗车时，首先考虑选择一个尽可能大的背吃刀量 a_p，其次选择一个较大的进给量 f，最后确定一个合适的切削速度 v。增大背吃刀量 a_p 可使走刀次数减少，增大进给量 f 有利于断屑，因此根据以上原则选择粗车切削用量对于提高生产效率、减少刀具消耗、降低加工成本是有利的。

② 精车时，加工精度和表面粗糙度要求较高，加工余量不大且均匀，因此选择较小（但不太小）的背吃刀量 a_p 和进给量 f，并选用切削性能高的刀具材料和合理的几何参数，以尽可能提高切削速度 v。

③ 在安排粗、精车削用量时，应注意机床说明书给定的允许切削量范围。对于主轴采用交流变频调速的数控车床，由于主轴在低转速时转矩降低，尤其应注意此时的切削量选择。表 3-1 所示为数控车削用量推荐表，供编程时参考。

表 3-1　数控车削用量推荐表

工件材料	工件条件	切削深度/mm	切削速度/(m/min)	进给量/(mm/r)	刀具材料
碳速钢 $\sigma_b > 600$MPa	粗加工	5～7	60～80	0.2～0.4	YT 类
	粗加工	2～3	80～120	0.2～0.4	
	精加工	0.2～0.3	120～150	0.1～0.2	
	钻中心孔	—	500～800r/min	—	W18Cr4V
	钻孔	—	约 30	0.1～0.2	
	切断(宽度<5mm)		70～110	0.1～0.2	YT 类
铸铁 200HBS 以下	粗加工	—	50～70	0.2～0.4	YG 类
	精加工		70～100	0.1～0.2	
	切断(宽度<5mm)		50～70	0.1～0.2	

总之，切削用量的具体数值应根据机床性能、相关的手册并结合实际经验用模拟方法确定。同时，使主轴转速、背吃刀量及进给速度三者能相互适应，以形成最佳切削用量。

（三）刀具的选择与对刀点、换刀点的确定

1. 刀具的选择

与普通机床加工方法相比，数控加工对刀具提出了更高的要求，不仅需要刚性好、精度高，而且要求尺寸稳定、耐用度高、断屑和排屑性能好；同时要求安装调整方便，以满足数控机床高效率的要求。数控机床上所选用的刀具常采用适应高速切削性能的刀具材料（如高速钢、超细粒度硬质合金），并使用可转位刀片。

（1）车削用刀具及其选择　数控车削常用的车刀一般分为尖形车刀、圆弧形车刀以及成形车刀三类。

① 尖形车刀。它是以直线形切削刃为特征的车刀。尖形车刀的刀尖由直线形的主副切削刃构成，如 90°内外圆车刀、左右端面车刀、车槽（切断）车刀及刀尖倒棱很小的各种外圆和内孔车刀。

尖形车刀几何参数（主要是几何角度）的选择方法与普通车削时基本相同，但应结合数控加工的特点（如加工路线、加工干涉等）进行全面的考虑，并应兼顾刀尖本身的强度。

② 圆弧形车刀。它是以圆度或线轮廓度误差很小的圆弧形切削刃为特征的车刀。该车刀圆弧刃每一点都是圆弧形车刀的刀尖，因此刀位点不在圆弧上，而在该圆弧的圆心上。

圆弧形车刀可以用于车削内外表面，特别适合用于车削各种光滑连接（凹形）的成形面。选择车刀圆弧半径时应考虑两点：一是车刀切削刃的圆弧半径应小于或等于零件凹形轮廓上的最小曲率半径，以免发生加工干涉；二是该半径不宜选择太小，否则不但制造困难，还会因刀具强度太弱或刀体散热能力差而导致车刀损坏。

③ 成形车刀。它也称样板车刀，其加工零件的轮廓形状完全由车刀刀刃的形状和尺寸决定。在数控车削加工中，常见的成形车刀有小半径圆弧车刀、非矩形车槽刀和螺纹刀等。在数控加工中，应尽量少用或不用成形车刀。

（2）标准化刀具　目前，数控机床上大多使用系列化、标准化刀具，对可转位机夹外圆车刀、端面车刀等的刀柄和刀头都有国家标准及系列化型号。

对所选择的刀具，在使用前都需对刀具尺寸进行严格的测量以获得精确资料，并由操作者将这些数据输入数控系统，经程序调用而完成加工过程，从而加工出合格的工件。

刀具尤其是刀片的选择是保证加工质量、提高生产效率的重要环节。零件材质的切削性能、毛坯余量、工件的尺寸精度和表面粗糙度、机床的自动化程序等都是选择刀片的重要依据。

数控车床能兼作粗精车削。因此粗车时，要选强度高、耐度好的刀具，以便满足粗车时大背吃刀量、大进给量的要求。精车时，要选精度高、耐用度好的刀具，以保证加工精度的要求。此外，为缩短换刀时间和方便对刀，应尽可能采用机夹刀和机夹刀片。夹紧刀片的方式要选择得合理，刀片最好选涂层硬质合金刀片。目前，数控车床用得最普遍的是硬质合金刀具和高速钢刀具两种。

根据零件的材料种类、硬度以及加工表面粗糙度要求和加工余量的已知条件来决定刀片的几何结构（如刀尖圆角）、进给量、切削速度和刀片牌号。具体选择时可参考切削用量手册。

2. 对刀点、换刀点的确定

工件装夹方式在机床确定后，通过确定工件原点来确定工件坐标系，加工程序中的各运动轴代码控制刀具做相对位移。

在程序开头，必须确定刀具在工件坐标系下开始运动的位置，这一位置即为程序执行时刀具相对于工件运动的起点，所以称为程序起始点或起刀点。此起始点一般通过对刀来确定，所以该点又称为对刀点。

在编制程序时，要正确选择对刀点的位置。对刀点设置的原则是：

① 便于数值计算和简化程序编制。

② 易于找正并在加工过程中便于检查。

③ 引起的加工误差小。

对刀点可以设置在加工零件上，也可以设置在夹具或机床上。为了提高零件的加工精度，对刀点应尽量设置在零件的设计基准或工艺基准上。例如以外圆或孔定位零件，可以取外圆或孔的中心与端面的交点作为对刀点。

实际操作机床时，可以通过手工对刀操作把刀具的刀位点放到对刀点上，即刀位点与对刀点的重合。所谓刀位点，是指刀具的定位基准点。车刀的刀位点为刀尖圆弧中心，钻头的刀位点是钻尖等。手动对刀操作，对刀精度较低且效率低。而有些工厂采用光学对刀镜、对刀仪、自动对刀装置，以缩短对刀时间，提高对刀精度。

加工过程中需要换刀时，应规定换刀点。所谓换刀点，是指刀架转动换刀时的位置。换刀点应设在工件或夹具的外部，以换刀时不碰工件及其他部件为准。

第三节　数控车削的程序编制

一、数控车床的编程特点

数控车床编程有如下特点：

① 在一个程序段中，根据图样上标注的尺寸，可以采用绝对值编程、增量值编程或二者混合编程，绝对坐标指令用 X、Z 表示，增量坐标指令用 U、W 表示。

② 由于被加工零件的径向尺寸在图样上和测量时都是以直径值表示，所以用绝对值编程时，X 以直径值表示；用增量值编程时，以径向实际位移量的两倍值表示，并附上方向符号（正向可以省略）。

③ 为提高工件的径向尺寸精度，X 向的脉冲当量取 Z 向的一半。

④ 由于车削加工常用棒料或锻料作为毛坯，加工余量较大，所以为简化编程，数控装置常具备不同形式的固定循环，可进行多次重复循环切削。

⑤ 编程时，常认为车刀刀尖是一个点，而实际上为了延长刀具寿命和提高工件表面质量，车刀刀尖常磨成一个半径不大的圆弧。因此为提高加工精度，当编制圆头刀程序时，需要对刀具半径进行补偿。数控车床一般都具有刀具半径自动补偿功能（G41、G42），这时可直接按工件轮廓尺寸编程。对不具备刀具半径自动补偿功能的数控车床，编程时需先计算补偿量。

二、车削数控系统功能

数控机床加工中的动作在加工程序中用指令的方式事先予以规定，这类指令有准备功能 G、辅助功能 M、刀具功能 T、主轴转速功能 S 和进给功能 F 之分。对于准备功能 G 和辅助功能 M，我国已依据国际标准 ISO 105—1975（E）制定了国家标准 JB 3208—1999，如表1-5、表1-6所示。由于我国目前数控机床的形式和数控系统的种类较多，它们的指令代码定义还不统一，同一个 G 指令或同一个 M 指令其含义有时不相同。因此，编程人员在编程前必须对自己使用的数控系统的功能进行仔细研究，以免发生错误。

下面介绍数控车床系统 FANUC-6T 使用的 F、T、S 功能代码。

① F 功能。用来指定进给速度，由地址 F 和其后面的数字组成。

在 G99 程序段后面，再遇到 F 指令时，则认为 F 所指定的进给速度单位为 mm/r。系统开机状态为 G99，只有输入 G98 指令后，G99 才被取消。而 G98 为每分钟进给，单位为 mm/min。

② T 功能。该指令用来控制数控系统进行选刀和换刀。用地址 T 和其后的数字来指定刀具号和刀具补偿号。车床上刀具号和刀具补偿号有两种形式，即 T1+1 或 T2+2，具体

格式和含义如下：

在 FANUC-6T 系统中，这两种形式均可采用，通常采用 T2＋2 形式。例如 T0101 表示采用 1 号刀具和 1 号刀补。

③ S 功能。用来指定主轴转速或速度，用地址 S 和其后的数字组成。

G96 是接通恒线速度控制的指令，当 G96 执行后，S 后面的数值为切削速度。例如 G96S100 表示切削速度为 100m/min。

G97 是取消 G96 的指令。执行 G97 后，S 后面的数值表示主轴转速。例如 G97S800 表示主轴最高转速为 800r/min，系统开机状态为 G97 指令。

G50 除有坐标系设定功能外，还有系统中主轴最高转速设定功能。用恒线速度控制加工端面锥度和圆弧时，由于 X 坐标值不断变化，当刀具逐渐接近工件的旋转中心时，主轴转速会越来越高，工件有从卡盘飞出的危险，所以为防止事故发生，有时必须限定主轴最高转速。

三、数控车削编程基础

(一) 坐标系统

1. 数控车床坐标系

数控车床以机床主轴轴线为 Z 轴，刀具远离工件方向为 Z 轴的正方向。X 轴平行于横向滑座导轨方向，且垂直于工件旋转轴线，取刀具远离工件的方向为 X 轴的正方向。如图 3-11 所示，指向尾座的方向为 Z 轴正方向，使刀具离开工件的方向为 X 轴的正方向。

数控车床的坐标系是以机床原点建立起来的 X、Z 轴直角坐标系，在出厂前就已经调整好，一般情况下不允许用户随意变动。

数控车床的坐标系原点为机床上的一个固定点，一般为主轴旋转中心与卡盘后端面的交点，即图 3-11 中的 O 点。数控机床可设置机床参考点，即图中的 R 点。参考点也是机床上的一个固定点，该点与机床原点的相对位置是固定的，其位置由 X 向与 Z 向的机械挡块来确定，一般设在 X、Z 轴正向的最大极限位置上。当进行回参考点操作时，装在纵向和横向滑座上的行程开关碰到相应的挡块后，向数控系统发出信号，由系统控制滑座停止运动，完成回参考点的操作。目前，数控机床的机床原点与参考点可以重合，也可以不重合。

机床通电之后，不论刀架位于什么位置，显示器上显示的 Z 与 X 坐标均为零。当完成回参考点的操作后，则显示此时刀架中心在机床坐标系中的坐标，相当于数控系统内部建立了一个以机床原点为坐标原点的机床坐标系。若回参考点后，Z、X 示值均为零，则表明机床原点与参考点重合。实际上，数控机床是通过回参考点的操作建立机床坐标系，参考点是确定机床坐标系位置的基准点。

2. 工件坐标系 (编程坐标系)

工件坐标系是编程时使用的坐标系，故又称为编程坐标系。在编程时，应首先确定工件坐标系，工件坐标系的原点也称为工件原点。从理论上讲，工件原点可以选在工件中任何位置；但实际上，为了编程方便和各尺寸较为直观，应尽量把工件原点选得合理些，一般将

X 轴方向的原点设定在主轴中心线上,而 Z 轴方向的原点一般设定在工件的右端面或左端面上,如图 3-12 所示的 O 点或 O' 点上。

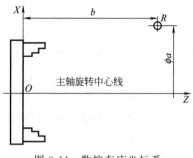

图 3-11　数控车床坐标系

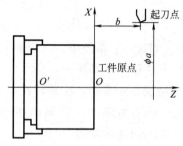

图 3-12　工件坐标系

(二) 对刀问题

在数控车床上加工时,工件坐标系确定好后,还需确定刀尖点在工件坐标系中的位置,即对刀问题。常用的对刀方法为试切对刀。

如图 3-13 所示,试切对刀的具体方法是:如图 3-13 (a) 所示,将工件安装好后,首先用手动方式 (进给量大时) 加步进方式 (进给量为脉冲当量的倍数时) 或 MDI 方式操作机床,用已装好选好的刀具将工件端面车一刀;然后保持刀具在 Z 向尺寸不变,沿 X 向退刀。当取工件右端面 O 为工件原点时,对刀输入为 ZO;当取工件左端面 O' 为工件原点时,停止主轴转动,需要测量从内端面到加工面的长度尺寸 δ,此时对刀输入为 $Z\delta$。如图 3-13 (b)

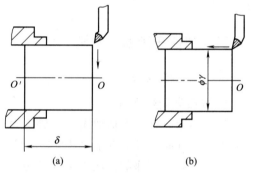

图 3-13　数控车床的对刀

所示,首先用同样的方法,将工件外圆表面车一刀;然后保持刀具在 X 向尺寸不变,从 Z 向退刀,停止主轴转动;最后量出工件车削后的直径值 $\phi\gamma$,根据 δ 和 $\phi\gamma$ 值即可确定刀具在工件坐标系中的位置。

(三) 数控车削常用的各种指令

不同的数控车床,其编程功能指令基本相同,但也有个别功能指令的定义有所不同,这里以 FANUC 系统为例介绍数控车床的基本编程功能指令。

1. 快速点定位指令 (G00)

该指令使刀架以机床厂设定的最快速度按点位控制方式从刀架当前点快速移动至目标点。该指令没有运动轨迹的要求,也不需规定进给速度。

指令格式为:

G00　X＿Z＿或 G00　U＿W＿

指令中的坐标值为目标点的坐标,其中 X (U) 坐标以直径值输入。当某一轴上相对位置不变时,可以省略该轴的坐标值。在一个程序段中,绝对坐标指令和增量坐标指令也可混用,如

G00　X＿W＿或 G00　U＿Z＿

【例题 3-1】 快速进刀（G00）编程，如图 3-14 所示。

程序为：

G00 X50.0 Z6.0 或 G00 U－70.0 W－84.0

执行该段程序，刀具便快速由当前位置按实际刀具路径移动至指令终点位置。

2. 直线插补指令（G01）

该指令用于使刀架以给定的进给速度从当前点直线或斜线移动至目标点，既可使刀架沿 X 轴方向或 Z 轴方向做直线运动，也可以两轴联动方式在 X、Z 轴内做任意斜率的直线运动。

指令格式为：

G01 X __ Z __ F __ 或 G01 U __ W __ F __

如进给速度 F 值已在前段程序中给定且不需改变，本段程序也可不写出；若某一轴没有进给，则指令中可省略该轴指令。

【例题 3-2】 外圆柱切削编程，如图 3-15 所示。

程序：G01 X60.0 Z－80.0 F0.4

或 G01 U0.0 W－80.0 F0.4

或 G01 X60.0 W－80.0 F0.4

或 G01 U0.0 Z－80.0 F0.4（混合）

或 G01 W－80.0 F0.4

或 G01 Z－80.0 F0.4

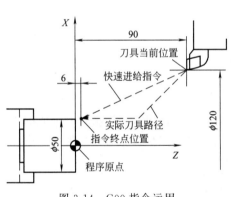

图 3-14 G00 指令运用

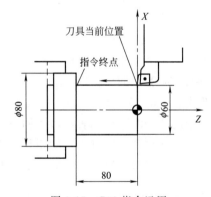

图 3-15 G01 指令运用

3. 圆弧插补指令（G02、G03）

该指令用于刀架做圆弧运动以切出圆弧轮廓。G02 为刀架沿顺时针方向做圆弧插补，而 G03 则为沿逆时针方向做圆弧插补。

指令格式为：

G02 X __ Z __ I __ K __ F __ 或 G02 X __ Z __ R __ F __

G03 X __ Z __ I __ K __ F __ 或 G03 X __ Z __ R __ F __

上述指令中，X 和 Z 是圆弧的终点坐标，用增量坐标 U、W 也可以，圆弧的起点是当前点；I 和 K 分别是圆心坐标相对于起点坐标在 X 方向和 Z 方向的坐标差，也可以用圆弧半径 R 确定，R 值通常是指小于 180° 的圆弧半径。

【例题 3-3】 顺时针圆弧插补，如图 3-16 所示。

用 I、K 指令：

G02 X50.0 Z−10.0 I20.K17.F0.4（圆心相对于起点）

或 G02 U30.0 W−10.0 I20.K17.F0.4

用 R 指令：

G02 X50.0 Z−10.0 R27 F0.4

或 G02 U30.0 W−10.0 R27.0 F0.4

需要说明的是，当圆弧位于多个象限时，该指令可连续执行，如果同时指定了 I、K 和 R 值，则 R 指令优先，I、K 值无效；进给速度 F 的方向为圆弧切线方向，即线速度方向。

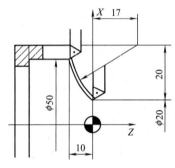

图 3-16　G02 指令运用

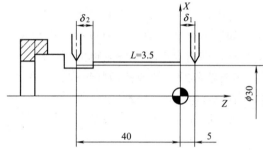

图 3-17　G32 指令运用

4. 螺纹切削指令（G32）

该指令用于切削圆柱螺纹、圆锥螺纹和端面螺纹。

指令格式为：

G32　X __ Z __ F __

其中，F 值为螺纹的螺距。

【例题 3-4】　圆柱螺纹切削，如图 3-17 所示。

程序：G32　Z−40.0　F3.5 或 G32　W−45　F3.5

图中的 δ_1 和 δ_2 分别表示由于伺服系统的滞后造成在螺纹切入和切出时所形成的不完全螺纹部分。在这两个区域内，螺距是不均匀的，因此在决定螺纹长度时必须加以考虑，一般应根据有关手册来计算 δ_1 和 δ_2，也可利用下式进行估算：

$$\delta_1 = nL \times 3.605/1800$$

$$\delta_2 = nL/1800$$

式中，n 为主轴转速，r/min；L 为螺距导程，mm。这是一种简化算法，计算时假定螺纹公差为 0.01mm。

在切削螺纹之前最好通过 CNC 屏幕演示切削过程，以便取得较好工艺参数。另外，在切削螺纹过程中，不得改变主轴转速，否则将切出不规则螺纹。

5. 暂停指令（G04）

该指令可使刀具作短时间的停顿，以进行进给光整加工。该指令主要用于车削环槽、不通孔和自动加工螺纹等场合，如图 3-18 所示。

指令格式为：

G04　P __

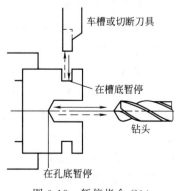

图 3-18　暂停指令 G04

指令中 P 后的数值表示暂停时间。

6. 返回参考点指令（G28）

该指令使刀具由当前位置返回参考点或经某一中间位置再返回到参考点，如图 3-19 所示。

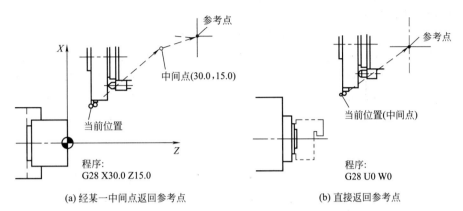

(a) 经某一中间点返回参考点　　　　(b) 直接返回参考点

图 3-19　返回参考点指令 G28

指令格式为：

G28　X(U)＿ Z(W)＿ T00

指令中的坐标为中间点坐标，其中 X 坐标必须按直径给定。直接返回参考点时，只需将当前位置设定为中间点即可。刀具复位指令 T00 必须写在 G28 指令的同一程序段或该程序段之前。刀具以快速方式返回参考点。

7. 工件坐标系设定指令（G50）

该指令用以设定刀具出发点（刀尖点）相对于工件原点的位置，即设定一个工件坐标系，有的数控系统用 G92 指令。该指令是一个非运动指令，只起预置寄存作用，一般作为第一条指令放在整个程序的前面。

指令格式为：

G50　X ＿ Z ＿

指令中的坐标即为刀具出发点在工件坐标系下的坐标值。

【例题 3-5】 工件坐标系设定，如图 3-20 所示。

程序：G50　X200　Z150

工件坐标系是编程人员设定的坐标系，其原点即为程序原点。用该指令设定工件坐标系之后，刀具的出发点到程序原点之间的距离就是一个确定的绝对坐标值。刀具出发点的坐标应以参考刀具（外圆车刀或端面精加工车刀）的刀尖位置来设定，该点的设置应保证换刀时刀具刀库与工件夹具之间没有干涉。在加工之前，通常应测量出参考点与刀具出发点之间的距离（a_X，a_Z）。

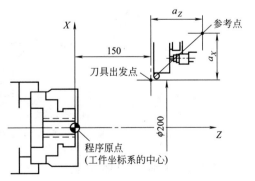

图 3-20　工件坐标系设定指令 G50

（四）刀具半径补偿功能

目前数控车床都具备刀具半径自动补偿功

能。编程时只需按工件的实际轮廓尺寸编程即可，不必考虑刀具的刀尖圆弧半径的大小；加工时由数控系统将刀尖圆弧半径加以补偿，便可加工出所要求的工件。

1. 刀尖圆弧半径的概念

任何一把刀具，不论制造或刃磨得如何锋利，在其刀尖部分都存在一个刀尖圆弧，它的半径值是个难以准确测量的值，如图 3-21 所示。

编程时，若以假想刀尖位置为切削点，则编程很简单。但任何刀具都存在刀尖圆弧，当车削圆柱面的外径、内径或端面时，刀尖圆弧的大小并不起作用；但当车倒角、锥面、圆弧或曲面时，就将影响加工精度。图 3-22 表示以假想刀尖位置编程时过切削及欠切削现象。编程时若以刀尖圆弧中心编程，可避免过切和欠切现象，但计算刀位点比较麻烦，并且如果刀尖圆弧半径值发生变化，还需改动程序。

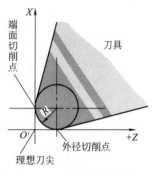

图 3-21　刀尖圆弧半径

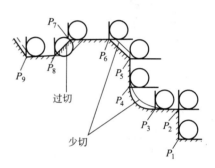

图 3-22　过切削及欠切削

数控系统的刀具半径补偿功能正是为解决这个问题所设定的。它允许编程人员以假想刀尖位置编程，然后给出刀尖圆弧半径，由系统自动计算刀心轨迹，并按刀心轨迹运动，从而消除刀尖圆弧半径对工件形状的影响，完成对工件的合理加工。

2. 刀具半径补偿的实施

① G40——解除刀具半径指令。该指令用于解除各个刀具半径补偿功能，应写在程序开始的第一个程序段或需要取消刀具半径的程序段。

② G41——刀具半径左补偿指令。在刀具运动过程中，当刀具按运动方向在工件左侧时，用该指令进行刀具半径补偿。

③ G42——刀具半径右补偿指令。在刀具运动过程中，当刀具按运动方向在工件右侧时，用该指令进行刀具半径补偿。

图 3-23 表示根据刀具与工件的相对位置及刀具的运动方向如何选用 G41 或 G42 指令。

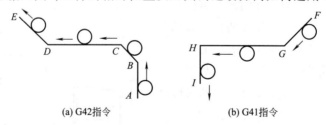

(a) G42指令　　　　　　　(b) G41指令

图 3-23　刀具半径补偿指令

（五）车削加工循环功能

在数控车床上对外圆柱、内圆柱、端面、螺纹等表面进行粗加工时，刀具往往要多次反复地执行相同的动作，直至将工件切削到所要求的尺寸。于是在一个程序中可能会出现很多基本相同的程序段，导致程序冗长。为了简化编程工作，数控系统可以用一个程序段来设置刀具作反复切削，这就是循环功能。固定循环功能包括单一固定循环和复合固定循环。

1. 单一固定循环指令

单一固定循环指令 G90 可完成外径、内径及锥面粗加工的固定循环，常有以下几种指令。

① 切削圆柱面。指令格式为：

G90 X(U)＿ Z(W)＿(F ＿)

如图 3-24 所示，刀具从循环起点开始按矩形循环，最后又回到循环起点。图中虚线表示按快速运动，实线表示按 F 指定的工作进给速度运动。X 和 Z 表示圆柱面切削终点坐标值，U、W 为圆柱面切削终点相对循环起点的增量值。其加工顺序按①、②、③、④进行。

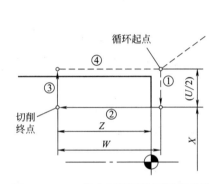

图 3-24 G90 指令切削圆柱面循环动作

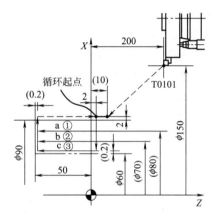

图 3-25 G90 指令编程

【**例题 3-6**】 用 G90 指令编程，工件和加工过程如图 3-25 所示，程序如下：

G50 X150.0 Z200.0 M08

G00 X94.0 Z10.0 T0101 M03 Z2.0 循环起点

G90 X80.0 Z－49.8 F0.25 循环①

　X70.0　循环②

　X60.4　循环③

G00　X150.0　Z200.0　T0000 取消 G90

M02

② 切削锥面。指令格式为：

G90X(U)＿ Z(W)＿ I＿(F ＿)

如图 3-26 所示，X（U）、Z（W）的意义同前。I 值为锥面大、小径的半径差，其符号的确定方法是：锥面起点坐标大于终点坐标时为正，反之为负。

2. 复合固定循环指令

它应用在多次切削才能加工到规定尺寸的场合，主要在粗车和多次切螺纹的情况下使用，如用棒料毛坯车削阶梯相差较大的轴，或切削铸、锻件的毛坯余

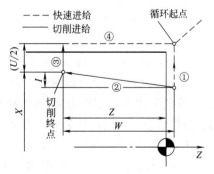

图 3-26 G90 切削锥面

量时，都有一些重复进行的动作。利用复合固定循环功能，只要编出最终加工路线，给出每次切除的余量深度或循环次数，机床即可自动地重复切削直到工件加工完为止。它主要有以下几种。

（1）外径、内径粗车循环指令（G71）

该指令将工件切削到精加工之前的尺寸，精加工前工件形状及粗加工的刀具路径由系统根据精加工尺寸自动设定。

指令格式为：

G71　Pns　Qnf　UΔU　WΔW　DΔd　（F＿　S＿　T＿）

其中，ns 为循环程序中第一个程序的顺序号；nf 为循环程序中最后一个程序的顺序号；ΔU 为 X 轴方向的精车余量（直径值）；ΔW 为 Z 轴方向精车余量；Δd 为粗加工每次切深。

图 3-27 所示为 G71 粗车外径的加工路线。图中 C 是粗车循环的起点，A 是毛坯外径与端面轮廓的交点。当此指令用于工件内径轮廓时，G71 就自动成为内径粗车循环，此时径向精车余量 ΔU 应指定为负值。

（2）端面粗车循环指令（G72）

它适用于圆柱棒料毛坯端面方向粗车，其功能与 G71 基本相同，不同之处是 G72 只完成端面方向粗车，刀具路径按径向方向循环。其刀具循环路径如图 3-28 所示，指令格式和其地址含义与 G71 相同。

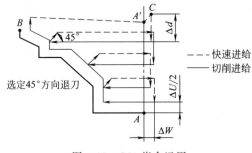

图 3-27　G71 指令运用

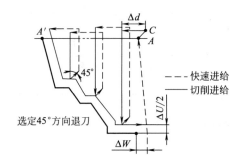

图 3-28　G72 指令运用

（3）粗车复合循环指令（G73）

它适用于毛坯轮廓形状与零件轮廓形状基本接近时的粗车。例如一些锻件、铸件的粗车，此时采用 G73 指令进行粗加工将大大节省工时，提高切削效率，其走刀路线如图 3-29 所示。

指令格式为：

G73　Pns　Qnf　IΔi　KΔK　UΔU　WΔW　DΔd（F＿　S＿　T＿）

其中，Δi 为粗切时径向切除的余量（半径值）；ΔK 为粗切时轴向切除的余量；ΔU 为 X 轴方向精加工余量；ΔW 为 Z 轴方向精加工余量；Δd 为粗切循环次数；其余地址含义与 G71 相同。

（4）精加工循环指令（G70）

它用于执行 G71～G73 粗加工循环指令后的精加工循环。

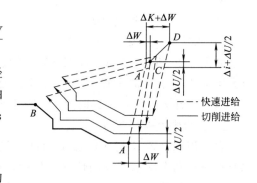

图 3-29　G73 指令运用

指令格式为：

G70　Pns　Pnf

指令中的 ns、nf 与前几个指令的含义相同。在 G70 状态下，ns～nf 程序中指定的 F、S、T 有效；当 ns～nf 程序中不指定 F、S、T 时，粗车循环中指定的 F、S、T 有效。

【例题 3-7】　用 G70、G71 指令编程，如图 3-30 所示。程序如下：

N01　G50 X200.0 Z220.0;坐标系设定

N02　G00 X160.0 Z180.0 M03 S800;

N03　G71 P04 Q10 U4.0 W2.0 D7.0 F0.30 S500;粗车循环

N04　G00 X40.0 S800;

N05　G01 W－40.0 F0.15;

N06　　　　X60.0 W－30.0;

N07　　　　　　　　W－20.0;

N08　　　　X100.0 W－10.0;

N09　　　　　　　　W－20.0;

N10　　　　X140.0 W－20.0;

N11　G70 P04 Q10;精车循环

N12　G00 X200.0 Z220.0;

N13　M05;

N14　M02;程序结束

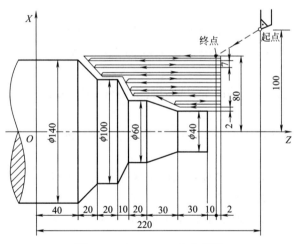

图 3-30　G70、G71 指令运用

上述程序从 N03 开始，进入 G71 固定循环。该程序段中的内容，并没有直接给出刀具下一步的运动路线，而是指示控制系统如何计算循环过程中的运动路线，其中 U4.0 和 W2.0 表示粗加工的最后一刀应留出的精加工余量，D7.0 表示粗加工的切削深度。每一刀都完成一个矩形循环，直到按工件小头尺寸已不能再进行完整的循环为止。接着执行 N11 精加工固定程序段，P04 和 Q10 表示精加工的轮廓尺寸按 P04 至 Q10 程序段的运动指令确定。刀具顺工件轮廓完成终加工后返回到对刀点（X160.0，Z180.0）。

（六）利用子程序编程

子程序调用指令（M98）用来调用子程序；子程序返回指令（M99）表示子程序结束，

将使控制系统返回到主程序。

1. 子程序的格式（FANUC 系统）

子程序的格式为：

O××××；在子程序开头，必须规定子程序号以作为调用入口地址

　⋮

M99；在子程序的结尾用 M99，以使控制系统执行完该子程序后返回到主程序

2. 调用子程序的格式

调用子程序的格式如下：

M98 PA××××；

××××为被调用的子程序号，A 为重复调用次数。

【例题 3-8】 如图 3-31 所示，采用毛坯为 ϕ21.4mm 的棒料，通过 5 次调用子程序进行循环加工，每次背吃刀深度为 4.4mm（直径值）。试进行数控加工工艺的分析并编写数控程序。

（1）数控加工工艺分析

① 装夹定位的确定。三爪卡盘夹紧定位，工件右端面与卡爪端面距离 40mm。

② 刀具加工起点及工艺路线的确定。刀具加工起点位置的确定原则是：该处方便拆卸工件，换刀时刀具与工件不

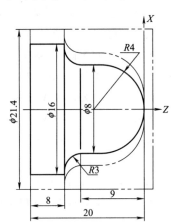

图 3-31　利用子程序编程

发生干涉，空行程不长等。故将刀具置于 Z 向距工件右端面 50mm、X 向距轴心线 100mm（直径值）的位置。通过调用增量编辑的子程序，并使每次调用后的终点位置相对起点位置向 X 轴负向移动 4.4mm，从而实现 5 次循环加工，使轮廓向轴线平移，最后满足工件尺寸。

③ 加工刀具的确定。外圆端面车刀（刀具主偏角 93°，刀具材质为硬质合金，刀号设为 1 号）。

④ 切削用量。主轴转速为 800r/min，进给速度为 0.2mm/r。

（2）数学计算

① 确定程序原点，建立工件坐标系（以工件右端面与轴线的交点为工件坐标系原点）。

② 计算各节点相对位置坐标值。

（3）编写数控程序　参考程序如下（以 FANUC 系统为例）：

O0001(主程序)

N10 G50 X100 Z50；

N20 T0101；

N30 M03 S800；

N40 G00 X22 Z2；

N50 M98 P50002；

N60 G00 X100 Z50；

N70 M05；

N80 M30；

O0002(子程序)

N10 G00 U−4.4 W−2；

N20 G03 U8 W−4 R4 G99 F0.2；

N30 G01 U0 W−5；

N40 G02 U6 W−3 R3；

N50 G01 U2 W0；

N60 U0 W−8；

N70 G00 U2；

N80 W22；

N90 U−18；

N100 M99；

（七）利用宏指令编程

以 FANUC 数控系统为例，系统配备了强有力的类似于高级语言的宏程序功能，用户可以使用变量进行算术运算、逻辑运算和函数的混合运算。此外，宏程序还提供了循环语句、分支语句和子程序调用语句，有利于编制各种复杂的零件加工程序，减少乃至免除手工编程时烦琐的数值计算，可以简化程序。

宏程序编程的循环 IF 语句，其格式为：

IF［条件表达式］　GOTON

如果指定的条件表达式满足，转移到标有顺序号 N 的程序段。如果指定的条件表达式不满足，执行下个程序段。

宏程序编程的详细内容，参见机床编程手册。

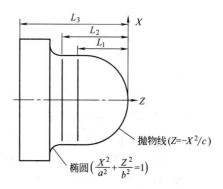

图 3-32　利用宏指令编程

【例题 3-9】　如图 3-32 所示，对于轮廓图形均由抛物面、圆柱面、椭圆面、圆柱面构成，只是尺寸不同的系列零件，可将其编制成一个通用程序。当零件改变时，只需修改参数即可。图中抛物线的 X 轴步距为 0.08mm，椭圆的 Z 轴步距为 0.08mm，椭圆方程的 a、b 分别为椭圆的长轴长度（X 轴）和短轴长度（Z 轴）。试进行数控加工工艺的分析，并利用宏指令编程。

（1）数控加工工艺分析

① 装夹定位的确定。采用三爪卡盘夹紧定位。

② 刀具加工起点及工艺路线的确定。刀具加工起点位置的确定原则为：该处方便拆卸工件，不发生碰撞，空行程不长等。故放在 Z 向距工件前端面 10mm、X 向距工件外表面 20mm 的位置。

③ 加工刀具的确定。外圆端面车刀，刀具主偏角 93°，刀具材质为硬质合金。

④ 切削用量。主轴转速为 800r/min，进给速度为 0.2mm/r。

（2）数学计算

① 建立工件坐标系：以工件右端面与轴线的交点为坐标系原点。

② 计算各节点相对位置值。

（3）编写数控程序　参考程序如下：

O0015

N10 #20＝32;(L_1)

N20 #21＝40;(L_2)

N30 #22＝55;(L_3)

N40 #24＝5;(a)

N50 #25＝8;(b)

N60 #26＝8;(c)

N70 G50 X0 Z0;

N80 M03 S800;

N90 #10＝0;

N100 #11＝0;

N110 #12＝0;

N120 #13＝0;

N130G01 X[#10] Z[－[#11]]G99 F0.2;

N140 #10＝#10＋0.08;

N150 #11＝#10＊#10/#26;

N160 IF [#11 LE #22] G0TO130;

N170 G01 X[SQRT[#20＊#26]] Z[－#20];

N180 G01 Z[－#21];

N190 #16＝#24x#24－#13＊#13;

N200 #15＝SQRT[#16];

N210 #12＝#15＊[#25/#24];

N220 G01 X[SQRT[#20＊#26]＋#25－#12] Z[－#21－#13];

N230 #13＝#13＋0.08;

N240 IF [#13 LE #24] G0TO190;

N250 G01 X[SQRT[#20＊#26]＋#25] Z[－#21－#24];

N260 G01 Z[－#22];

N270 U12;

N280 G00 Z0;

N290 X0;

N300 M30;

第四节　数控车削加工实例

一、数控车床的操作

　　尽管不同的数控系统和数控车床的功能有些差异，数控车床的操作面板也有一些变化，但是其基本功能和操作面板的基本形式大同小异。下面介绍华中车削数控系统 HNC 配简易型数控车床 CJK6032 的操作面板，如图 3-33 所示。

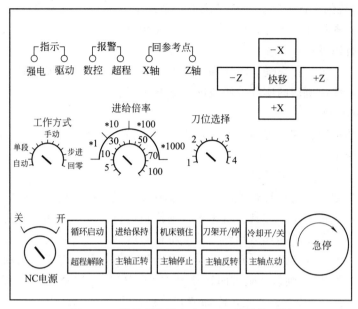

图 3-33　简易型数控车床 HNC 的操作面板

操作面板上各按键的功能如下。

（1）电源开关：合上总电源开关后，用钥匙打开操作面板上的电源开关，以接通 CNC 电源，同样可用钥匙断开 CNC 电源。

（2）急停按钮：机床操作过程中，当出现紧急状况时，按下急停按钮，伺服进给及主轴运转立即停止工作，CNC 立即进入急停状态。当要解除急停时，必须沿急停按钮的箭头方向旋转，即可解除。

（3）超程解除按钮：当某轴出现超程，要退出超程状况时，必须在手动方式下，一直按压超程解除按钮，同时按下该坐标轴运动方向按钮（＋X 或－X、＋Z 或－Z）的反方向按钮，以解除超程状态。

（4）工作方式选择波段开关：通过工作方式选择波段开关，选择系统的工作方式，包括自动、单段、手动、步进、回零等五种工作方式。

① 自动方式。当工作方式选择波段开关置于该工作方式时，机床控制由 CNC 自动完成，即通过数控程序自动控制完成。

② 单段方式。当工作方式选择波段开关置于该工作方式时，程序控制将会逐段进行，即运行一段后机床停止，再按一下循环启动按钮，执行下一程序段，执行完后又再次停止。此方式一般在调试程序或试切工件时使用。

③ 手动/点动方式。当工作方式选择波段开关置于该工作方式时，按压＋X 或－X、＋Z 或－Z，机床将在对应的轴向乘进给倍率产生点动，松开按钮则减速停止。按压＋X 或－X、＋Z 或－Z 时，同时按下快移按钮，则点动速度较快。此方式主要在装夹、调整工件，设定刀具参数以及其他准备工作时使用。

④ 步进方式。当工作方式选择波段开关置于该工作方式时，按压＋X 或－X、＋Z 或－Z，机床将在对应的轴向乘进给倍率以脉冲当量的倍数产生步进，松开按钮则停止。此方式主要用在精调整机床或精对刀时。

⑤ 回零方式。当工作方式选择波段开关置于该工作方式时，按压＋X 或－X、＋Z 或

—Z，机床将在对应的轴向回零。一般情况下，系统上电或退出数控系统后操作机床，必须首先使各坐标轴回零；在回零过程中，不允许有使坐标轴移动的动作（如点动）；可允许所有坐标轴同时进行回零操作。

（5）进给倍率开关：在自动、点动和步进方式下，当进给速度偏高时，可用操作面板上的进给倍率开关，修调机床的实际进给速度。此开关可提供 5％、10％、30％、50％、70％和 100％六挡修调比例。

（6）刀位选择按钮：在选定对应的刀具之后，再按下刀架开/停按钮，可手动将用户所选的刀具转到切削位置。

（7）循环启动键：自动运转的启动。

（8）进给保持键：自动运转暂停。在自动运转方式过程中，按下进给保持键，机床运动轴减速停止，暂停执行程序，刀具、机床坐标轴停止运行。暂停期间，按钮内指示灯亮。

在暂停状态下，再按下循环启动键，系统将重新启动，从暂停时的位置继续运行。

（9）机床锁住键：在自动运行开始之前，按下机床锁住键，再循环启动，坐标位置信息变化，但不允许刀架的 X 轴、Z 轴方向移动（刀架可转位）。这个功能用于校验程序。

（10）冷却液开关：按下此开关，冷却液开；松开此开关，冷却液关。

（11）主轴正转/主轴停止/主轴反转/主轴点动按钮：主轴转动控制的手动按钮。主轴点动一般用在主轴速度机械换挡后的挂挡试速或调试主轴时。

至于 HNC 车削数控系统配简易型数控车床 CJK6032 的具体操作，详见其使用说明书。

二、数控车削实例

【例题 3-10】 已知毛坯为 $\phi30$mm 的棒料，材料为 45 钢，试数控车削成如图 3-34 所示的正锥。

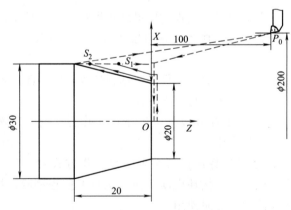

图 3-34 例题 3-10 的正锥零件

1. 根据零件图样要求和毛坯情况，确定工艺方案及加工路线

对短轴类零件，轴心线为工艺基准，用三爪自定心卡盘一次装夹完成粗精加工。

工步顺序如下：

① 粗车端面及外圆锥面，留 1mm 精车余量。

② 精车外圆锥面到尺寸。

③ 按第一种车锥路线进行加工，终刀距 $S_1 = 2La_p/(D-d) = 8$mm，$S_2 = 2S_1 = 16$mm。

2. 选择机床设备

根据零件图样要求，可选用 MJ－50 型数控卧式车床。

3. 选择刀具

根据加工要求，选用两把刀具，T01 为 90°粗车刀，T02 为 90°精车刀。同时把这两把刀安装在自动换刀刀架上，且都对好刀，把它们的刀偏值输入相应的刀具参数中。

4. 确定切削用量

切削用量的具体数值应根据该机床性能、相关的手册并结合实际经验确定。设定分三次走刀，前两次背吃刀量 $a_p=2mm$，最后一次背吃刀量为 $a_p=1mm$。

5. 确定工件坐标系

确定以工件右端面与轴心线的交点 O 为工件原点，建立 XOZ 工件坐标系，如图 3-34 所示。

6. 编写程序

按该机床规定的指令代码和程序段格式，把加工零件的全部工艺过程编写成程序清单。该工件的加工程序如下：

N01　G50 X200.0 Z100.0;　　　　　　　设置工件坐标系
　N02　M03 S800 T0101;　　　　　　　取 1 号 90°偏刀,准备粗车
　N03　G00 X32.0 Z0;　　　　　　　　快速趋近工件
　N04　G01 X0 F0.3;　　　　　　　　　粗车端面
　N05　　　Z2.0;　　　　　　　　　　轴向退刀
　N06　G00 X26.0;　　　　　　　　　径向快速退刀至第一次粗走刀处
　N07　G01 Z0 F0.4;　　　　　　　　走刀至第一次粗车正锥处
　N08　　　X30.0 Z－8.0;　　　　　　第一次粗车正锥 S_1
　N09　G00 Z0;　　　　　　　　　　　第一次粗车正锥 S_1 后快速退回
　N10　G01 X22.0 F0.4;　　　　　　　走刀至第二次粗车正锥处
　N11　G01 X30.0 Z－16.0;　　　　　第二次粗车正锥 S_2
　N12　G00 X200 Z100.0 T0100;　　　第二次粗车正锥 S_2 后快速退回至换刀点处
　N13　M06 T0202;　　　　　　　　　取 2 号 90°偏刀,准备精车
　N14　G00 X30 Z0;　　　　　　　　　快速走刀至($X30,Z0$)处
　N15　G01 X20.0 F0.4;　　　　　　　精车端面至零件右锥角处
　N16　　　X30.0 Z－20.0;　　　　　　精车锥面至零件尺寸
　N17　G00 X200.0 Z100.0 T0200 M05;　快速退刀至起刀点处
　N18　M30;　　　　　　　　　　　　程序结束

【例题 3-11】　在 CK7815 型数控车床上对图 3-35（a）所示的零件进行精加工，图中的 $\phi85mm$ 外圆柱面不加工。试编制其精车程序。

1. 根据零件图样要求，按先主后次的加工原则，确定加工工艺方案

① 从右至左切削外轮廓面的路线为：倒角→切削螺纹的实际外圆→切削锥度部分→车削 $\phi62mm$ 外圆→倒角→车削 $\phi80mm$ 外圆→切削圆弧部分→车 $\phi80mm$ 外圆。

② 切 $3mm\times\phi45mm$ 的槽。

③ 车 $M48\times1.5mm$ 的螺纹。

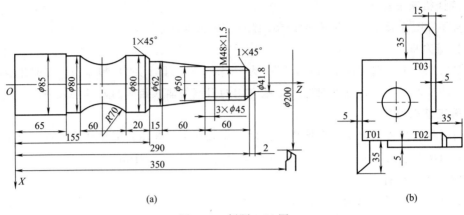

图 3-35　例题 3-11 图

2. 选择刀具并绘制刀具布置图

根据加工要求需选用三把刀具,其刀具布置如图 3-35 (b) 所示。T01 号刀车外圆,T02 号刀切槽,T03 号刀车螺纹。对刀时,用对刀显微镜以 T01 号刀为基准刀,测量其他两把刀相对于基准刀的偏差值,并把它们的刀偏值输入相应刀具的刀偏单元中。

为避免换刀时刀具与机床、工件及夹具发生碰撞现象,要正确选择换刀点。本例换刀点选为 A ($X200$,$Z350$) 点。

3. 选择切削用量

例题 3-11 所用切削用量如表 3-2 所示。

表 3-2　例题 3-11 所用切削用量

切 削 表 面	切 削 用 量	
	主轴转速 S/(r/min)	进给速度 f/(mm/r)
车外圆	630	0.15
切槽	315	0.16
车螺纹	200	1.50

4. 编制数控精车程序

该机床可以采用绝对值和增量值混合编程,绝对值用 X、Z 地址,增量值用 U、W 地址,采用小数点编程,其加工程序如下:

N01	G50 X200.0 Z350.0;	设置工件坐标系
N02	M03 S630 T0101 M08;	主轴正转,转速为 630r/min,选 1 号刀,切削液开
N03	G00 X41.8 Z292.0;	快进至($X41.8$,$Z292$)点
N04	G01 X47.8 Z289.0 F0.15;	倒角,进给速度为 0.15mm/r
N05	U0 W−59.0;	车 ϕ47.8mm 螺纹大径
N06	X50.0 W0;	径向退刀
N07	X62.0 W−60.0;	车 60mm 长的锥
N08	U0 Z155.0;	车 ϕ62mm 的外圆
N09	X78.0 W0;	径向退刀
N10	X80.0 W−1.0;	倒角
N11	U0 W−19.0;	车 ϕ80mm 的外圆

N12	G02 U0 W−60.0 I63.25 K−30.0;	
		车顺圆弧 R70（圆心相对于起点，I、K 参数值也可用 R70 代替）
N13	G01 U0 Z65.0;	车 φ80mm 的外圆
N14	X90.0 W0;	径向退刀
N15	G00 X200.0 Z350.0 M05 T0100 M09;	
		快退至换刀点，主轴停，取消其刀补，切削液关
N16	T0202;	换 2 号刀，并进行刀具补偿
N17	G00 X51.0 Z230.0 S315 M08;	快进，转速为 315r/min，切削液开
N18	G01 X45.0 W0 F0.16;	切槽，进给速度为 0.16mm/r
N19	G04 X5.0;	延时 5s
N20	G00 X51.0;	径向快速退刀
N21	X200.0 Z350.0 M05 T0200 M09;	快退至换刀点，主轴停，取消其刀补，切削液关
N22	T0303;	换 3 号刀，并进行刀具补偿
N23	G00 X52.0 Z296.0 M03 S200 M08;	
		快进，转速为 200r/min，切削液开
N24	G92 X47.2 Z231.5 F1.5;	螺纹切削循环，进给速度为 1.5mm/r
N25	X46.6;	
N26	X46.2;	
N27	X45.8;	
N28	G00 X200.0 Z350.0 T0300 M09;	
		快速返回起刀点，取消其刀补，切削液关
N29	M05;	主轴停止
N30	M30;	程序结束

 本章小结

　　本章介绍了数控车床的用途、组成及布局、分类和典型结构，重点分析了数控车削的加工工艺与工装，详细介绍了数控车削编程常用指令用法，最后通过数控车削实例对其工艺和编程进行了综合应用。

　　数控车削的加工工艺设计与工装的选用非常重要，直接影响编程，所以对于大部分简单回转类零件，常常结合工艺设计采用手工编程。而对于复杂的回转类零件，可以先确定其车削工艺，再借助 CAD/CAM 软件进行自动编程。

　　数控车削以二维坐标联动加工为主，常用编程指令的用法比较简单，但固定循环指令的参数较多，运用时较为复杂，应结合大多数车削数控系统所具有的模拟功能和实际加工加以理解。

 习题三

　　3-1　数控车床的主要加工对象是什么？数控车床由哪几部分组成？各有什么作用？

　　3-2　数控车床的结构布局有哪些？各有何特点？与普通车床相比，数控车床的结构有何区别？

　　3-3　不同档次的数控车床在功能上有什么差别？

3-4 数控车削零件时，为什么需要对刀？对刀点设置的原则是什么？如何对刀？

3-5 数控车削用量的选择原则是什么？

3-6 数控车削的编程特点有哪些？

3-7 如何理解数控车削编程时的刀尖圆弧半径补偿的概念和作用？如何应用？

3-8 试编制图 3-36 零件外形的数控精车削加工程序。

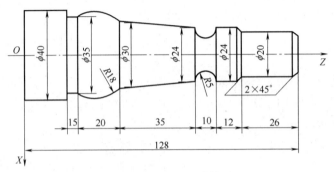

图 3-36 习题 3-8 零件图

3-9 试编制图 3-37 零件外形的数控精车削加工程序。

3-10 用内径粗/精车循环指令编制图 3-38 所示零件的数控加工程序。要求对刀点在（80，80）处，循环起始点在（6，5），切削深度为 1.5mm（半径量），X 和 Z 方向的精加工余量均为 0.3mm。

3-11 试编制图 3-39 所示零件的数控加工程序，材料为 45 钢，毛坯外径为 ϕ34mm。选用基准刀（外圆车刀，刀号设为 1）进行外径粗车循环（G71）加工以及外径精车循环（G70）加工，选用 3 号刀进行切槽和倒角加工。

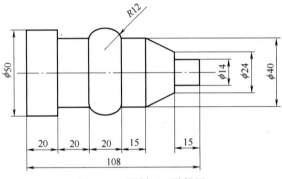

图 3-37 习题 3-9 零件图

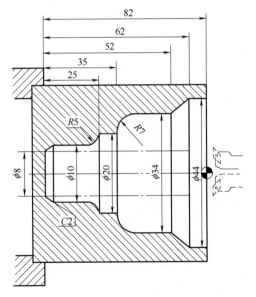

图 3-38 习题 3-10 零件图

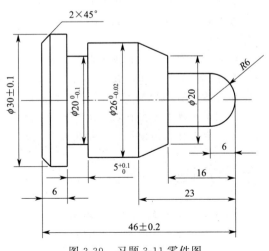

图 3-39 习题 3-11 零件图

第四章
数控铣削加工技术

第一节　数控铣床简介

数控铣床是出现和使用最早的数控机床，在制造业中具有举足轻重的地位。现在应用日益广泛的加工中心也是在数控铣床的基础上发展起来的。数控铣床在汽车、航空航天、军工、模具等行业得到了广泛的应用。

一、数控铣床的分类与结构特点

（一）按机床主轴的布置形式与机床的布局特点分类

数控铣床可分为立式数控铣床、卧式数控铣床和龙门数控铣床等。

1. 立式数控铣床

立式数控铣床的主轴与机床工作台面垂直，工件安装方便，加工时便于观察，但不便于排屑。立式数控铣床有立式床身型和立式升降台型两种。图 4-1（a）为立式床身型数控铣床，一般采用固定式立柱结构，工作台不升降，主轴箱做上下运动，并通过立柱内的重锤平衡主轴箱的重量。为保证机床的刚性，主轴中心线与立柱导轨面的距离不能太大，因此这种结构主要用于中小尺寸的数控铣床。在经济型或简易型数控铣床上，可采用升降台型结构，如图 4-1（b）所示，但其进给精度和速度不高。

(a) 立式床身型数控铣床　　　　(b) 立式升降台型数控铣床

图 4-1　立式数控铣床

2. 卧式数控铣床

如图 4-2 所示，卧式数控铣床的主轴与机床工作台面平行，加工时不便观察，但排屑顺畅。一般配有数控回转工作台，便于加工零件的不同侧面。单纯的卧式数控铣床现在已比较少，而多是在配备自动换刀装置（ATC）后成为卧式加工中心。

3. 龙门数控铣床

对于大尺寸的数控铣床，一般采用对称的双立柱结构，保证机床的整体刚性和强度。龙门数控铣床有工作台移动和龙门架移动两种形式。它适用于加工飞机整体结构件零件、大型箱体零件和大型模具等，如图 4-3 所示。

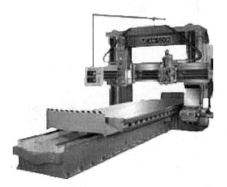

图 4-2 卧式数控铣床　　　　　　　图 4-3 龙门数控铣床

（二）按数控系统的功能分类

数控铣床可分为经济型数控铣床、全功能数控铣床和高速铣削数控铣床等。

1. 经济型数控铣床

一般采用经济型数控系统，如 SIEMENS 802S 等，采用开环控制，可以实现三坐标联动。这种数控铣床成本较低，功能简单，加工精度不高，适用于一般复杂零件的加工。一般有工作台升降式和床身式两种类型。

2. 全功能数控铣床

采用半闭环控制或闭环控制，数控系统功能强，一般可以实现三坐标以上联动，加工适应性强，应用最广泛。

3. 高速铣削数控铣床

高速铣削是数控加工的一个发展方向，技术已经比较成熟，已逐渐得到广泛的应用。这种数控铣床采用全新的机床结构、功能部件和功能强大的数控系统并配以加工性能优越的刀具系统，加工时主轴转速一般在 $8000 \sim 40000 r/min$，切削进给速度可达 $10 \sim 30 m/min$，可以对大面积的曲面进行高效率、高质量的加工。但目前这种机床价格昂贵，使用成本比较高。

二、数控铣床的主要功能

不同档次的数控铣床，功能也有较大的差别，但都应具备以下主要功能。

1. 铣削加工

数控铣床一般应具有三坐标以上联动功能，能够进行直线插补和圆弧插补，自动控制旋转的铣刀相对于工件运动进行铣削加工，加工工艺范围大，如图 4-4 所示。

2. 孔及螺纹加工

可以采用定尺寸孔加工刀具进行钻、扩、铰、锪、镗削等加工，也可以采用铣刀铣削不同尺寸的孔，如图 4-5 所示。

在数控铣床上可以采用丝锥加工螺纹孔，也可以采用螺纹铣刀铣削内螺纹和外螺纹，如图 4-6 所示。这种方法比传统的丝锥加工效率要高很多，正得到日益广泛的应用。要进行螺纹铣削，机床数控系统应具有螺旋线插补功能。

图 4-4　铣削加工

图 4-5　孔加工

(a) 外螺纹铣削

(b) 内螺纹铣削

图 4-6　螺纹铣削

3. 刀具补偿功能

刀具补偿一般包括刀具半径补偿功能和刀具长度补偿功能。

利用刀具半径补偿功能可以在平面轮廓加工时解决刀具中心运动轨迹和零件轮廓之间的位置尺寸关系，可以不考虑刀具尺寸而直接按照零件轮廓尺寸编程；同时，可以通过改变刀具半径补偿值的方法来适应刀具直径尺寸的变化，使同一条程序在使用时具有更大的灵活性。

刀具长度补偿功能主要用于解决在长度方向刀具程序的设定位置与刀具的实际高度位置之间的协调问题。

4. 公制、英制单位转换

可以根据图纸的标注选择公制单位（mm）和英制单位（inch）进行程序编制，以适应不同企业的具体情况。

5. 绝对坐标和增量坐标编程

程序中的坐标数据可以采用绝对坐标或增量坐标，使数据计算或程序的编写更方便。

6. 进给速度、主轴转速调整

数控铣床控制面板上一般设有进给速度、主轴转速的倍率开关，用来在程序执行中根据加工状态和程序设定值随时调整实际进给速度和主轴实际转速，以达到最佳的切削效果。一般进给速度调整范围在 0～150％之间，主轴转速调整范围在 50％～120％之间。

7. 固定循环

固定循环是固化为 G 指令的子程序，并通过各种参数适应不同的加工要求，主要用于实现一些具有典型性的需要多次重复的加工动作，如各种孔、内外螺纹、沟槽等的加工。使用固定循环可以有效地简化程序的编制。但不同的数控系统对固定循环的定义有较大的差异，在使用的时候应注意区别。

8. 工件坐标系设定

设定工件坐标系用来确定工件在机床工作台上的装夹位置，一般可以同时使用 4～6 个工件坐标系，并且可以根据工件位置的变化对工件坐标系进行平移或旋转，这对于加工程序的执行有重要的意义。

9. 数据输入/输出及 DNC 功能

数控铣床一般通过 RS-232C 接口进行数据的输入及输出，包括加工程序和机床参数等，可以在机床与机床之间、机床与计算机之间进行。

数控铣床按照标准配置提供的程序存储空间一般都比较小，尤其是中低档的数控铣床，大概在几十字节至几百字节之间。当加工程序超过存储空间时，就应当采用 DNC 加工，即外部计算机直接控制数控铣床进行加工，这在加工曲面时经常遇到。否则，只有将程序分成几部分分别执行，操作烦琐，影响生产效率。

10. 子程序

对于需要多次重复的加工动作或加工区域，可以将其编成子程序，在主程序需要的时候调用它，并且可以实现子程序的多级嵌套，以简化程序的编写。

11. 数据采集功能

数控铣床在配置了数据采集系统后，可以通过传感器（通常为电磁感应式、红外线或激光扫描式）对工件或实物（样板、样件、模型等）进行数据的测量和采集。对于仿形数控系统，还能对采集到的数据进行自动处理并生成数控加工程序，这为仿制与逆向设计制造工程提供了有效手段。

12. 自诊断功能

自诊断是数控系统在运转中的自我诊断。数控系统一旦发生故障，借助系统的自诊断功能，往往可以迅速、准确地查明原因并确定故障部位。它是数控系统的一项重要功能，对数控机床的维修具有重要的作用。

三、数控铣床主要加工对象

数控铣床主要用于加工各种材料（如黑色金属、有色金属及非金属）的平面轮廓零件、空间曲面零件和孔以及螺纹。加工的尺寸公差等级一般为 IT9～IT7，表面粗糙度值为 $Ra3.2～0.4\mu m$。

1. 平面轮廓零件

这类零件的加工面与定位面成固定的角度，且各个加工面是平面或可以展开为平面。如各种盖板、凸轮以及飞机整体结构件中的框、肋等，如图 4-7 所示。加工部位包括平面、沟槽、外形、腔槽、台阶、倒角和倒圆等。这类零件一般只需用两坐标联动就可以加工出来。

2. 空间曲面零件

顾名思义，这类零件的加工面为不能展开为平面的空间曲面，在各类模具零件中尤为多

图 4-7　平面轮廓零件

见。加工部位为各种性质的曲面，一般需要采用三坐标联动甚至四、五坐标联动进行加工，如图 4-8 所示。

图 4-8　空间曲面零件

3. 孔

孔及孔系的加工可以在数控铣床上进行，如钻、扩、铰和镗等加工。由于孔加工多采用定尺寸刀具，需要频繁换刀，当加工孔的数量较多时，就不如用加工中心加工方便、快捷。

4. 螺纹

内外螺纹、圆柱螺纹、圆锥螺纹等都可以在数控铣床上加工。

第二节　数控铣削的加工工艺与工装

数控铣削加工的工艺设计是在普通铣削加工工艺设计的基础上，考虑和利用数控铣床的特点，充分发挥其优势。关键在于合理安排工艺路线，协调数控铣削工序与其他工序之间的关系，确定数控铣削工序的内容和步骤，并为程序编制准备必要的条件。

一、选择并确定数控铣削的加工部位与内容

一般情况下，某个零件并不是所有的表面都需要采用数控加工，应根据零件的加工要求和企业的生产条件进行具体的分析，确定具体的加工部位和内容及要求。具体而言，以下方面适宜采用数控铣削加工：

① 由直线、圆弧、非圆曲线及列表曲线构成的内外轮廓。
② 空间曲线或曲面。
③ 形状虽简单，但尺寸繁多，检测困难的部位。
④ 用普通机床加工时难以观察、控制及检测的内腔、箱体内部等。
⑤ 有严格位置尺寸要求的孔或平面。

⑥ 能够在一次装夹中顺带加工出来的简单表面或形状。

⑦ 采用数控铣削加工能有效提高生产效率、减轻劳动强度的一般加工内容。

而像简单的粗加工面、需要用专用工装协调的加工内容等不宜采用数控铣削加工。在具体确定数控铣削的加工内容时，还应结合企业设备条件、产品特点及现场生产组织管理方式等具体情况进行综合分析，以优质、高效、低成本完成零件的加工为原则。

二、加工信息的读取与工艺性分析

目前数控加工技术在制造业得到日益广泛的应用，CAD/CAM 技术也在快速的发展，同时由于数控加工对象的复杂性，特别是空间曲面，加工信息一般采用计算机建立的数学模型来描述和传递，并作为数控加工的唯一依据，而传统的二维工程图则作为加工时的参考。对于简单的平面零件，只要能够完全地表达清楚，仍然可以采用二维工程图作为加工依据。因此，加工信息的读取对象有两类，即二维工程图和数学模型。

1. 二维工程图

① 首先检查图样各视图表达的正确性，尺寸、形位公差、表面粗糙度等标注和技术要求及零件材料填写的完整性。按照其他国家标准绘制的二维工程图，在必要时应进行转换，使其符合我国的国家标准。

② 对零件进行工艺性分析，有以下方面：

a. 根据二维工程图和数学模型分析零件的形状、结构及尺寸的特点，确定零件上是否有妨碍刀具运动的部位，是否有会产生加工干涉或加工不到的区域，零件的最大形状尺寸是否超过机床的最大行程，零件的刚性随着加工的进行是否有太大的变化等。

b. 检查零件的加工要求，如尺寸加工精度、形位公差及表面粗糙度在现有的加工条件下是否可以得到保证，是否还有更经济的加工方法或方案。

c. 在零件上是否存在对刀具形状及尺寸有限制的部位和尺寸要求，如过渡圆角、倒角、槽宽等，这些尺寸是否过于凌乱，是否可以统一。尽量使用最少的刀具进行加工，减少刀具规格、换刀及对刀次数和时间，以缩短总的加工时间。

d. 对于零件加工中使用的工艺基准应当着重考虑，它不仅决定了各个加工工序的前后顺序，还对各个工序加工后各个加工表面之间的位置精度产生直接的影响。应分析零件上是否有可以利用的工艺基准，对于一般加工精度要求，可以利用零件上现有的一些基准面或基准孔，或者专门在零件上加工出工艺基准。当零件的加工精度很高时，如尺寸公差要求 0.005mm，零件多次定位产生的定位误差累积将导致零件加工报废，这时就必须采用先进的统一基准定位装夹系统才能保证加工要求。如瑞士的 EROWA ITS 和瑞典的 system 3R 统一基准定位装夹系统，其重复定位精度可以控制在 0.002mm 以内。

e. 分析零件材料的种类、牌号及热处理要求，了解零件材料的切削加工性能，才能合理选择刀具材料和切削参数。同时要考虑热处理（如热处理变形）对零件的影响，并在工艺路线中安排相应的工序消除这种影响。而零件的最终热处理状态也将影响工序的前后顺序。

f. 当零件上的一部分内容已经加工完成时，应充分了解零件的已加工状态、数控铣削加工的内容与已加工内容之间的关系（尤其是位置尺寸关系），这些内容之间在加工时如何协调，采用什么方式或基准保证加工要求，如对其他企业的外协零件的加工。

2. 数学模型

① 图形标准。在传递数学模型时，尽量使用相同的 CAD/CAM 软件，以保证数据正

确。当需要在不同的 CAD/CAM 软件之间交换数据时，应采用失真最小的图形标准，如二维数学模型用 DXF 格式，三维数学模型用 IGES 格式。

② 数学模型的检查、修改及确认。通过某种途径得到数学模型后，应和设计人员一起对数学模型进行核对、检查，在计算机中可以更直观地观察和分析零件的形状结构特点。如果数据发生了变化，应进行重新转换或修改，并由设计人员确认，以确保加工数据的唯一性和正确性，这在曲面加工中尤其重要。

三、毛坯的选择

1. 确定毛坯形状及尺寸

在根据零件材料及其性能的要求选择了毛坯类型后，接着要根据零件的形状、结构特点和各工序的加工余量，确定毛坯的形状及尺寸。一般板料和型材毛坯留 2～3mm 的余量，铸件、锻件毛坯要留 5～6mm 的余量。如有可能，尽量使各个表面上的余量均匀。

2. 确定毛坯的定位装夹方法

主要考虑毛坯在第一道加工工序中定位装夹的可能性和方便性。对于形状规则的零件，如模具的模板，定位问题比较容易解决；而对于形状不规则的零件，如有内腔、外形的飞机整体结构件，就要仔细分析，必要时可以采用工艺孔或工艺凸台来定位装夹。

四、加工表面的加工方案

数控铣削的四类加工对象的主要加工表面一般可以采用表 4-1 所示的加工方案。

表 4-1　加工表面的加工方案

序号	加工表面	加工方案	所使用的刀具
1	平面内外轮廓	X、Y、Z 方向粗铣→内外轮廓方向分层半精铣→轮廓高度方向分层半精铣→内外轮廓精铣	整体高速钢或硬质合金立铣刀 机夹可转位硬质合金立铣刀
2	空间曲面	X、Y、Z 方向粗铣→曲面 Z 方向分层粗铣→曲面半精铣→曲面精铣	整体高速钢或硬质合金立铣刀、球头铣刀 机夹可转位硬质合金立铣刀、球头铣刀
3	孔	定尺寸刀具加工	麻花钻、扩孔钻、铰刀、镗刀
		铣削	整体高速钢或硬质合金立铣刀 机夹可转位硬质合金立铣刀
4	外螺纹	螺纹铣刀铣削	螺纹铣刀
5	内螺纹	攻螺纹	丝锥
		螺纹铣刀铣削	螺纹铣刀

五、制订工艺路线

随着数控加工技术的发展，在不同设备和技术条件下，同一个零件的加工工艺路线会有较大的差别。但关键的都是从现有加工条件出发，根据工件形状结构特点合理选择定位基准，确定工件各个加工表面的加工顺序，协调数控铣削工序和其他工序之间的关系，初步设计数控铣削加工工序以及考虑整个工艺方案的经济性等。

1. 在中低档数控铣床上加工

这类数控铣床一般能够进行三坐标联动，数控系统功能比较适用，但由于主轴功率一般在 5~7kW，最大切削进给速度为 5~10m/min，加工能力一般。当工件的加工余量较大而且不均匀时，数控铣削的效率就比较低。为充分发挥数控加工的优势，可以与普通机床配合使用，普通机床进行粗加工或半精加工，数控铣床主要进行精加工，在其间穿插安排热处理及其他工序，能够得到较好的加工效果，加工成本也较低。

以模具零件加工为例，一般可以采用以下工艺路线：普通机床粗铣、半精铣→热处理（回火、正火）→数控铣床精铣→热处理（淬火、渗碳、氮化)→表面抛光→检验。

在这种方案中值得注意的是如何采取必要的措施保证数控铣削加工工序的加工表面与普通加工工序的加工表面之间的位置尺寸关系。一般可以采用同一基准进行协调，但如果使用普通定位装夹方式，由于多次安装，仍然会有较大的累积定位误差，所以必须确定这种方式是否能满足零件的位置精度要求。

2. 在高档数控铣床上加工

这类数控铣床一般能够进行高速加工、超硬加工，数控系统功能丰富，可进行四、五坐标联动，加工能力很强，对于大余量的金属铣削能够达到很高的效率。为减少装夹次数，一般可以将工件需要进行数控加工的粗加工、半精加工和精加工在一次装夹中完成。至于粗加工中产生的受力、受热变形等问题，可以采用合理选择切削参数、进行完全且充分冷却等方法解决。由于采用了高速加工技术及超硬加工的刀具，精加工可以安排在最后进行，且精加工后不需要后续工序。

在这种机床条件下，模具零件可以采用以下方案：数控铣床粗铣、半精铣→热处理（淬火、渗碳、氮化)→数控铣床精铣→检验。

六、数控铣削工序设计

数控铣削工序设计是工艺设计中的重要内容，这是在制订了工艺路线的基础上兼顾程序编制的要求，安排数控铣削工序的具体内容和工步顺序。

1. 数控铣削工序内容

在数控铣削加工工艺分析中所确定的加工内容基础上，根据加工部位的性质、刀具使用情况以及现有的加工条件，将这些加工内容安排在一个或几个数控铣削工序中。

① 当加工中使用的刀具较多时，为了减少换刀次数和缩短辅助时间，可以将一把刀具所加工的内容安排在一个工序（或工步）中。

② 按照工件加工表面的性质和要求，将粗加工、精加工分为依次进行的不同工序（或工步）。先进行所有表面的粗加工，再进行所有表面的精加工。

③ 按照从简单到复杂的原则，首先加工平面、沟槽、孔，然后加工外形、内腔，最后加工曲面；先加工精度要求低的表面，再加工精度要求高的部位等。

一般情况下，为了缩短工件加工中的周转时间，提高数控铣床的利用率，保证加工精度要求，在数控铣削工序划分的时候，尽量工序集中。若数控铣床的数量比较多，同时有相应的设备技术措施保证工件的定位精度，为了更合理地均匀机床的负荷，协调生产组织，也可以将加工内容适当分散。

2. 工序（工步）加工顺序

在确定了某个工序的加工内容后，要进行详细的工步设计，即安排这些工序内容的加工顺序，同时考虑程序编制时刀具运动轨迹的设计。一般将一个工步编制为一个加工程序，因此工步顺序实际上也就是加工程序的执行顺序。

一般数控铣削采用工序集中的方式，这时工步的顺序就是工序分散时的工序顺序，可以参照前面 1. 中的原则进行安排。

3. 工序单（卡片）

数控加工工序单（卡片）是数控加工工艺规程的主要组成部分，其内容主要包括以下三个部分。

① 零件有关信息。如零件图号、零件名称、零件材料牌号、装配图号等。

② 工序加工内容及工步顺序。这是通过工序图以及表格详细说明本工序的加工内容、加工要求、加工顺序以及加工中所使用的设备、加工程序、工装、刀具、量具和切削参数等。

③ 加工程序及使用说明。与工步内容及顺序对应，所使用的加工程序应有详细的使用说明，如在工序图中画出编程坐标系、编程原点、对刀点和换刀点位置，较复杂的程序还应明确刀具运动轨迹的主要特点及切入切出点、夹具的夹紧点位置等使用要求，每个工步所使用的加工程序的名称、切削参数在程序中的设定值、刀具补偿地址等内容。

由此可见，数控铣削加工工艺设计必须详细到加工中的每一个细节，而且要事先"完成零件的加工"，才有可能使现场操作人员按照工艺规程实现零件的正确加工。由于数控铣削加工的复杂性，正确而详细地编写数控加工工艺规程具有极其重要的意义。

七、对刀点与换刀点的选择

对刀点和换刀点的选择主要根据加工操作的实际情况，考虑如何在保证加工精度的同时，使操作简便。

1. 对刀点的选择

在加工时，工件在机床加工尺寸范围内的安装位置是任意的。要正确执行加工程序，必须确定工件在机床坐标系中的确切位置。对刀点是工件在机床上定位装夹后，设置在工件坐标系中，用于确定工件坐标系与机床坐标系空间位置关系的参考点。在工艺设计和程序编制时，应合理设置对刀点，以操作简单、对刀误差小为原则。

对刀点可以设置在工件上，也可以设置在夹具上，但都必须在编程坐标系中有确定的位置，如图 4-9 中的 x_1 和 y_1。对刀点既可以与编程原点重合，也可以不重合，这主要取决于加工精度和对刀的方便性。当对刀点与编程原点重合时，$x_1 = 0$，$y_1 = 0$。

为了保证零件的加工精度要求，对刀点应尽可能选在零件的设计基准或工艺基准上。如以零件上孔的中心点或两条相互垂直的轮廓边的交点作为对刀点较为合适，但应根据加工精度对这些孔或轮廓面提出相应的精度要求，并在对刀之前准备好。有时零件上没有合适的部位，也可以加工出工艺孔用来对刀。

确定对刀点在机床坐标系中位置的操作称为对刀。对刀的准确程度将直接影响零件加工的位置精度。因此，对刀是数控机床操作中一项关键的工作，对刀方法一定要与零件的加工精度要求相适应，生产中常使用百分表、中心规、Z 轴对刀器及寻边器等工具。

Z 轴对刀器主要用于确定工件坐标系原点在机床坐标系的 Z 轴坐标，或者说确定刀具在机床坐标系中的高度。Z 轴对刀器有光电式和指针式等类型，通过光电指示或指针，判断刀具与对刀器是否接触。Z 轴对刀器高度一般为 50mm 或 100mm，对刀精度一般可达 ±0.0025mm/100mm，对刀器标定高度的重复精度一般为 0.001～0.002mm。对刀器带有磁性表座，可以牢固地附着在工件或夹具上。光电式 Z 轴对刀器如图 4-10 所示。

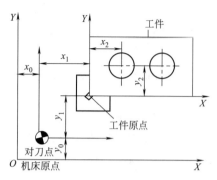

图 4-9 对刀点的选择

图 4-10 光电式 Z 轴对刀器

寻边器主要用于确定工件坐标系原点在机床坐标系中的 X、Y 零点偏置值，也可测量工件的简单尺寸。它有偏心式 [见图 4-11（a）]、回转式 [见图 4-11（b）] 和光电式 [见图 4-11（c）] 等类型。偏心式、回转式寻边器为机械式构造，机床主轴中心与被测表面的距离为测量圆柱的半径值。光电式寻边器的测头一般为 10mm 的钢球，用弹簧拉紧在光电式寻边器的测杆上，碰到工件时可以退让，并将电路导通，发出光信号。通过光电式寻边器的指示和机床坐标位置可得到被测表面的坐标位置。利用测头的对称性，还可以测量一些简单的尺寸。

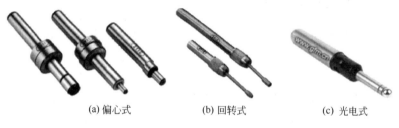

(a) 偏心式　　　　　(b) 回转式　　　　　(c) 光电式

图 4-11 寻边器

无论采用哪种工具，都是使数控铣床主轴中心与对刀点重合，利用机床的坐标显示确定对刀点在机床坐标系中的位置，从而确定工件坐标系在机床坐标系中的位置。简单地说，对刀就是确定工件装夹在机床工作台的什么地方。

2. 换刀点的选择

由于数控铣床采用手动换刀，换刀时操作人员的主动性较高，换刀点只要设置在零件外面，不产生换刀阻碍即可。

八、数控刀具系统

数控刀具系统在数控加工中具有极其重要的意义，正确选择和使用与数控铣床相匹配的刀具系统是充分发挥机床的功能和优势、保证加工精度以及控制加工成本的关键，这也是在程序编制时考虑的主要内容之一。

1. 刀柄及其标准

切削刀具通过刀柄与数控铣床主轴连接，其强度、刚性、耐磨性、制造精度以及夹紧力等对加工有直接的影响，进行高速铣削的刀柄还有动平衡、减振等要求。数控铣床刀柄一般采用 7∶24 锥面与主轴锥孔配合定位，刀柄及其尾部供主轴内拉刀机构用的拉钉已实现标准化，有国际标准和各国国家标准，应根据使用的数控铣床要求配备。拉钉如图 4-12 所示。在满足加工要求的前提下，尽量选择较短的刀柄，以提高刀具加工的刚性。

相同标准及规格的加工中心用刀柄也可以在数控铣床上使用，其主要区别是数控铣床所用的刀柄上没有供换刀机械手夹持的环形槽，如图 4-13 所示。

图 4-12　拉钉

图 4-13　数控铣床刀柄

2. 铣刀种类

与普通铣床的刀具相比较，数控铣床刀具制造精度更高，要求高速、高效率加工，刀具使用寿命更长。刀具的材质选用高强高速钢、硬质合金、立方氮化硼、人造金刚石等，高速钢、硬质合金采用 TiC 和 TiN 涂层及 TiC-TiN 复合涂层来延长刀具使用寿命。在结构形式上，采用整体硬质合金或使用可转位刀具技术。主要的数控铣削刀具种类如图 4-14 所示。

(a) 硬质合金涂层立铣刀和可转位球刀、面铣刀等

(b) 整体硬质合金球头刀

(c) 硬质合金可转位立铣刀

(d) 硬质合金可转位三面刃铣刀

(e) 硬质合金可转位螺旋立铣刀

(f) 硬质合金锯片铣刀

图 4-14　数控铣削刀具

数控铣刀种类和尺寸一般根据加工表面的形状特点和尺寸选择，具体选择如表 4-2 所示。

表 4-2 铣削加工部位及所使用铣刀的类型

序号	加工部位	可使用铣刀类型	序号	加工部位	可使用铣刀类型
1	平面	可转位平面铣刀	8	曲面	单刀片可转位球头铣刀
2	带倒角的开敞槽	可转位倒角平面铣刀	9	较大曲面	多刀片可转位球头铣刀
3	T形槽	可转位T形槽铣刀	10	大曲面	可转位圆刀片平面铣刀
4	带圆角开敞深槽	加长柄可转位圆刀片铣刀	11	倒角	可转位倒角铣刀
5	一般曲面	整体硬质合金球头铣刀	12	型腔	可转位圆刀片立铣刀
6	较深曲面	加长整体硬质合金球头铣刀	13	外形粗加工	可转位玉米铣刀
			14	台阶平面	可转位直角平面铣刀
7	曲面	多刀片可转位球头铣刀	15	直角腔槽	可转位立铣刀

3. 常用铣刀的刀具运动方式

在数控铣削加工中，常用立铣刀和球头铣刀两类。立铣刀主要用于平面轮廓零件的加工，而球头铣刀则主要用于加工曲面。立铣刀加工平面轮廓零件时的运动方式比较简单，一般都是沿零件轮廓等距线顺时针或逆时针运动。球头铣刀加工曲面时，一般是三坐标联动，其运动方式具有多样性，可根据刀具性能和曲面特点选择或设计，具体说明如表 4-3 所示。

表 4-3 球头铣刀加工部位及运动方式

序号	加工部位	刀具运动特点	序号	加工部位	刀具运动特点
1	直槽或圆弧槽	直线运动	7	凸形曲面	三坐标联动
2	较深槽或台阶	往复直线运动	8	凹凸曲面粗加工	三坐标联动
3	斜面	空间曲线运动	9	凹凸曲面精加工	三坐标联动
4	型腔粗加工	钻式铣削	10	倒外圆角及铣削型腔	二、三坐标联动
5	台阶面	上行、下行运动	11	圆槽或型腔	圆弧插补、垂直下刀
6	倒圆角	直线运动	12	圆槽或型腔	螺旋运动

由于球头铣刀中心切削速度为零，因此在进行曲面加工时，应尽可能利用圆弧刀刃铣削，尽量避免用球头铣刀铣削较为平坦的曲面。球头铣刀常用于曲面的精加工，而立铣刀在切削状态和切削效率方面都优于球头铣刀。因此，只要在不产生过切的前提下，曲面的粗加工优先选择立铣刀，曲面的精加工使用球头铣刀。

另外，刀具价格与刀具性能有直接的关系。在大多数情况下，选择性能优越的刀具虽增加了刀具成本，但由此带来了加工质量和加工效率的提高，则可使整个加工成本大大降低。

4. 切削参数

切削参数的选择是工艺设计和程序编制时一个重要的内容，其合理性会直接影响工艺方案的实施和加工效果。数控铣削时切削参数主要根据工件材料、加工要求、刀具材料和刀具尺寸确定，同时还应考虑机床的性能，如机床刚性、主轴功率等。一般按照以下步骤进行：

① 根据工件材料和刀具材料查表确定切削速度，再由刀具直径可得到主轴转速。

② 根据机床功率确定切削深度。

③ 根据切削深度查表确定每齿进给量。

④ 根据主轴转速及每齿进给量可得切削进给速度。

相关数据可在切削手册或刀具手册中查到。

另外也可以直接从实际所用刀具的切削用量手册中查到，如采用某品牌的整体硬质合金两刃立铣刀进行侧面铣削时，可查表 4-4 中的切削参数。要注意的是，不同刀具企业的刀具性能不相同，实际使用的刀具性能应与刀具手册中的相一致。

表 4-4 切削参数表

刀具直径 D /mm	切削速度 v /(m/mim)	主轴转速 S /(r/min)	每齿进给量 f /(mm/齿)	进给量 F /(mm/min)
5	35	2200	0.035	150
6	35	1850	0.04	150
8	35	1400	0.055	155
10	35	1100	0.06	130
12	35	900	0.06	110
16	35	700	0.08	110
20	35	550	0.1	110
25	35	450	0.1	90
30	35	350	0.1	70

其中，工件材料为 25HRC 以下的碳素钢、合金钢、铸铁，切削宽度 $W = 0.2D$ 以下，切削深度 $H = 1.5D$。

由于刀具制造的专业性很强，如果对此没有把握，可以由刀具供应商根据加工要求提供一整套解决方案，这样快捷而且有保障。

5. 刀具管理

刀具的有关信息是整个加工过程信息的重要组成部分，为了实现高效加工生产，必须对刀具进行管理。尤其是当数控加工中的刀具数量、规格和种类越来越多，生产组织安排日益复杂的时候，刀具管理显得更为必要和迫切。刀具管理的任务不仅要向机床控制系统提供刀具尺寸，而且要向上级管理系统提供刀具数据，包括刀具数据管理、刀具预调、刀具计划和组织以及刀具破损检测等。由于数据量庞大，一般采用刀具计算机管理系统来完成。

九、夹具

在数控加工中使用的夹具有通用夹具、专用夹具、组合夹具以及较先进的工件统一基准定位装夹系统等，主要根据零件的特点和经济性选择使用。

1. 通用夹具

通用夹具由于具有较大的灵活性和经济性，在数控铣削中应用广泛。常用的有各种机械虎钳或液压虎钳以及卡盘。图 4-15（a）为内藏式液压角度虎钳，图 4-15（b）为平口虎钳。数控铣床用的三爪卡盘如图 4-16（a）所示，四爪卡盘如图 4-16（b）所示。

2. 组合夹具

组合夹具是机床夹具中一种标准化、系列化、通用化程度很高的新型工艺装备。它可以根据工件的工艺要求，采用搭积木的方式组装成各种专用夹具，如图 4-17 所示。

组合夹具的特点：灵活多变，为迅速生产提供夹具，缩短生产准备周期；保证加工质量，提高生产效率；节约人力、物力和财力；减小夹具存放面积，改善管理工作条件。

(a) 内藏式液压角度虎钳　　　　　(b) 平口虎钳

图 4-15　机械虎钳

(a) 三爪卡盘　　　　　　　　(b) 四爪卡盘

图 4-16　卡盘

　　组合夹具的不足之处：比较笨重，刚性也不如专用夹具好；成套的组合夹具，必须有大量元件储备，开始投资的费用较大。

3. 夹具与程序编制的关系

　　数控加工时，选择和使用夹具除了考虑完成工件的定位装夹，还应适应刀具运动的特点，要为程序编制提供详细的夹具尺寸以及装夹的细节，包括夹具在机床上所占据的空间大小，定位元件、夹紧元件与工件的位置关

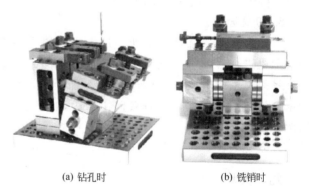

(a) 钻孔时　　　　　　(b) 铣销时

图 4-17　组合夹具的使用

系，夹紧点的位置，以保证在此基础上设计出的刀具运动轨迹，使相关移动部件不发生干涉。此外，夹具还要协调工件坐标系与机床坐标系之间的关系。

4. 工件统一基准定位装夹系统

　　在传统的工件定位装夹方法中，常常会出现两个问题：一是由于采用人工操作，工件定位装夹的辅助时间比较长，使得生产周期无法缩短；二是零件由于多次定位装夹，定位误差累积过大，不能满足位置精度要求。其主要原因是机床工作台只给出 Z 方向的基准，而没有 X、Y 方向的基准，在每道工序中，工件必须先人工找正，然后对刀，才能开始加工。在20 世纪 70 年代发展起来的工件统一基准定位装夹系统，是在所有机床上建立标准化的接口，使每个工件在每道工序的机床上实现快速而精确的定位装夹，并可以将所有加工机床连成敏捷制造柔性生产线。

这种先进的定位装夹方法适应了高精度、高效率加工的需要，正得到日益广泛的应用。

十、数控回转工作台与数控分度头

为了扩大数控铣床的工艺范围，可以为三坐标数控铣床配备回转工作台（见图 4-18），以增加一个或两个回转运动坐标，实现四、五坐标联动，加工更复杂的零件。

当铣削加工需要准确分度时，可以使用数控分度头（见图 4-19），快速而准确地进行任意角度的分度。

图 4-18　数控回转工作台　　　　　　图 4-19　数控分度头

十一、量具

数控铣削加工零件，一般常规尺寸仍可使用普通量具（如游标卡尺、内径百分表等）进行测量，也可以采用投影仪测量，如图 4-20 所示。而高精度尺寸、空间位置尺寸、复杂轮廓和曲面的检验则只有采用三坐标测量仪才能完成，如图 4-21 所示。

图 4-20　投影仪　　　　　　　　图 4-21　三坐标测量仪

第三节　数控铣削的程序编制

一、数控铣削编程的特点

① 数控铣床的数控装置具有多种插补方式，一般都具有直线插补和圆弧插补，有的还具有抛物线插补、极坐标插补和螺旋线插补等多种插补功能。编程时可充分地合理选择这些

功能，以提高数控铣床的加工精度和效率。

② 程序编制时要充分利用数控铣床的功能，如刀具长度补偿、刀具半径补偿和固定循环、对称加工等功能。

③ 由直线、圆弧组成的平面轮廓铣削的数学处理比较简单。非圆曲线、空间曲线和曲面的轮廓铣削加工，一般要采用计算机辅助自动编程。

二、加工程序代码标准

数控加工所编制的程序，要符合具体的数控系统的格式要求。当今世界上使用的数控系统有上百种，在我国所有的数控机床中，绝大部分都使用 FANUC 或 SIEMENS 数控系统，二者都符合 ISO 或 EIA 标准，但 FANUC 或 SIEMENS 数控系统在具体格式上还有区别，如表 4-5 所示。

表 4-5　FANUC 和 SIEMENS 数控系统在程序格式上的区别

项目	控制系统	
	FANUC	SIEMENS
代码标准	ISO 或 EIA	ISO 或 EIA
程序段格式	字地址程序段格式	字地址程序段格式
程序名	O×××	英文字母、数字及下划线构成，开头必须是字母，最多 8 个字符
主程序名	O××××	:×××
子程序名	O××××	英文字母、数字及下划线构成，开头必须是字母，最多 8 个字符
程序段结束符	;	LF
注释符	（　）	;
程序结束符	M30	M02

三、数控铣床坐标系与工件坐标系设定

（一）数控铣床坐标系

在数控铣床上，机床原点一般取在 X、Y、Z 坐标的正方向极限位置上，如图 4-22 中的 O_1。机床参考点则是机床制造商在机床上用限位行程开关调整设置的一个固定位置，用于对机床运动进行检测和控制，它与机床原点的相对位置是固定的，参考点相对于机床原点的坐标值已存储到数控系统中。

数控机床开机时，首先一般要进行返回参考点的操作，机床才能运行。通过参考点的确认，从而确定了机床原点，刀具或工作台的移动就有了基准。通常数控铣床的机床原点与参考点是重合的。

（二）工件坐标系设定

1. 工件坐标系预置寄存指令（G92）

在采用绝对坐标指令编程时，必须先建立一坐标系，用来确定绝对坐标系原点（又称为编程原点）设在对刀点的什么位置，从而确定工件坐标系与机床坐标系之间的位置逻辑关系，这可用 G92 实现，如图 4-23 所示。

指令格式为：

G92 X*a* Y*b* Z*c*

其中，*a*、*b*、*c* 为对刀点在所设定的工件坐标系中的坐标值。

图 4-23 中，则为：

G92 X30 Y30 Z25

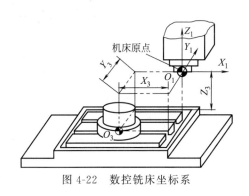

图 4-22　数控铣床坐标系

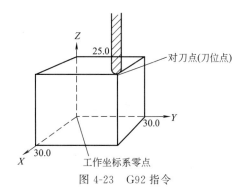

图 4-23　G92 指令

注意，G92 为一个非运动指令，它只有在绝对坐标编程时才有意义，只是设定工件坐标系原点，设定的坐标系在机床重开机时消失。

2. 工件坐标系选择指令（G54～G59）

数控铣床除了可用 G92 指令建立工件坐标系以外，还可以用 G54～G59 指令来设定 6 个工件坐标系。该指令不像 G92 指令那样，需要在程序段中给出对刀点在工件坐标系中的坐标值，而是在数控程序执行前，测量出工件坐标系原点相对于机床坐标系原点在 X、Y、Z 各轴方向的偏置值，然后将其输入到数控系统的工件坐标系偏置值寄存器中。系统在执行数控程序时，则从寄存器中读取该偏置值，在设定好的工件坐标系中按照数控指令坐标值运动。

在图 4-24 中，用 G54 指令设定工件坐标系的程序段如下：

N5 G90 G54 G00 X100.0 Y50.0 Z200.0

其中，G54 为设定工件坐标系，其原点与机床坐标系原点的偏置值已输入到数控系统的寄存器中，其后执行 G00 X100.0 Y50.0 Z200.0 时，刀具就快速移动到 G54 所设定的工件坐标系（X100.0，Y50.0，Z200.0）位置上。

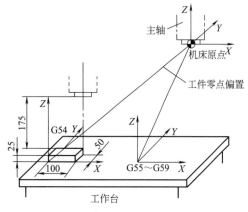

图 4-24　工件坐标系选择指令

四、刀具补偿

利用数控系统的刀具补偿功能（包括刀具半径及长度补偿），使编程时不需要考虑刀具的实际尺寸，而按照零件的轮廓计算坐标数据，有效简化了数控加工程序的编制。在实际加工前，将刀具的实际尺寸输入到数控系统的刀具补偿值寄存器中。在程序执行过程中，数控系统根据加工程序调用这些补偿值并自动计算实际的刀具中心运动轨迹，控制刀具完成零件的加工。当刀具半径或长度发生变化时，无须修改加工程序，只需修改刀具补偿值寄存器中的补偿值即可。

需要注意的是，绝大部分数控系统的刀具半径补偿只能在一个坐标平面中进行，刀具长度补偿只能在刀具的长度方向（Z 坐标方向）进行。在四、五坐标联动加工时，刀具半径补偿和刀具长度补偿是无效的。

（一）刀具半径补偿

铣削加工的刀具半径补偿分为刀具半径左补偿（G41）和刀具半径右补偿（G42），一般使用非零的 D 代码确定刀具半径补偿值寄存器号，用 G40 取消刀具半径补偿。刀具补偿有一个建立、执行及撤销的过程，有一定的规律性和格式要求。

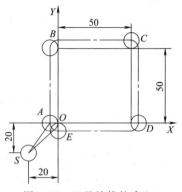

图 4-25　刀具补偿的建立、
执行与撤销

1. 刀具半径补偿的建立

如图 4-25 所示，刀具从位于工件轮廓外的开始点 S 以切削进给速度向工件运动并到达切入点 O，程序数据给出的是开始点 S 和工件轮廓上切入点 O 的坐标，而刀具实际是运动到距切入点一个刀具半径的点 A，即到达正确的切削位置，建立刀具半径补偿。刀具半径补偿的运动指令使用 G00 或 G01 与 G41 或 G42 的组合，并指定刀具半径补偿值寄存器号。程序如下：

N1 G00 G90 X－20 Y－20；　　　　　刀具运动到开始点 S

N2 G17 G01 G41 X0 Y0 D01 F200；　　在 A 点切入工件，建立刀具左补偿，刀具半径
　　　　　　　　　　　　　　　　　补偿值存储在 01 号寄存器中

或　N2 G17 G01 G42 X0 Y0 D01 F200；　在 E 点建立刀具右补偿

2. 刀具半径补偿的执行

除非用 G40 取消，否则，一旦刀具半径补偿建立后就一直有效，刀具始终保持正确的刀具中心运动轨迹。程序如下：

N3 X0 Y50　　　　　（$A \rightarrow B$）

N4 X50 Y50　　　　　（$B \rightarrow C$）

N5 X50 Y0　　　　　（$C \rightarrow D$）

N6 X0 Y0　　　　　（$D \rightarrow E$）

或 N3 X50 Y0　　　　（$E \rightarrow D$）

N4 X50 Y50　　　　　（$D \rightarrow C$）

N5 X0 Y50　　　　　（$C \rightarrow B$）

N6 X0 Y0　　　　　（$B \rightarrow A$）

3. 刀具半径补偿的撤销

当工件轮廓加工完成，要从切出点 E 或 A 回到开始点 S 时，就要取消刀具半径补偿，恢复到未补偿的状态。程序如下：

N7 G01 G40 X－20 Y－20

需要说明的是，G41 或 G42 必须与 G40 成对使用，否则程序不能正确执行。

（二）刀具长度补偿

使用刀具长度补偿功能，在编程时可以不考虑刀具在机床主轴上装夹的实际长度，而只需在程序中给出刀具端刃的 Z 坐标，具体的刀具长度由 Z 向对刀来协调。

刀具长度补偿分为刀具长度正补偿（G43）和刀具长度负补偿（G44），使用非零的 H

代码确定刀具长度补偿值寄存器号。取消刀具长度补偿用 G49。

刀具长度补偿也有刀具长度补偿的建立、执行和撤销三个过程，与刀具半径补偿相类似。有关应用已在第二章第一节中描述过。

（三）刀具补偿的运用

当数控加工程序编制好后，可以灵活地利用刀具补偿值来适应加工中出现的各种情况。一般情况下，刀具补偿值是刀具的实际尺寸，如铣刀的半径、铣刀的长度。如果需要在工件的轮廓方向或高度方向留余量，就可以在现有的刀具补偿值基础上加上余量作为新的刀具补偿值输入，重新执行程序。如图 4-26 所示，若将刀具半径加上 2mm 作为刀具补偿值，执行程序，就会得到刀具中心轨迹 1，即可在零件轮廓方向上留 2mm 的余量。如果再输入刀具半径值，执行同一程序，就会得到刀具中心轨迹 2，即将所留的 2mm 余量去除。

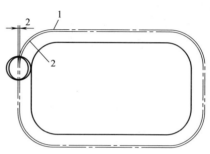

另外，刀具补偿值可为正值，也可为负值，可以灵活使用。如当刀具半径补偿值寄存器中的补偿值由正值改为负值时，即可将刀具补偿由左补偿变为右补偿，或由右补偿变为左补偿。刀具长度补偿值也是同样的道理。

图 4-26　刀具补偿在加工余量上的运用

五、编程实例

1. 镜像功能加工

（1）镜像功能

当工件相对于某一轴具有对称形状时，可以利用镜像功能和子程序，只对工件的一部分进行编程，就能加工出工件的对称部分，这就是镜像功能。以 FANUC T 系统为例，其指令格式为：

G24 X__ Y__ Z__ A__

M98 P__

G25 X__ Y__ Z__ A__

在上面的指令格式中，G24 为建立镜像；G25 为取消镜像；X、Y、Z、A 为镜像位置；M98 为调用子程序；P 为后跟调用子程序的序号。

（2）镜像功能加工实例

【例题 4-1】　如图 4-27 所示的轮廓零件，设刀具起点距工件上表面 10mm，切削深度为 2mm，使用镜像功能指令加工（采用 FANUC 数控系统），数控加工操作见前所述，其参考数控程序如下。

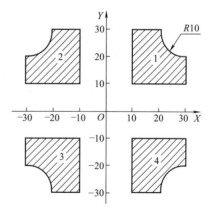

图 4-27　镜像功能加工零件

O1001；　　　　　　　　　　主程序

N05 G92 X0 Y0 Z10；　　　　通过起刀点建立工件坐标系

N10 G17 G91 M03 S800；　　 XY 平面，增量值编程，启动主轴

N15 M98 P1000；　　　　　　调用子程序 O1000，加工 1

N20 G24 X0;	Y 轴镜像,镜像位置为 $X=0$
N25 M98 P1000;	调用子程序 O1000,加工 2
N30 G24 X0 Y0;	X 轴、Y 轴镜像,镜像位置为 $(0,0)$
N35 M98 P1000;	调用子程序 O1000,加工 3
N40 G25 X0;	取消 Y 轴镜像
N45 G24 Y0;	X 轴镜像,镜像位置为 $Y=0$
N50 M98 P1000;	调用子程序 O1000,加工 4
N55 G25 Y0;	取消 X 轴镜像
N60 M05;	
N65 M30;	主轴停转,程序结束
O1000;	子程序号为 1000
♯101＝6;	设置刀具半径补偿值为 6mm
N90 G40;	取消刀具半径补偿
N100 G41 G00 X10 Y7 D101;	刀具半径左补偿
N105 Y3;	
N110 Z－10;	快速下刀至工件上表面
N115 G01 Z－2 F100;	工进至工件厚度
N120 Y20;	
N125 X10;	
N130 G03 X10 Y－10 I10 J0;	逆圆插补,圆心相对于圆弧起点
N135 G01 Y－10;	
N140 X－23;	
N145 G00 Z12;	快速抬刀至工件上表面
N150 X－7 Y－10;	快速回起刀点
N155 M99;	子程序返回

2. 缩放功能加工

（1）缩放功能

当加工轮廓相对于缩放中心具有缩放形状时,可以利用缩放功能和子程序,对加工轮廓进行缩放,这就是缩放功能。对于 FANUC 数控系统,其指令格式为:

G51 X＿ Y＿ Z＿ P＿

M98 P＿

G50

在上面的指令格式中,G51 为建立缩放;X、Y、Z 为缩放中心的坐标值;P 为缩放倍数;G50 为取消缩放。

（2）缩放功能加工实例

【例题 4-2】 如图 4-28 所示的轮廓零件,用 ϕ10mm 键铣刀加工 $ABCD$、$A'B'C'D'$ 两个方槽,槽深 10mm。已知正方形 $ABCD$ 的顶点分别为 $A(-50,-50)$、$B(50,-50)$、$C(50,50)$、$D(-50,50)$;正方形 $A'B'C'D'$ 是缩放后的图形,顶点分别为 $A'(-25,-25)$,$B'(25,-25)$,$C'(25,25)$,$D'(-25,25)$,其缩放中心为 $O(0,0)$,缩放倍数为 0.5。设刀具起点距工件上表面 10mm,使用缩放功能指令加工(采用 FANUC 数控系统),其数控程序如下。

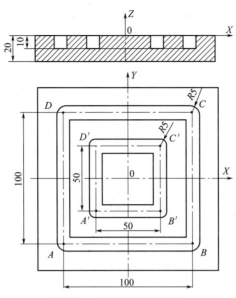

图 4-28　缩放功能加工零件

O1007；	主程序
N10 G40 G49；	取消刀具长度、半径补偿
N20 G92 X0 Y0 Z10；	通过起刀点建立工件坐标系
N30 M03 S800；	主轴正转,转速为 800r/min
N40 M08；	开启冷却液
N50 M98 P1008；	调用 O1008 子程序
N60 G51 X0 Y0 P500；	缩放中心 $O(0,0)$,缩放倍数 0.5
N70 M98 P1008；	调用 O1008 子程序
N80 G50；	取消缩放
N90 G0 Z10；	抬刀至安全高度
N100 X0 Y0；	回到起刀点
N110 M05；	主轴停转
N120 M30；	程序结束
O1008	子程序
N10 G00 G90 X－50 Y－50；	刀具快速运动到 A 点上方 $Z10$ 处
N20 G01 Z－10 F100；	下刀至 $Z-10$;
N30 G01 X50 Y－50 F200；	由 A 点进给至 B 点
N40 X50 Y50；	由 B 点进给至 C 点
N50 X－50 Y50；	由 C 点进给至 D 点
N60 X－50 Y－50；	由 D 点进给至 A 点
N70 Z10 F500；	提刀至 $Z10$ 处
N80 M99；	子程序返回

3. 旋转功能加工

（1）旋转功能

当加工轮廓相对于旋转中心为某一旋转角度时，可以利用旋转功能对工件轮廓进行旋

转，加工出工件的旋转部分，这就是旋转功能。以
FANUC 系统为例，其指令格式为：

G17（或 G18、G19）G68 X＿Y＿R＿

M98 P＿

G69

在上面的指令格式中，G68 为建立旋转，X、Y 为由
G17、G18 或 G19 定义的旋转中心坐标值；R 为旋转角
度；G69 为取消旋转。

在有刀具补偿的情况下，先进行坐标旋转，后进行刀具
补偿；在有缩放功能的情况下，先进行缩放，后进行旋转。

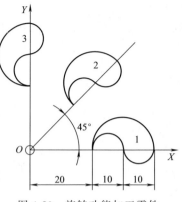

图 4-29　旋转功能加工零件

（2）旋转功能加工实例

【例题 4-3】　如图 4-29 所示的轮廓零件，设刀具起点距工件上表面 30mm，切削深度为
5mm，使用旋转功能指令加工（采用 FANUC 数控系统），数控加工操作见前所述，其参考
数控程序如下。

O1004；	主程序
♯101＝2；	设置刀具长度补偿值为 2mm
N10 G49；	取消刀具长度补偿
N20 G92 X0 Y0 Z30；	通过起刀点建立工件坐标系
N30 G90 G17 M03 S800；	绝对值编程，XOY 平面，启动主轴
N40 G43 Z－5 D101；	刀具长度正补偿
N50 M98 P1005；	调用子程序 O1005，加工 1
N60 G68 X0 Y0 R45；	以（0，0）为基准，旋转 45°
N70 M98 P1005；	调用子程序 O1005，加工 2
N80 G68 X0 Y0 R90；	以（0，0）为基准，旋转 90°
N90 M98 P1005；	调用子程序 O1005，加工 3
N100 G69；	取消旋转
N110 G49 Z30；	取消刀具长度补偿，抬刀至工件上表面 30mm 处
N120 M05；	主轴停转
N130 M30；	程序结束
O1005	轮廓 1 的子程序号为 1005
♯102＝6	设置刀具半径补偿值为 6mm
N300 G40；	取消刀具半径补偿
N305 G41 G01 X20 Y－5 D102 F300；	刀具半径左补偿
N310 Y0；	到轮廓 1 的起点
N315 G02 X40 I10；	顺圆插补，圆心相对于圆弧起点
N320 X30 I－5；	
N325 G03 X20 I－5；	逆圆插补，圆心相对于圆弧起点
N330 G00 Y－6；	快速向下移出 6mm
N335 G40 X0 Y0；	取消刀具半径补偿，回起刀点
N340 M99；	子程序返回

第四节　数控铣削加工实例

【例题 4-4】　如图 4-30 所示的零件外形，假设工件厚度为 5mm，试手工编制其外形精加工程序。

1. 编程分析

根据零件图，建立编程坐标系 XOY，Z 坐标原点在零件上顶面，对刀（起刀）点选择在位置点（－50，0，40），刀具运动路线从 O 点沿零件轮廓逆时针走刀，图中虚线为刀具中心轨迹。

2. 编写数控加工程序

计算零件轮廓的节点坐标，编写加工程序如下：

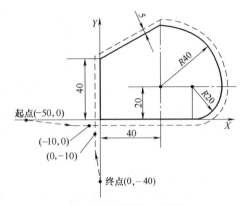

图 4-30　例题 4-4 零件

程序	说明
O1011；	程序文件名
♯101＝3；	设置刀具长度补偿值为 3mm
♯102＝6；	设置刀具半径补偿值为 6mm
N5 G92 G90 G00 X－50 Y0 Z40 M03 S500；	设置对刀点（－50，0，40）
N10 G01 G43 Z－5 D101 F100；	刀具长度正补偿，下刀至零件底部
N15 G42 D102 X－10 Y0；	刀具半径右补偿，走刀至（－10，0）
N20　　　　　X60 Y0；	切削直线
N25 G03 X80 Y20 R20；	逆时针切削圆弧 $R20$
N30　　　　X40 Y60 R40；	逆时针切削圆弧 $R40$
N35 G01 X0 Y40；	切削直线
N40　　　　X0 Y－10；	切削直线，至点（0，－10）
N45 G40 X0 Y－40；	取消刀具半径补偿
N50 G49 Z40；	取消刀具长度补偿，退刀至 $Z40$
N55 M05；	主轴停转
N60 M30；	程序结束

【例题 4-5】　如图 4-31 所示的零件外形，假设工件厚度为 8mm，已经粗加工，采用手工编程方法编制其外形精加工程序。

1. 零件图分析

该轮廓零件比较规则，是 $\phi 112$mm 圆的内接六边形，相邻的两条直线有 $R12.5$mm 的相切圆弧，形状对称。

2. 设计刀具运动路线

刀具从 S 点开始运动，在 1 点切入，沿顺时针方向进行顺铣加工，从 1 点切出。这里只说明程序编制的过程，在实际加工中一般应在切入点、切出点位置设置切入、切出程序段，比如圆弧或直线，保证零件轮廓的连续和光滑。

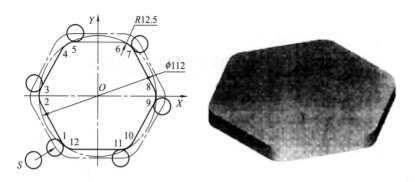

图 4-31   例题 4-5 零件

3. 选择编程坐标系

选择编程坐标系如图 4-31 所示，坐标原点在零件的对称中心 O，为方便对刀，Z 向零点取零件的上表面。

4. 计算各点坐标

通过计算得到零件轮廓上各个切点的坐标如下：

$S(X-60, Y-60)$ 1($X-31.6084, Y-42.2474$)

2($X-52.3916, Y-6.25$)   3($X-52.3916, Y6.25$)

4($X-31.6084, Y42.2474$)   5($X-20.7831, Y48.4974$)

6($X20.7831, Y48.4974$)   7($X31.6084, Y42.2474$)

8($X52.3916, Y6.25$)   9($X52.3916, Y-6.25$)

10($X31.6084, Y-42.2474$)   11($X20.7831, Y-48.8974$)

12($X-20.7831, Y-48.8974$)

5. 编写数控加工程序

根据以上坐标数据和刀具运动路线，逐条编写加工程序如下。

O2011；	程序文件名
♯101＝2；	设置刀具长度补偿值为 2mm
♯102＝6；	设置刀具半径补偿值为 6mm
N1 G20；	选择公制单位
N3 G92 X0 Y0 Z50；	通过起刀点建立工件坐标系
N5 G90 G0 X−60 Y−60；	绝对坐标编程，刀具快速运动到 S 点
N7 G43 D101 Z−10 S600 M3；	下刀，建立刀具长度正补偿，主轴正转
N9 G1 G41 D102 X−31.6084 Y−42.2474 F180 M8；	切入 1 点，建立刀具半径左补偿，切削液开
N11 X−52.3916 Y−6.25；	直线 1→2
N13 G2 Y6.25 R12.5；	顺圆 2→3，圆弧 R12.5mm
N15 G1 X−31.6084 Y42.2474；	直线 3→4
N17 G2 X−20.7831 Y48.4974 R12.5；	顺圆 4→5
N19 G1 X20.7831；	直线 5→6
N21 G2 X31.6084 Y42.2474 R12.5；	顺圆 6→7
N23 G1 X52.3916 Y6.25；	直线 7→8

N25 G2 Y－6.25 R12.5;	顺圆 8→9
N27 G1 X31.6084 Y－42.2474;	直线 9→10
N29 G2 X20.7831 Y－48.8974 R12.5;	顺圆 10→11
N31 G1 X－20.7831;	直线 11→12
N33 G2 X－31.6084 Y－42.2474 R12.5;	顺圆 12→1
N35 G1 G40 X－60. Y－60;	1→S,取消刀具半径补偿
N37 G0 G49 Z50. M5;	快速抬刀,取消刀具长度补偿,主轴停止
N39 M9;	关闭切削液
N41 M02;	程序结束

【例题 4-6】　如图 4-32 所示的模具零件,该零件轮廓尺寸为 270mm×270mm×40mm。中间有两处分别为 161mm×80mm、151mm×80mm 大小的型腔,深度为 23.6mm,侧壁有 1°的拔模斜度,底面与侧壁为 R2mm 的圆角。四个角有四个贯通的 ϕ20mm 导柱孔。各处尺寸为 IT7 级精度要求,上下表面和型腔表面要求达到 Ra0.8μm。零件材料为 3CrW8V,单件生产。热处理采用氮化,到达 38～42HRC 的硬度。

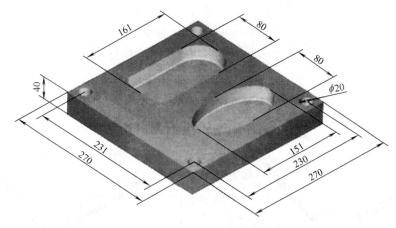

图 4-32　例题 4-6 模具零件

1. 工艺分析

虽然零件结构比较简单,尺寸不大,但是两处型腔形状略为复杂,而且侧壁为斜面,底部有转接圆角,有较高的尺寸精度要求。采用数控铣削加工可提高效率,保证质量。另外为保证导柱孔的精度,也可以在数控铣床上加工。其他表面在普通机床上加工即可。

零件的形状比较规则,可以利用底面定位,有足够的夹紧位置。由于是单件加工,可采用螺栓压板装夹。

零件的刚性较高,铣削时尽量使用较大直径的刀具加工,以提高加工效率。3CrW8V 为加工性能较好的模具钢,采用涂层硬质合金刀具可以达到良好的加工效果。

2. 工艺路线

工艺路线的设计与具体的生产条件有直接的关系,加工要求相同的零件在不同的生产条件下工艺路线会有较大的差别。这里考虑在中档数控铣床上,完成型腔和导柱孔的加工,并将热处理安排在精加工之后进行,其他内容由普通机床加工。该零件的加工工艺路线安排如下:

① 下料。

② 粗铣、精铣六面,留上下面磨削余量。

③ 磨上下面。

④ 数控铣削两处型腔，钻、扩、镗四个导柱孔。

⑤ 热处理（调质、氮化）。

⑥ 表面抛光。

⑦ 检验。

3. 数控铣削工序

由于零件是单件加工，考虑刀具使用的方便，在一次装夹中尽量把数控加工的内容全部完成。在数控铣削工序中，先对两处型腔进行粗铣、精铣，然后再加工导柱孔。

① 数控铣削两处型腔。型腔的形状比较简单，但侧壁有 1°的拔模斜度与型腔底面为 $R2$ 的圆角，可以采用两种方法：一是将侧壁作为曲面，首先采用立铣刀粗铣，然后用球头铣刀精铣，最后加工 $R2$ 的圆角；二是首先采用立铣刀粗铣，然后采用 1°的锥度铣刀，按照铣削外形的方式加工侧壁，最后铣削 $R2$ 圆角。第一种方法加工精度高，但效率较低；第二种方法对刀具和尺寸控制有较高的要求，但加工时间较短。型腔铣削如图 4-33 所示。

当然，如果有四、五坐标联动的机床，就可以采用立铣刀直接铣削侧壁，效果更佳。

需要注意的是，无论采用哪种方法，都要为最后铣削 $R2$ 圆角留出足够的余量。

② 钻、扩、镗四个 $\phi20$mm 导柱孔。如图 4-34 所示，在型腔加工后进行导柱孔的加工。由于是通孔，在零件安装时应在 4 个孔的位置留出足够的让刀空间，如在零件下加一块大小合适的垫块。

图 4-33　型腔铣削　　　　　　　　　　图 4-34　导柱孔加工

4. 程序编制

虽然零件不是很复杂，用手工编程也可以编制导柱孔加工的程序，但是为提高效率和保证质量，最好采用自动编程方法。此零件的数控加工程序，这里略去。

 **本章小结**

数控铣床在数控加工中应用广泛，其加工对象也是较复杂的，无论工艺设计还是程序编制都需要根据具体生产条件认真分析，考虑周全。工艺设计中的关键问题是如何在保证加工要求的同时，提高加工效率，充分发挥数控机床的优势，协调好数控铣削工序与其他工序之间的关系，并为数控加工程序编制创造良好条件。手工编程能了解程序编制的基本原理和过程，应首先熟练掌握，然后才能在实际生产中采用自动编程方法解决数控加工复杂程序的编制问题。

在数控铣削加工时，数控铣床控制的是主轴中心即刀具中心的空间位置和运动轨迹，这些是构成数控加工程序的主要内容，当然还包括与机床其他动作有关的信息。

习题四

4-1 数控铣床与普通铣床在形式和功能上有哪些区别？

4-2 数控铣床有哪些类型？各有何特点？

4-3 数控铣床的主要加工对象为哪些？分别应如何进行控制加工？各加工方案如何？

4-4 在进行工艺分析时，如何利用二维工程图和三维数学模型？

4-5 如何选择铣刀的种类和尺寸？立铣刀和球头铣刀有何区别？在使用时应注意哪些问题？

4-6 传统的定位夹紧方法有什么缺点？当零件需要在不同的机床上加工，而位置精度要求很高时，如何保证加工要求？

4-7 数控铣削的刀具半径补偿一般在什么情况下使用？如何进行？

4-8 数控铣削工序内容安排的原则是什么？

4-9 按照所用数控铣床控制系统的要求，编制图 4-35（a）、（b）所示零件外形的加工程序（要求用刀具半径补偿指令）。

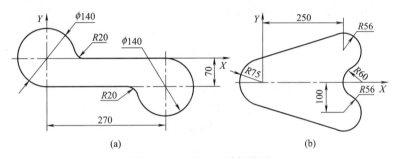

图 4-35 习题 4-9 零件外形

4-10 如图 4-36 所示，样板零件的内孔和平面已加工，厚 10mm。编程坐标系如图中所示，O 点为坐标系原点和对刀点，起刀点和终刀点为 P_0（-65，-95），刀具从 P_1 点切入工件，然后沿图示方向进给加工，最后回到 P_0 点。切削用量：主轴转速为 500r/min，进给速度为 120mm/min。各基点坐标的计算，根据解析几何知识求解，结果如图所示。试编制该样板零件周边的铣削加工程序。

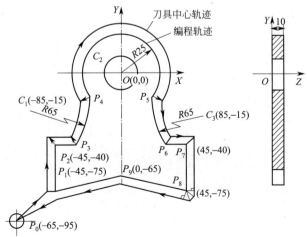

图 4-36 习题 4-10 样板零件

4-11 试编制图4-37零件中2mm凸台的数控精加工程序，刀具直径10mm，需使用刀具半径补偿。

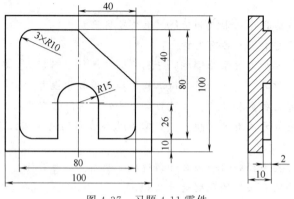

图 4-37 习题 4-11 零件

4-12 试编制图4-38平面轮廓零件中 ϕ20mm 通孔及周边外轮廓（厚度5mm）的数控加工程序，刀具直径6mm，需考虑刀具半径补偿。

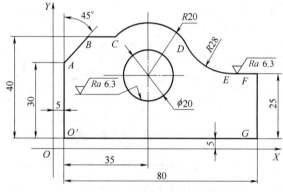

图 4-38 习题 4-12 零件

第五章

加工中心加工技术

第一节　加工中心简介

　　加工中心是目前世界上产量最高、应用最广泛的数控机床之一。它的综合加工能力较强，工件一次装夹后能完成较多的加工内容，加工精度较高，就中等加工难度的批量工件，其效率是普通设备的 5～10 倍，特别是它能完成许多普通设备不能完成的加工，对形状较复杂、精度要求高的单件加工或中小批量多品种生产更为适用。因此，它是从一个方面判断企业技术能力和工艺水平高低的标志。

　　加工中心的发展已有 50 多年的历史，由于它在制造业中的重要作用，各个工业发达国家都极为重视，在技术上和产量上都发展很快。

一、加工中心的分类与结构特点

1. 按机床形态分类

　　① 立式加工中心。它的主轴中心线为垂直状态设置，有固定立柱式和移动立柱式等两种结构形式，多采用固定立柱式结构。固定立柱式加工中心由工作台实现 X、Y 坐标运动，由主轴箱实现 Z 坐标运动，如图 5-1 所示；移动立柱式加工中心工作台固定，X、Y 和 Z 坐标运动由立柱和主轴箱实现。立式加工中心一般具有三个直线运动坐标，并可在工作台上安装一个水平轴的数控回转台，用以加工螺旋线类零件。

　　立式加工中心装夹工件方便，便于操作，易于观察加工情况，调试程序容易，应用广泛；除此之外，立式加工中心结构简单，占地面积小，价格相对较低，但受立柱高度及换刀装置的限制，不能加工太高的零件；在

图 5-1　立式加工中心

加工型腔或下凹的型面时切屑不易排除，严重时会损坏刀具，破坏已加工表面，影响加工的顺利进行。故它最适宜加工高度方向尺寸相对较小的工件。

　　加工中心的换刀方式一般有两种：通过机械手换刀和通过刀库换刀。前者换刀装置由刀库和机械手组成，先由刀库选刀，再由机械手完成换刀动作，这是加工中心普遍采用的方式，多采用链式刀库，容量较大，适用于中型和大型加工中心，如图 5-2 所示。后者的换刀

是通过刀库和主轴箱的配合动作来完成的，一般是把盘式刀库设置在主轴箱可以运动到的位置，或整个刀库能移动到主轴箱可以到达的位置，刀库中刀具的存放位置方向与主轴装刀方向一致。换刀时，主轴运动到刀库上的换刀位置，由主轴直接取走或放回刀具。刀库换刀多用于采用 40 号以下刀柄的中小型加工中心，如图 5-3 所示。

图 5-2 机械手换刀

图 5-3 刀库换刀

无论机床采用哪种换刀形式，在进行工艺设计和刀具轨迹设计时，都需要考虑换刀时的动作空间大小，避免相关部件发生干涉。

② 卧式加工中心。它的主轴中心线为水平状态设置，如图 5-4 所示。卧式加工中心多采用移动式立柱结构，通常都带有可进行回转运动的正方形分度工作台，一般具有 3～5 个运动坐标，常见的是三个直线运动坐标加一个回转运动坐标（回转工作台）。它能够使工件在一次装夹后完成除安装面和顶面以外其余四个面的加工，最适合加工箱体类零件。

卧式加工中心在调试程序及试切时不宜观察，加工时不便监视，零件装夹和测量不方便；但加工时排屑容易，对加工有利；与立式加工中心相比较，卧式加工中心结构复杂，占地面积大，价格也较高。

③ 龙门加工中心。它的形状与龙门铣床相似，主轴多为垂直设置，除自动换刀装置以外，还带有可更换的主轴头附件。数控装置的软件功能也较齐全，能够一机多用，尤其适用于大型或形状复杂的工件，如汽车模具以及飞机的梁、框、壁板等整体结构件，如图 5-5 所示。

图 5-4 卧式加工中心

图 5-5 龙门加工中心

④ 五面加工中心。它具有立式加工中心和卧式加工中心的功能，工件一次安装后能完成除安装面外所有侧面和顶面等五个面的加工，也称为万能加工中心或复合加工中心，如图

5-6 所示。它有两种形式，一种是其主轴可以旋转 90°，可以进行立式和卧式加工；另一种是其主轴不改变方向，而由工作台带着工件旋转 90°，完成工件五个表面的加工。

这种加工方式可以最大限度地减少工件的装夹次数，减小工件的形位误差，从而提高生产效率，降低加工成本。但是由于五面加工中心存在着结构复杂、造价高、占地面积大等缺点，所以它的使用远不如其他类型的加工中心。

2. 按运动坐标数和同时控制的坐标数分类

加工中心可分为三轴二联动、三轴三联动、四轴三联动、五轴四联动、六轴五联动等。

图 5-6　五面加工中心

3. 按工作台数量和功能分类

加工中心可分为单工作台加工中心、双工作台加工中心和多工作台加工中心。

综上所述，加工中心主要有以下特点：

① 加工中心在数控铣床或数控镗床、数控钻床的基础上增加了自动换刀装置，使工件在一次装夹后，可以连续完成工件表面自动铣削、镗削、钻孔、扩孔、铰孔、攻螺纹等多工步的加工，工序高度集中。

② 加工中心如果带有自动分度回转工作台或能自动摆角的主轴箱，可使工件在一次装夹后，自动完成多个平面和多个角度位置的多工序加工。

③ 加工中心如果带有自动交换工作台，可使一个工件在工作位置的工作台上进行加工的同时，另外的工件在装卸位置的工作台上进行装卸，大大缩短了辅助时间，提高了生产效率。

二、加工中心的主要功能

加工中心是一种功能比较齐全的数控机床，具有多种工艺手段。加工中心的刀库存放着不同数量的各种刀具或检具，在加工过程中由程序控制自动选用和更换。这是它与数控铣床、数控镗床的主要区别。

加工中心与同类数控机床相比，结构较复杂，控制系统功能较多。加工中心最少有三个运动坐标，多的达十几个；其控制功能最少可实现三轴联动控制，多的可实现五轴联动、六轴联动，可使刀具进行更复杂的运动；具有直线插补、圆弧插补功能，有些还具有螺旋线插补和 NURBS 曲线插补功能。

加工中心还具有不同的辅助功能，如加工固定循环，中心冷却，自动对刀，刀具破损检测报警，刀具寿命管理，过载、超行程自动保护，丝杠螺距与丝杠间隙误差补偿，故障自动诊断，工件与加工过程图形显示，人机对话，工件在线检测和加工自动补偿，离线编程等，这对于提高机床的加工效率、保证产品的加工精度和质量等都是普通加工设备无法相比的。

三、加工中心的主要加工对象

加工中心适用于复杂、工序多、精度要求较高、需用多种类型普通机床和繁多刀具、工装，经过多次装夹和调整才能完成加工的零件。加工中心主要加工对象有以下四类。

1. 箱体类零件

如图 5-7 所示，箱体类零件一般是指具有多个孔系，内部有型腔或空腔，在长、宽、高方向有一定比例的零件。这类零件在机床、汽车、飞机等行业较多，如汽车的发动机缸体、变速箱体、机床的床头箱和主轴箱、柴油机缸体、齿轮泵壳体等。

箱体类零件一般都需要进行孔系、轮廓、平面的多工位加工，公差要求特别是形位公差要求较为严格，通常要经过铣、镗、钻、扩、铰、锪、攻螺孔等工序，使用的刀具、工装较多，在普通机床上

图 5-7 箱体类零件

需多次装夹、找正，测量次数多，导致工艺复杂，加工周期长，成本高，更重要的是精度难以保证。这类零件在加工中心上加工，一次装夹可以完成普通机床 60%～95%的工序内容，零件各项精度一致性好，质量稳定，同时可缩短生产周期，降低生产成本。

对于加工工位较多、工作台需多次旋转才能完成的零件，一般选用卧式加工中心进行加工。当加工的工位较少，且跨距不大时，可选立式加工中心，从一端进行加工。

2. 复杂曲面

同数控铣床一样，加工中心也适合加工复杂曲面，如飞机和汽车零件型面、叶轮、螺旋桨、各种曲面成型模具等。

就加工的可能性而言，在不出现加工过切或加工盲区时，复杂曲面一般可以采用球头铣刀进行三坐标联动加工，加工精度较高，但效率较低。如果工件存在加工过切或加工盲区，如整体叶轮等，就必须考虑采用四坐标或五坐标联动的机床。

仅仅加工复杂曲面时并不能发挥加工中心自动换刀的优势，因为复杂曲面的加工一般经过粗铣、（半）精铣、清根等步骤，所用的刀具较少，特别是像模具一类的单件加工。

3. 异形件

异形件是外形不规则的零件，大多数需要进行点、线、面多工位混合加工，如支架（见图 5-8）、基座、样板、靠模等。异形件的刚性一般较差，夹压及切削变形难以控制，加工精度也难以保证。这时可充分发挥加工中心工序集中的特点，采用合理的工艺措施，一次或两次装夹，完成多道工序或全部加工内容。

经验表明，异形件的形状越复杂，精度要求越高，使用加工中心就越能显示其优势。

4. 盘、套、板类零件

加工中心也适合加工带有键槽或径向孔，或端面有分布孔系以及曲面的盘套或轴类零件，如带法兰的轴套、带有键槽或方头的轴类零件等；具有较多孔的板类零件，如各种电机盖等。如图 5-9 所示。

图 5-8 支架

图 5-9 盘、套、板

端面有分布孔系、曲面的盘、套、板类零件宜选用立式加工中心，有径向孔的可选用卧式加工中心。

第二节　加工中心的加工工艺与工装

加工中心是在数控铣床的机床上发展起来的，因此其加工工艺仍然是以数控铣削加工为基础，但又不同于数控铣床。这里主要讨论加工中心工艺设计中不同于数控铣床的地方，相同或相似之处不再赘述。

一、加工中心的工艺特点

加工中心加工有如下工艺特点：

① 可减少工件的装夹次数，消除因多次装夹带来的定位误差，提高加工精度。当零件各加工部位的位置精度要求较高时，采用加工中心加工能在一次装夹中将各个部位加工出来，避免了工件多次装夹所带来的定位误差，既有利于保证各加工部位的位置精度要求，又可缩短装卸工件的辅助时间，节省大量的专用和通用工艺装备，降低生产成本。

② 可减少机床数量，并相应减少操作工人数量，节省占用的车间面积。

③ 可减少周转次数和运输工作量，缩短生产周期。

④ 在制品数量少，简化生产调度和管理。

⑤ 使用各种刀具进行多工序集中加工，在进行工艺设计时要处理好刀具在换刀及加工时与工件、夹具甚至机床相关部位的干涉问题。

⑥ 若在加工中心上连续进行粗加工和精加工，夹具既要能适应粗加工时切削力大、高刚度、夹紧力大的要求，又必须适应精加工时定位精度高、零件夹紧变形尽可能小的要求。

⑦ 由于采用自动换刀和自动回转工作台进行多工位加工，所以卧式加工中心只能进行悬臂加工。由于不能在加工中设置支架等辅助装置，所以应尽量使用刚性好的刀具，并解决刀具的振动和稳定性问题。另外，由于加工中心是通过自动换刀来实现工序或工步集中的，因此受刀库、机械手的限制，刀具的直径、长度、重量一般都不允许超过机床说明书所规定的范围。

⑧ 多工序的集中加工，要及时处理切屑。

⑨ 在将毛坯加工为成品的过程中，零件不能进行时效处理，内应力难以消除。

⑩ 技术复杂，对使用、维修、管理要求较高。

⑪ 加工中心一次性投资大，还需配置其他辅助装置，如刀具预调设备、数控工具系统或三坐标测量机等；机床的加工工时费用高，如果零件选择不当，会增加加工成本。

二、加工中心的工艺路线设计

设计加工中心加工零件的工艺路线时，还要根据企业现有的加工中心机床和其他机床的构成情况，本着经济合理的原则，安排加工中心的加工顺序，以期最大限度地发挥加工中心的作用。

在目前国内很多企业中，由于多种原因，加工中心仅被当作数控铣床使用，且多为单机作业，远远没有发挥出加工中心的优势。从加工中心的特点来看，由若干台加工中心配上托盘交换系统构成柔性制造单元（FMC），再由若干个柔性制造单元可以发展成柔性制造系统（FMS），加工中小批量的精密复杂零件，就最能发挥加工中心的优势，获得更显著的技术经济效益。

单台加工中心和多台加工中心构成的 FMC 或 FMS，在工艺设计上有较大的差别。

1. 单台加工中心

单台加工中心的工艺设计与数控铣床相类似，主要注意以下方面：

① 安排加工顺序时，要根据工件的毛坯种类，现有加工中心的种类、构成和应用习惯，确定零件是否要进行加工中心工序前的预加工以及后续加工。

② 要照顾各个方向的尺寸，留给加工中心的余量要充分且均匀。通常直径小于 30mm 的孔的粗、精加工均可在加工中心上完成；直径大于 30mm 的孔，粗加工可在普通机床上完成，留给加工中心的加工余量一般为直径方向 4～6mm。

③ 最好在加工中心上一次定位装夹中完成预加工面在内的所有内容。如果非要分两台机床完成，最好留一定的精加工余量。或者，使该预加工面与加工中心工序的定位基准，有一定的尺寸精度和位置精度要求。

④ 加工质量要求较高的零件，应尽量将粗、精加工分开进行。如果零件加工精度要求不高，或新产品试制中属单件或小批，也可把粗、精加工合并进行。在加工较大零件时，工件运输、装夹很费工时，经综合比较，在一台机床上完成某些表面的粗、精加工，并不会明显发生各种变形时，粗、精加工也可在同一台机床上完成，但粗、精加工应划成两个工步分别完成。

⑤ 在具有良好冷却系统的加工中心上，可一次或两次装夹完成全部粗、精加工工序。对刚性较差的零件，可采取相应的工艺措施和合理的切削参数，控制加工变形，并使用适当的夹紧力。

一般情况下，箱体零件加工可参考的加工方案为：铣大平面→粗镗孔→半精镗孔→立铣刀加工→打中心孔→钻孔、铰孔→攻螺纹→精镗、精铣等。

2. 多台加工中心构成的 FMC 或 FMS

当加工中心处在 FMC 或 FMS 中时，其工艺设计应着重考虑每台加工设备的加工负荷、生产节拍、加工要求的保证以及工件的流动路线等问题，并协调好刀具的使用，充分利用固定循环、宏指令和子程序等简化程序的编制。对于各加工中心的工艺安排，一般通过 FMC 或 FMS 中的工艺决策模块（工艺调度）来完成。

三、加工中心的工步设计

设计加工中心机床的加工工艺实际就是设计各表面的加工工步。在设计加工中心工步时，主要从精度和效率两方面考虑。理想的加工工艺不仅应保证加工出图样要求的合格工件，而且应能使加工中心机床的功能得到合理应用与充分发挥，主要有以下方面：

① 同一加工表面按粗加工、半精加工、精加工次序完成，或全部加工表面按先粗加工，再半精加工、精加工分开进行。加工尺寸公差要求较高时，考虑零件尺寸、精度、刚性和变形等因素，可采用前者；加工位置公差要求较高时，采用后者。

② 对于既要铣面又要镗孔的零件，如各种发动机箱体，可以先铣面后镗孔。按这种方法划分工步，可以提高孔的加工精度。铣削时，切削力较大，工件易发生变形。先铣面后镗

孔，使其有一段时间的恢复，可减少变形对孔的精度的影响。反之，如果先镗孔后铣面，则铣削时，必然在孔口产生飞边、毛刺，从而破坏孔的精度。

③ 相同工位集中加工，应尽量按就近位置加工，以缩短刀具移动距离和空运行时间。

④ 按所用刀具划分工步。如某些机床工作台回转时间比换刀时间短，在不影响精度的前提下，为了减少换刀次数、减少空行程、减少不必要的定位误差，可以采取刀具集中工序。也就是用同一把刀将零件上相同的部位都加工完，再换第二把刀。

⑤ 当加工工件批量较大而工序又不太长时，可在工作台上一次装夹多个工件同时加工，以减少换刀次数。

⑥ 考虑到加工中存在着重复定位误差，对于同轴度要求很高的孔系，就不能采取原则④。应该在一次定位后，通过顺序连续换刀，顺序连续加工完该同轴孔系的全部孔后，再加工其他坐标位置孔，以提高孔系同轴度。

⑦ 在一次定位装夹中，尽可能完成所有能够加工的表面。

在实际生产中，应根据具体情况，综合运用以上原则，从而制订出较完善、较合理的加工中心切削工艺。

四、工件的定位与装夹

1. 加工中心定位基准的选择

加工中心定位基准的选择，主要有以下方面：

① 尽量选择零件上的设计基准作为定位基准。

② 一次装夹就能够完成全部关键精度部位的加工。为了避免精加工后的零件再经过多次非重要的尺寸加工，多次周转，造成零件变形、磕碰划伤，在考虑一次完成尽可能多的加工内容（如螺孔、自由孔、倒角、非重要表面等）的同时，一般将加工中心上完成的工序安排在最后。

③ 当在加工中心上既加工基准又完成各工位的加工时，其定位基准的选择需考虑完成尽可能多的加工内容。为此，要考虑便于各个表面都能被加工的定位方式，如对于箱体，最好采用一面两销的定位方式，以便刀具对其他表面进行加工。

④ 当零件的定位基准与设计基准难以重合时，应认真分析装配图，确定该零件设计基准的设计功能，通过尺寸链的计算，严格规定定位基准与设计基准间的公差范围，确保加工精度。对于带有自动测量功能的加工中心，可在工艺中安排坐标系测量检查工步，即每个零件加工前由程序自动控制用测头检测设计基准，系统自动计算并修正坐标系，从而确保各加工部位与设计基准间的几何关系。

2. 加工中心夹具的选择与使用

加工中心夹具的选择和使用，主要有以下方面：

① 根据加工中心机床特点和加工需要，目前常用的夹具类型有专用夹具、组合夹具、可调夹具、成组夹具以及工件统一基准定位装夹系统。在选择时要综合考虑各种因素，选择较经济、较合理的夹具形式。一般夹具的选择顺序是：在单件生产中尽可能采用通用夹具；批量生产时优先考虑组合夹具，其次考虑可调夹具，最后考虑成组夹具和专用夹具；当装夹精度要求很高时，可配置工件统一基准定位装夹系统。

② 因加工中心的高柔性要求，其夹具比普通机床结构更紧凑、简单，夹紧动作更迅速、准确，应尽量缩短辅助时间，操作更方便、省力、安全，而且要保证足够的刚性，能灵活多

变。因此常采用气动、液压夹紧装置。

③ 为保证工件在本次定位装夹中所有需要完成的待加工面充分暴露在外，夹具要尽量敞开，夹紧元件的空间位置能低则低，必须给刀具运动轨迹留有空间。夹具不能和各工步刀具轨迹发生干涉。当箱体外部没有合适的夹紧位置时，可以利用内部空间来安排夹紧装置。

④ 考虑机床主轴与工作台面之间的最小距离和刀具的装夹长度，夹具在机床工作台上的安装位置应确保在主轴的行程范围内能使工件的加工内容全部完成。

⑤ 自动换刀和交换工作台时不能与夹具或工件发生干涉。

⑥ 有些时候，夹具上的定位块是安装工件时使用的。在加工过程中，为满足前后左右各个工位的加工，防止干涉，工件夹紧后即可拆去。对此，要考虑拆除定位元件后，工件定位精度的保持问题。

⑦ 尽量不要在加工中途更换夹紧点。当非要更换夹紧点时，要特别注意不能因更换夹紧点而破坏定位精度，必要时应在工艺文件中注明。

3. 确定零件在机床工作台上的最佳位置

在卧式加工中心上加工零件时，工作台要带着工件旋转，进行多工位加工，就要考虑零件（包括夹具）在机床工作台上的最佳位置。该位置是在技术准备过程中根据机床行程，考虑各种干涉情况，优化匹配各部位刀具长度而确定的。如果考虑不周，将会造成机床超程，需要更换刀具，重新试切，影响加工精度和加工效率，也增大了出现废品的可能性。

加工中心具有的自动换刀功能决定了其最大的弱点是刀具悬臂式加工，在加工过程中不能设置镗模、支架等。因此，在进行多工位零件的加工时，应综合计算各工位的各加工表面到机床主轴端面的距离，以选择最佳的刀具长度，提高工艺系统的刚性，从而保证加工精度。

五、加工中心刀具的选用

加工中心使用的刀具由刀头和刀柄两部分组成。刀具部分和通用刀具一样，如钻头、铣刀、铰刀、丝锥等。刀柄要满足机床主轴的自动松开和拉紧定位，并能准确地安装各种切削刀具，适应机械手的夹持和搬运，适应在刀库中储存和识别等。

1. 对刀具的要求

加工中心对刀具的基本要求如下。

① 良好的切削性能：能承受高速切削和强力切削并且性能稳定。

② 较高的精度：刀具的精度指刀具的形状精度和刀具与装卡装置的位置精度。

③ 配备完善的工具系统：满足多刀连续加工的要求。

加工中心所使用刀具的刀头部分与数控铣床所使用的刀具基本相同，加工中心所使用刀具的刀柄部分与一般数控铣床用刀柄部分不同，加工中心用刀柄带有夹持槽供机械手夹持。

2. 刀具的种类

加工中心加工内容的多样性决定了所使用刀具的种类很多，除铣刀以外，加工中心使用比较多的是孔加工刀具，包括加工各种大小孔径的麻花钻、扩孔钻、锪孔钻、铰刀、镗刀、丝锥以及螺纹铣刀等。为了适应加工要求，这些刀具一般都采用硬质合金材料且带有各种涂层，按结构可分为机夹可转位式和整体式两类，如图 5-10 所示。机夹可转位式刀具是将带有若干切削刃的刀头，用机械夹固的方法夹紧在刀体上的一种刀具。整体式刀具是指刀头和夹持部分为一体式结构的刀具，其制造工艺简单，刀具磨损后可以重新修磨。

(a) 硬质合金可转位系列刀具　　　　　　　(b) 硬质合金可转位螺旋刃球刀

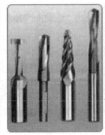
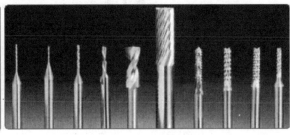

(c) 整体合金钻、铰刀　(d) 整体硬质合金刀具　　　　　(e) 硬质合金微钻

图 5-10　硬质合金可转位系列刀具、整体硬质合金系列刀具

3. 刀柄及工具系统

刀柄是机床主轴和刀具之间的连接工具，能够安装各种刀具，已经标准化和系列化。加工中心上一般采用 7：24 圆锥刀柄。这类刀柄不自锁，换刀方便；高速加工时用直刀柄（HSK）。

加工中心工具系统分为整体式工具系统和模块式工具系统两大类。整体式工具系统的特点是将锥柄和接杆连成一体，不同品种和规格的工作部分都必须带有与机床相连的柄部。整体式工具系统的优点是结构简单，使用方便、可靠，更换迅速等；其缺点是锥柄的品种和数量较多。它用于刀具装配中装夹不改变或不宜使用模块式刀柄的场合，如图 5-11 所示。

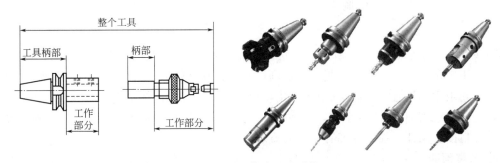

图 5-11　整体式工具系统

目前我国加工中心采用 TSG 工具系统为整体式结构的工具系统（见图 5-12），其刀柄有直柄（3 种规格）和锥柄（4 种规格）2 种，共包括 16 种不同用途的刀柄。由于加工中心类型不同，其刀柄柄部的形式及尺寸不尽相同。JT（ISO 7388）表示加工中心机床用的锥柄

柄部（带有机械手夹持槽），其后面的数字为相应的 ISO 锥度号，如 50、45 和 40 分别代表大端直径为 69.85mm、57.15mm 和 44.45mm 的 7∶24 锥度。ST（ISO 297）表示一般数控机床用的锥柄柄部（没有机械手夹持槽），数字意义与 JT 类相同。BT（MAS 403）表示用于日本标准 MAS 403 的锥柄柄部（带有机械手夹持槽）。

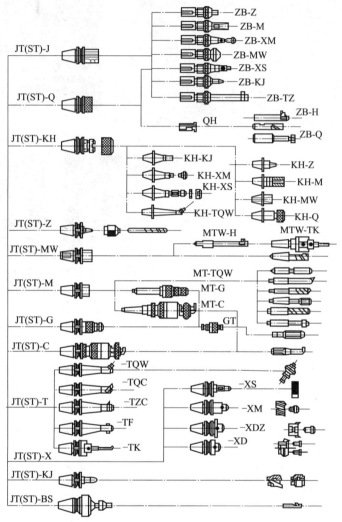

图 5-12　TSG82 工具系统

　　模块式工具系统如图 5-13 所示，它可以用很少的组件组装成多种类的刀柄。模块式工具系统由于定位精度高，装卸方便，连接刚性好，具有良好的抗振性，是目前用得较多的一种形式。它由主柄模块（刀柄）、中间连接模块（中间接杆）以及工作模块（工作头）组成。TMG21 为模块式结构的工具系统，如图 5-14 所示。模块式刀柄克服了整体式刀柄的缺点，但对连接精度、刚性、强度等都有很高的要求。

　　4. 刀具预调

　　刀具预调是加工中心使用中一项重要的工艺准备工作。刀具预调的目的是在工艺设计后根据加工要求，确定各工序所使用的刀具在刀柄上装夹好后的轴向尺寸和径向尺寸，并填写在工艺文件中，供加工时使用。如用于孔精加工的可调镗刀，在加工前必须先准确调整刀刃相对于主轴轴线的径向位置和轴向位置，即快速简单地预调到一个固定的几何尺寸。

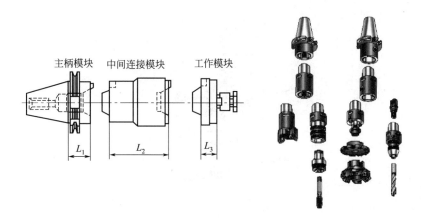

图 5-13　模块式工具系统

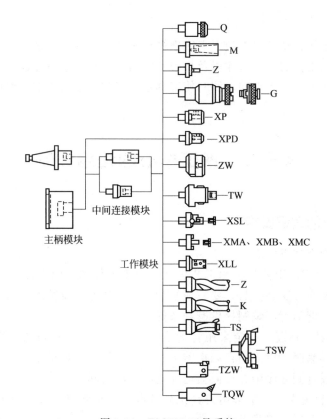

图 5-14　TMG21 工具系统

刀具预调一般使用机外对刀仪，如图 5-15 所示。

对刀仪平台 7 上装有刀柄夹持轴 2，用于安装被测刀具。通过快速移动单键按钮 4 和微调旋钮 5 或 6，可调整刀柄夹持轴 2 在对刀仪平台 7 上的位置。当光源发射器 8 发光，将刀具刀刃放大投影到显示屏幕 1 上时，即可测得刀具在 X（径向尺寸）、Z（长度尺寸）方向的尺寸。

总之，配备完善、先进的刀具系统，是用好加工中心的重要环节。

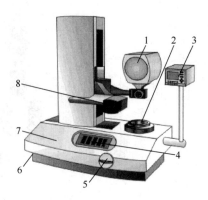

图 5-15　机外对刀仪

1—显示屏幕；2—刀柄夹持轴；3—操作面板；4—单键按钮；5，6—微调旋钮；7—对刀仪平台；8—光源发射器

六、换刀点

由于加工中心采用自动换刀，换刀点应根据机床的加工空间大小、工件的大小及在工作台上的装夹位置、被更换的刀具尺寸以及换刀动作的最大空间范围等进行合理选择。原则上是避免相关部件在换刀时产生干涉，同时使刀具在换刀前后运动的空行程最小。

第三节　加工中心的程序编制

一、加工中心的编程要求

加工中心的编程有如下要求：

① 首先应进行合理的工艺分析和工艺设计。由于零件加工的工序内容以及使用的刀具种类和数量多，甚至在一次装夹后，要完成粗加工、半精加工及精加工，故周密合理地安排各工序加工的顺序，能为程序编制提供有利条件。

② 根据加工批量等情况，确定采用自动换刀或手动换刀。一般加工批量在 10 件以上，而刀具更换又比较频繁时，以采用自动换刀为宜。但当加工批量很小而使用的刀具种类又不多时，把自动换刀安排到程序中，反而会增加机床调整时间。

③ 为提高机床利用率，尽量采用刀具机外预调，并将测量尺寸填写到刀具卡片中，以便操作者在运行程序前确定刀具补偿参数。

④ 尽量把不同工序内容的程序，分别安排到不同的子程序中。当零件加工工序内容较多时，为便于程序的调试，一般将各工步内容分别安排到不同的子程序中，主程序主要完成换刀及子程序的调用。这种安排便于按每一工步独立地调试程序，也便于加工顺序的调整。

⑤ 除换刀程序外，加工中心的编程方法与数控铣床基本相同。

二、换刀程序的编制

不同的加工中心，其换刀程序是不同的，通常选刀和换刀分开进行。换刀完毕启动主轴后，方可执行后面的程序段。选刀可与机床加工重合起来，即利用切削时间进行选刀。多数加工中心都规定了换刀点位置。主轴只有运动到这个位置，机械手或刀库才能执行换刀动作。一般立式加工中心规定的换刀点位置在机床 Z 轴零点处，卧式加工中心规定在机床 Y 轴零点处。

编制换刀程序一般有两种方法：

方法一：

⋮

N10 G91 G28 Z0 T02；　　　　　　　G28 返回参考原点，T02 选 2 号刀具

N11 M06；　　　　　　　　　　　　换刀

⋮

即一把刀具加工结束，主轴返回参考原点后准停，然后刀库旋转，将需要更换的刀具停在换刀位置，接着进行换刀，再开始加工。选刀和换刀先后进行，机床有一定的等待时间。

方法二：

⋮

N10 G01 X__ Y__ Z__ T02；　　　　　T02 选 2 号刀具

⋮

N17 G91 G28 Z0 M06；　　　　　　　返回参考原点后立刻换刀

N18 G01 X__ Y__ Z__ T03；　　　　　直线插补 G01 切削

⋮

这种方法的找刀时间和机床的切削时间重合，当主轴返回参考原点后立刻换刀，因此整个换刀过程所用的时间比第一种要短一些。在单机作业时，可以不考虑这两种换刀方法的区别，而在柔性生产线上则有实际的作用。

三、固定循环功能

加工中心的编程方法与数控铣床基本相同，在这里主要介绍加工中心固定循环指令的编程方法。

加工中心配备的固定循环功能主要用于孔的加工，包括钻孔、扩孔、锪孔、铰孔、镗孔、攻螺纹等，使用一个程序段就可以完成一个孔加工的全部动作。继续加工时，如果只是改变孔的位置而不需改变孔的加工动作，则程序中所有的模态代码的数据可以不必重写，因此可以大大简化程序。有的加工中心还具有键槽、椭圆、方槽加工等固定循环功能。

1. 固定循环的动作

孔加工固定循环通常由以下六个动作组成，如图 5-16 所示：

动作 1——X 轴和 Y 轴定位，使刀具快速定位到孔加工位置。

动作 2——快进到 R 点，使刀具自初始点快速进给到 R 点。

动作 3——孔加工，以切削进给方式执行孔的加工。

动作 4——在孔底的动作，包括暂停、主轴准停、刀具移动等动作。

动作 5——返回到 R 点，继续孔的加工而又可以安全移动刀具时选择退刀至 R 点。

动作 6——快速返回到初始点，孔加工完成后一般退刀至初始点。

如图 5-16 所示，图中虚线表示快速进给，实线表示切削进给。

在固定循环中具有以下一些平面：

　　① 初始平面。它是为安全下刀而规定的一个平面。初始平面到零件表面的距离可以任意设定在一个安全的高度上,当使用同一把刀具加工若干孔时,刀具在初始平面内的任意移动将不会与夹具、工件凸台等发生干涉。只有孔间存在障碍需要跳跃或全部孔加工完毕时,才使用 G98 指令使刀具返回到初始平面的初始点。

　　② R 点平面。它又称 R 参考平面,这个平面是刀具下刀时由快速进给转为切削进给的高度平面,与工件表面的距离主要考虑工件表面尺寸的变化,一般可取 2～5mm。使用 G99 指令时,刀具将返回到该平面上的 R 点。

　　③ 孔底平面。加工盲孔时孔底平面就是孔底的 Z 向高度。加工通孔时一般刀具还要伸出工件底平面一段距离,主要是保证全部孔深都加工到尺寸。钻削加工时,还应考虑钻头钻尖对孔深的影响。

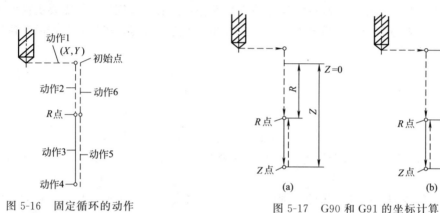

图 5-16　固定循环的动作　　　　　　图 5-17　G90 和 G91 的坐标计算

　　孔加工循环与平面选择指令（G17～G19）无关,即不管选择了哪个平面,孔加工都是在 XY 平面上定位并在 Z 轴方向上钻孔。

2. 固定循环的代码及格式

　　① 数据形式。固定循环指令中地址 R 与地址 Z 的数据指定与 G90 或 G91 的方式选择有关,如图 5-17 所示。选择 G90 方式时,R 与 Z 一律取其终点坐标值,如图 5-17（a）所示;选择 G91 方式时,R 则指从初始点到 R 点的距离,Z 是指从 R 点到孔底平面上 Z 点的距离,如图 5-17（b）所示。

　　② 返回点平面 G98、G99。它们确定刀具在返回时到达的平面。如果指定了 G98,则自该程序段开始,刀具返回到初始平面;如果指定了 G99,则返回到 R 点平面。在实际加工时,主要根据孔和孔之间移动时是否有障碍物来确定。

　　③ 固定循环指令的 G 代码。这里介绍 FANUC 0M-C 数控系统的固定循环功能,如表 5-1 所示。

表 5-1　FANUC 0M-C 系统的固定循环

G 代码	孔加工动作 （−Z 方向）	在孔底的动作	刀具返回方式 （+Z 方向）	用途
G73	间歇进给	无	快速	高速往复排屑钻深孔
G74	切削进给	暂停→主轴正转	切削进给	攻左旋螺纹
G76	切削进给	主轴定向停止→刀具移动	快速	精镗孔
G80	无	无	无	取消固定循环

续表

G 代码	孔加工动作 (−Z 方向)	在孔底的动作	刀具返回方式 (+Z 方向)	用途
G81	切削进给	无	快速	钻孔
G82	切削进给	暂停	快速	锪孔、镗阶梯孔
G83	间歇进给	无	快速	往复排屑钻深孔
G84	切削进给	暂停←主轴反转	切削进给	攻右旋螺纹
G85	切削进给	无	切削进给	精镗孔
G86	切削进给	主轴停止	快速	镗孔
G87	切削进给	主轴停止	快速	反镗孔
G88	切削进给	暂停→主轴停止	手动操作	镗孔
G89	切削进给	暂停	切削进给	精镗阶梯孔

④ 固定循环的编程格式。

指令格式为：

G73～G89 X__ Y__ Z__ R__ Q__ P__ F__ K__

X__ Y__：指定要加工孔的位置，输入形式与 G90 或 G91 的选择有关。

Z__：指定孔底平面位置（与 G90 或 G91 的选择有关）。

R__：指定 R 点平面位置（与 G90 或 G91 的选择有关）。

Q__：在 G73 或 G83 方式中用来指定每次的加工深度，在 G76 或 G87 方式中用来指定刀具的径向移动量。Q 值一律采用增量值而与 G90 或 G91 的选择无关。

P__：用来指定刀具在孔底的暂停时间，单位为 s。

F__：指定孔加工的切削进给速度。这个指令是模态的，即取消了该固定循环，在其后的加工中仍然有效。

K__：指定孔加工的重复次数，忽略此参数时系统默认为 K1。当指定 K0 时，只存储孔加工数据而不执行加工动作。如果选择 G90 方式，刀具在原来的孔位重复加工；如果选择 G91 方式，则用一个程序段就可实现分布在一条直线上若干个等距孔的加工。K 指令为非模态码，仅在本程序段中有效。

孔加工方式的指令以及 Z、R、Q、P、F 等指令都是模态的，因此只要在开始时指定了这些指令，在后面连续的加工中不必重新指定，仅需要修改变化的数据。

取消孔加工固定循环用 G80。

3. 常用固定循环指令

（1）钻孔 G81 和锪孔 G82

指令格式为：

G81 X__ Y__ Z__ R__ F__

G82 X__ Y__ Z__ R__ F__

G81 指令用于一般的钻孔，其动作循环包括 X、Y 坐标定位，快速进给，工作进给和快速返回等动作，如图 5-18 所示。G82 与 G81 动作相似，唯一不同之处是 G82 在孔底增加了暂停，因而适用于盲孔、锪孔或镗阶梯孔的加工，以提高

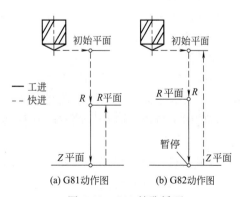

图 5-18　G81 钻孔循环

孔底表面的加工精度。

（2）高速间歇钻孔 G73 与间歇钻孔 G83

指令格式为：

G73（或 G83）　X＿ Y＿ Z＿ R＿ Q＿ F＿

G73 指令加工孔动作如图 5-19（a）所示，该固定循环用于 Z 轴方向的间歇进给，深孔加工时可以较容易地实现断屑和排屑，减小退刀量，进行高效率加工。用 Q 值写入每一次的加工深度（增量值且用正值表示），必须保证 Q＞d，退刀量 d 由参数设定，退刀时用快速退刀方式。

G83 指令加工孔动作如图 5-19（b）所示，与 G73 略有不同的是每次刀具间歇进给后退至 R 点参考面，此处的 d 表示刀具间歇进给每次下降时由快速进给转为工作进给的那一点至前一次切削进给下降的终点之间的距离，由参数设定。

（3）反攻螺纹 G74 和攻螺纹 G84

指令格式为：

G74（或 G84）　X＿ Y＿ Z＿ R＿ P＿ F＿

攻螺纹动作如图 5-20 所示，G74 指令攻左旋螺纹时主轴反转，到孔底正转，返回到 R 点时恢复反转。G84 指令攻右旋螺纹时主轴从 R 点至 Z 点，刀具正向进给，主轴正转，到孔底时主轴反转，返回到 R 点后主轴恢复正转。系统能根据主轴转速与螺纹螺距自动计算 F 值；如果在程序段中指令暂停，则在刀具到达孔底和返回 R 点时先执行暂停的动作。

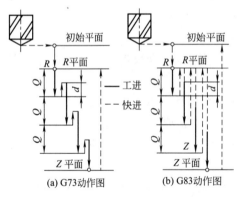

图 5-19　G73 固定循环和 G83 固定循环

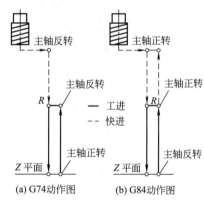

图 5-20　G74 指令与 G84 指令动作图

（4）镗孔 G76 和背镗孔 G87

指令格式为：

G76 X＿ Y＿ Z＿ R＿ Q＿ P＿ F＿

G87 X＿ Y＿ Z＿ R＿ Q＿ F＿

镗孔 G76 指令的动作如图 5-21（a）所示，其中 P 表示在孔底有暂停，主轴并有准停；Q 表示刀具的径向移动量。在孔底主轴定向停止后，刀具按地址 Q 所规定的偏移量（用正值，若使用了负值，则负号被忽略）移动，然后退刀。偏移时刀头移动的方向预先由参数设定。

背镗孔 G87 指令的动作如图 5-21（b）所示，X 轴和 Y 轴定位后，主轴定向停止，刀具以与刀尖相反的方向按 Q 值给定的偏移量移动并快速定位到孔底（R 点），在这里刀具按原偏置量返回，然后主轴正转，沿 Z 轴向上加工到 Z 点，这时主轴又定向停止，再次向原刀

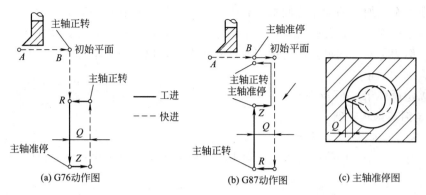

图 5-21 G76 和 G87 循环

尖反方向位移 Q 值，然后快速移动到初始平面（只能用 G98）后刀尖返回一个原位移量，主轴正转，进行下一个程序段动作。采用这种固定循环时，只能让刀具返回到初始平面而不能返回到 R 点参考面，因为 R 点参考面低于 Z 点平面。

（5）精镗孔 G85 和镗孔 G89

指令格式为：

G85 X__ Y__ Z__ R__ F__

G89 X__ Y__ Z__ R__ P__ F__

这两种孔的加工动作如图 5-22 所示，刀具都是以切削进给方式加工到孔底，然后又以切削进给方式返回 R 点平面，因此适用于孔的精加工。G89 在孔底有暂停。

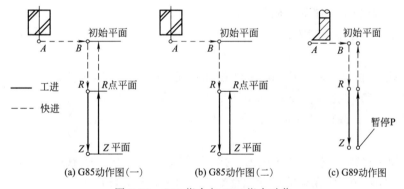

图 5-22 G85 指令与 G89 指令动作

（6）镗孔循环 G86、G88

指令格式为：

G86 X__ Y__ Z__ R__ F__

G88 X__ Y__ Z__ R__ P__ F__

如图 5-23 所示，G86 指令在刀具加工到孔底后，主轴停止，快速返回到 R 平面或初始平面后，主轴再重新启动。采用这种方式加工时，如果连续加工的孔间距较小，可能出现刀具已经定位到下一个孔的加工位置，而主轴尚未达到规定转速的情况。为

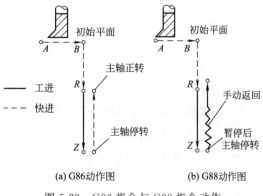

图 5-23 G86 指令与 G88 指令动作

此，可以在这个孔加工的动作之间加入暂停指令，以使主轴获得规定的转速。

G88 指令在刀具达到孔底时暂停，主轴停止，进入进给保持状态，在此情况下可以执行手动操作。但为了安全起见，应先把刀具从孔中退出，以便再启动加工，刀具快速返回到 R 点或初始点，主轴正转。

取消固定循环用 G80 指令。

4. 固定循环编程实例

【**例题 5-1**】 如图 5-24 所示零件，在 100mm×100mm×30mm 零件中心位置沿 ϕ76mm 的圆上均匀分布 9 个 ϕ10mm 的通孔，利用固定循环功能编制其钻孔加工程序。

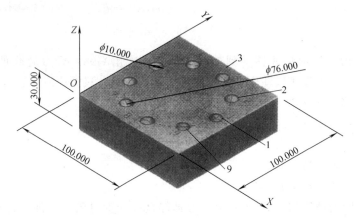

图 5-24 固定循环编程零件

对该零件编制加工程序的步骤如下：

① 设置编程坐标系。为方便加工时对刀，设置编程坐标系如图 5-24 所示，取零件上表面为 Z 向零点。

② 计算孔中心坐标。经计算可得各孔中心 X、Y 坐标为：孔 1（88，50）、孔 2（79.109，74.425）、孔 3（56.598，87.422）、孔 4（31，82.909）、孔 5（14.291，62.996）、孔 6（14.291，37.003）、孔 7（31，17.091）、孔 8（56.598，12.577）、孔 9（79.109，25.574）。

③ 设计加工路线。按 1→2→…→9 的顺序依次钻孔，快进 R 点距离零件上表面 5mm，考虑钻头钻尖的影响，为保证能将孔完整地加工出来，钻孔深度为 35mm。

④ 编写程序单。根据加工路线和坐标数据，选择 G81 钻孔固定循环指令逐条编写加工程序，如下所示。

程序段	说明
N1 G20	设定公制单位
N2 G0 G90 G54 X88. Y50. S300 M3	刀具快速定位到孔 1，主轴正转
N3 G43 H1 Z50. M8	建立刀具长度补偿，切削液开
N4 G99 G81 Z−35. R5. F50.	钻孔 1，返回到 R5 点
N5 X79.109 Y74.425	钻孔 2，返回到 R5 点
N6 X56.598 Y87.422	钻孔 3，返回到 R5 点
N7 X31. Y82.909	钻孔 4，返回到 R5 点
N8 X14.291 Y62.996	钻孔 5，返回到 R5 点

N9 Y37.003	钻孔 6,返回到 R5 点
N10 X31. Y17.091	钻孔 7,返回到 R5 点
N11 X56.598 Y12.577	钻孔 8,返回到 R5 点
N12 X79.109 Y25.574	钻孔 9,返回到 R5 点
N13 G80 G0 G49 Z50.	取消固定循环和刀具长度补偿,快速返回至初始平面 Z50 处
N14 M5	主轴停止
N15 M9	切削液关
N16 M30	程序结束

第四节　加工中心加工实例

【例题 5-2】　图 5-25 所示为座盒零件图，图 5-26 为其立体图。零件材料为 $LY12_{CZ}$。

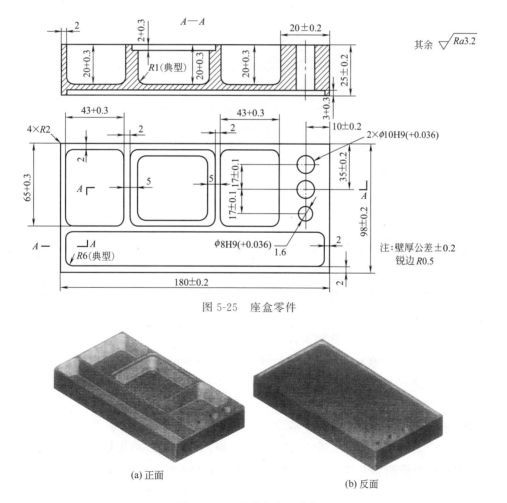

图 5-25　座盒零件

(a) 正面　　　(b) 反面

图 5-26　工艺凸台和工艺孔

1. 工艺分析

从零件图可知，该零件尺寸较小，为 180mm×98mm×25mm。正面有四处大小不同的矩形槽，深度均为 20mm，在右侧有 2 个 ϕ10mm、1 个 ϕ8mm 的通孔，反面是一个 176mm×94mm、深度为 3mm 的矩形槽。该零件形状结构并不复杂，尺寸精度要求也不是很高，但有多处转接圆角，使用的刀具较多，要求保证壁厚均匀、中小批量加工零件的一致性高。零件材料为 LY12$_{CZ}$，切削加工性较好，可以采用高速钢刀具。该零件比较适合采用加工中心加工。

主要的加工内容有平面、四周外形、正面四个矩形槽、反面一个矩形槽以及三个通孔。该零件壁厚只有 2mm，加工时除了保证形状和尺寸要求外，主要控制加工中的变形，因此外形和矩形槽要采用同时分层铣削的方法，并控制每次的切削深度。孔加工采用钻、铰即可达到要求。

2. 工艺路线设计

由于零件的长宽外形上有四处 R2mm 的圆角，最好一次连续铣削出来。同时为方便在正反面加工时零件的定位装夹，并保证正反面的加工内容的位置关系，在毛坯的长度方向两侧设置 30mm 左右的工艺凸台和两个 ϕ8mm 工艺孔，如图 5-27 所示。

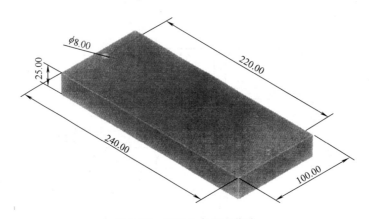

图 5-27　工艺凸台和工艺孔

该零件的主要加工内容可安排在一台或两台加工中心上进行。可采取以下加工方案：

① 下料；

② 铣上下平面，保证厚度尺寸 25mm；

③ 打 2×ϕ8mm 工艺孔；

④ 数控铣反面矩形槽，锐边倒圆；

⑤ 数控铣正面矩形槽、外形，锐边倒圆，钻、铰 ϕ8mm、ϕ10mm 孔；

⑥ 钳工去工艺凸台、毛刺；

⑦ 检验。

3. 加工中心加工的工序设计

在加工中心上加工内容为上述 2. 中④和⑤，即数控铣正反面矩形槽和外形、锐边倒圆及钻孔。为控制零件的加工变形，外形和矩形槽同时在厚度方向进行分层铣削，最后钻、铰孔。有以下内容：

① 以正面和 ϕ8mm 工艺孔定位装夹，铣反面外形和矩形槽、锐边倒圆。如图 5-28 所

示，采用 ϕ10mm、刀尖圆弧半径为 1mm 的立铣刀，外形和矩形槽同时分层铣削，深度为 3mm，然后锐边倒圆。

② 以反面和 ϕ8mm 工艺孔定位装夹，铣正面外形、四处矩形槽，锐边倒圆。如图 5-29 所示，采用 ϕ10mm、刀尖圆弧半径为 1mm 的立铣刀同时分层铣削外形和矩形槽，槽深 20mm，外形深度铣到 21mm，使工件与工艺凸台有 1mm 的材料连接，然后锐边倒圆。

③ 钻、铰 ϕ10mm 和 ϕ8mm 的孔。分别用 ϕ9.8mm、ϕ7.8mm 的钻头和 ϕ10mm、ϕ8mm 的铰刀加工三个孔，如图 5-30 所示。

图 5-28　反面加工　　　　　图 5-29　正面加工　　　　　图 5-30　孔加工

④ 钳工去掉工艺凸台，并修锉毛刺，完成该零件的全部加工。

4. 程序编制

① 程序编制方法。该零件形状、尺寸比较简单，虽然采用手工编程方法也可以解决其加工程序的编制问题，但是为提高效率、保证程序的准确性，采用自动编程方法更恰当。

② 编程坐标系和对刀点。考虑零件在机床工作台上的安装位置，取长度方向为 X 坐标，宽度方向为 Y 坐标，厚度方向为 Z 坐标。由于采用工艺凸台和工艺孔定位装夹，为方便对刀操作，编程坐标系原点和对刀点设在同一点，即工件左侧工艺孔的中心，Z 向零点设在夹具定位面上。

【例题 5-3】　加工图 5-31 所示零件，材料为 45 钢。

1. 工艺分析

该零件要求铣削上表面、四个侧面（高 20mm），钻四个 ϕ10mm 通孔，下面为平口钳装夹部位，不要求加工。其中上表面可采用 ϕ60mm 面铣刀铣削，周边高度 20mm，则采用 ϕ16mm 立铣刀铣削。为了保证孔径和孔距精度，孔加工可分为两步：ϕ3mm 中心钻打引导孔，ϕ10mm 钻头钻通孔。

2. 工艺路线设计

该零件的主要加工工序可安排在一台加工中心上进行，采用平口钳装夹，加工方案如下。

① 备料：备 103mm×103mm×26mm 毛坯。

② 铣上表面：ϕ60mm 面铣刀，刀号设为 T1，上表面以见光为准。

③ 铣周边：ϕ16mm 立铣刀，刀号设为 T2；保证周边尺寸 100mm × 100mm，深 20mm。

④ 打中心孔：ϕ3mm 中心钻，刀号设为 T3。

⑤ 钻孔：ϕ10mm 钻头，刀号设为 T4，钻通孔。

⑥ 钳工：锐边倒角、去毛刺。

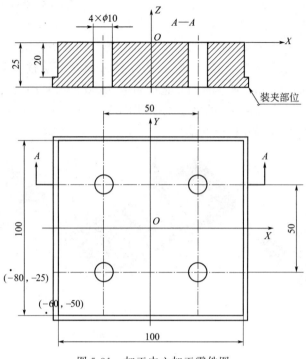

图 5-31 加工中心加工零件图

⑦ 检验。

3. 程序编制

① 程序编制方法。该零件形状比较简单，加工精度要求不高，可采用手工编写程序。

② 确定编程坐标系和对刀点。该零件的编程坐标系原点可设在毛坯上表面的中心，取长度方向为 X 坐标，宽度方向为 Y 坐标，厚度方向为 Z 坐标。采用平口钳装夹定位，为方便对刀操作，编程坐标系原点和对刀点设在同一位置，即毛坯上表面的中心，零件上表面加工余量为 1mm。

③ 编写程序单。以 FANUC 系统为例，编写程序如下：

O0001；	程序文件名
N10 G49 G40；	取消刀具长度、半径补偿
N20 T1 M6；	换 1 号面铣刀
N30 G00 G90 G54 X0 Y0 Z100；	刀具由当前位置快进到安全高度位置 $Z100$
N40 M03 S800；	主轴正转，转速为 $800r/min$
N50 G17 G43 Z10 H1 M08；	1 号刀长度正补偿，开启冷却液
N60 X−80 Y−25；	
N70 Z5；	下刀至毛坯上表面上方 $Z5$ 处
N80 G01 Z−1 F100；	工进至 $Z−1$ 深度，进给速度 $100mm/min$
N90 X80 Y−25；	
N100 X80 Y25；	
N110 X−80 Y25；	
N120 Z5 F300；	抬刀至毛坯上表面上方 $Z5$ 处

N130 G00 X0 Y0 Z100 G49 M05；	快速回到安全位置,取消长度补偿,停主轴
N140 T2 M6；	换2号立铣刀
N150 G43 Z50 H2 M03 S1000；	2号刀长度正补偿,主轴正转,转速为1000r/min
N160 G00 X−60 Y−50 G42 D2 Z50；	刀具半径右补偿,逆铣
N170 G01 Z5 F300；	
N180 Z−21 F100；	周边铣削深度 $Z-21$
N190 X50 Y−50；	
N200 X50 Y50；	
N210 X−50 Y50；	
N220 X−50 Y−60；	
N230 G00 Z100；	
N240 X0 Y0 G40 G49 M05；	回至安全位置,取消半径、长度补偿,停主轴
N250 M6 T3；	换3号刀
N260 G43 H3 Z50 M03 S1000；	3号刀长度补偿,主轴正转,转速为1000r/min
N270 G0 Z10；	
N280 G98 G81 X−25 Y−25 Z−6 R5 F100；	钻中心孔循环,孔深 $Z-6$
N290 X25；	
N300 Y25；	
N310 X−25；	
N320 G80；	取消循环
N330 G00 X0 Y0 Z100 G49 M05；	回至安全位置,取消长度补偿,停主轴
N340 M6 T4；	换4号刀
N350 G43 H4 Z50 M03 S800；	4号刀长度补偿,主轴正转,转速为800r/min
N360 G0 Z10；	
N370 G98 G81 X−25 Y−25 Z−27.5R5 F100；	钻 $\phi10$mm 孔循环,孔深 $Z-27.5$
N380 X25；	
N390 Y25；	
N400 X−25；	
N410 G80；	取消循环
N420 G00 X0 Y0 Z100 G49；	返回安全高度,取消长度补偿
N430 M30；	程序结束

本章小结

　　加工中心是在数控铣床的基础上发展起来的,在单机作业时,其工艺设计与程序编制和数控铣床基本相同。当加工的内容和使用的刀具比较多时,需充分利用加工中心的自动换刀功能,尽量将工序集中,从而提高其加工效率。

　　加工中心的加工工艺范围比较宽,随着其加工对象的复杂性和多样性,所用的刀具、夹具、量具及辅具等也比较多,在编制工艺规程和数控程序时应全面考虑,注意在工艺文件中表达详细和准确。对于稍微复杂零件的程序编制,应尽量采用数控自动编程方法(将在第七章中介绍），以提高编程的效率和准确性。

习题五

5-1　加工中心适合加工何种零件？如何选用加工中心？

5-2　加工中心的工艺特点有哪些？

5-3　加工中心编程与数控铣床编程的主要区别在哪里？

5-4　加工中心所用夹具有哪些？如何选用？

5-5　如图 5-32 所示零件，外径 $\phi140$mm，留有精加工余量 2mm，采用立式铣削加工中心进行精加工，试进行数控工艺分析，利用换刀子程序编制加工中心加工程序。

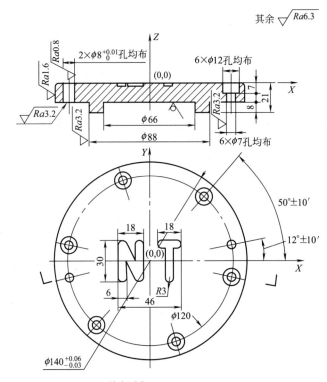

技术要求：

1. 字宽6mm，$R3$圆弧过渡，字深2mm，Ra3.2mm。
2. 锐边倒角 1×45°。
3. 材料：铸铁。

图 5-32　习题 5-5 零件

第六章

数控特种加工技术

第一节　数控电火花成形加工技术

电火花加工又称放电加工或电蚀加工。它是利用在一定介质中，通过工具电极和工件电极之间脉冲放电时的电腐蚀作用对工件进行加工的一种工艺方法。电火花成形加工适用于用传统机械加工方法难以加工的材料或零件，如加工各种高熔点、高强度、高纯度、高韧性材料；可加工特殊及复杂形状的零件，如模具制造中的型孔和型腔的加工。

一、数控电火花成形加工简介

（一）数控电火花成形加工机床的主要组成

电火花成形加工机床按数控程度分为普通（非数控）电火花成形加工机床和数控电火花成形加工机床。与车床、铣床等类似，电火花成形加工机床也有 X、Y、Z 三个坐标轴系统和 A、B、C 三个转动的坐标轴系统，将其设计为数字控制进给和数字伺服进给控制后，即为数控电火花成形机床。和普通电火花成形加工机床相比，数控电火花成形加工机床的加工精度、加工自动化程度、加工工艺的适应性、多样性大为提高，在生产中得到广泛应用。

如图 6-1 所示，数控电火花成形加工机床主要由主机、脉冲电源和机床电气系统、数控系统和工作液循环过滤系统等部分组成。

1. 主机及附件

机床主机由床身、立柱、主轴头、工作台等组成。附件包括用以实现工件和电极的装夹、固定和调整其相对位置的机械装置，电极自动交换装置（ATC 或 AEC）等。

床身和立柱是机床的基础结构，主轴头是数控电火花成形加工机床的关键部件，电极即安装在其上，主轴头通过自动进给调节系统（伺服电动机、滚珠丝杠螺母副等）带动在立柱上做升降移动，改变电极和工件之间的间隙。

工作台是支承和安装工件的，工作液槽装在工作台上，工作台可做纵向和横向进给，分别由直流或交流伺服电动机，经滚珠丝杠驱动，运动轨迹是靠数控系统通过数控程序控制实现的。

可调节工具电极角度的夹头属机床附件。装夹在主轴头下的电极，在加工前需要调节到与工件基准面垂直。在加工型孔或型腔时，还需要在水平面内调节、转动一个角度，使工具

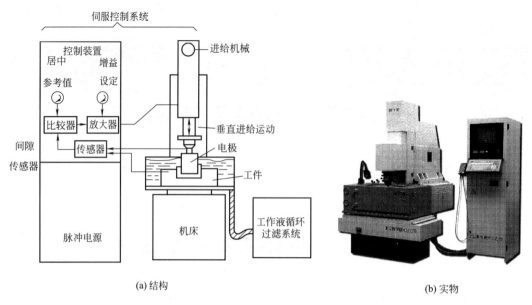

(a) 结构 (b) 实物

图 6-1 数控电火花成形加工机床

电极的截面形状与加工的工件型孔或型腔预定位置一致。

平动头也属机床附件。电火花加工时粗加工的火花间隙比中加工的要大，而中加工的火花间隙比精加工的大。当用一个电极进行加工时，粗加工将工件的大部分余量蚀除掉后，其底面和侧壁四周的表面粗糙度很差，为了将其修光，就得转换规准逐挡进行修整。由于后挡规准的放电间隙比前挡小，对工件底面可以通过主轴进行修光，而四壁就无法进行修光。平动头就是为解决修光侧壁和提高其尺寸精度而设计的。平动头的动作原理是：利用偏心机构将伺服电动机的旋转运动通过平动轨迹保持机构，转化成电极上每一个质点都围绕其原始位置在水平面内的小圆周运动，许多小圆的外包络线就形成加工表面，如图 6-2 所示。运动半径 Δ 通过调节可由零逐步扩大，以补偿粗、中、精加工的火花放电间隙 δ 之差，从而达到修整型腔的目的。每一个质点运动轨迹的半径就称为平动量。

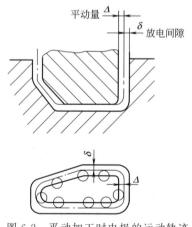

图 6-2 平动加工时电极的运动轨迹

与数控加工中心的自动换刀装置相似，电极自动交换装置具有在多电极加工时自动选择、交换电极的功能。

2. 脉冲电源

脉冲电源的作用是将工频交流电转变成一定频率的定向脉冲电流，提供电火花成形加工所需能量。脉冲电源的性能直接影响电火花成形加工的生产效率、加工稳定性、电极损耗、加工精度和表面粗糙度，因此要求具备高效、低损耗、大面积、小粗糙度表面稳定加工的能力。数控化的脉冲电源与数控系统密切相关，但有其相对的自主性，它一般由微处理器和外围接口、脉冲形成和功率放大部分、加工状态检测和自适应控制装置以及自诊断和保护电路等组成。此外，数控电源与计算机的存储、调用等功能相结合，进行大量工艺试验并进行优化，在设备可靠稳定的条件下可建立工艺数据库（专家系统），提高自动化程度。

3. 数控系统

（1）自动进给调节系统

它的任务是改变、调节主轴头（电极）进给速度，使进给速度接近并等于蚀除速度，以维持一定的"平均"放电间隙，保证电火花加工正常而稳定进行，以获得较好的加工效果。电火花成形加工时，电极装夹于主轴头之上，由主轴头带动沿立柱 Z 向进给。工件与电极之间的放电间隙随粗、精加工所选用电参数的不同而有所变化。而且，电火花加工是个动态过程，工件和电极都有一定的损耗，使得放电间隙渐渐增大，当间隙大到不足以维持放电时，加工便告停止。为了使加工能继续进行，电极必须不断及时地进给，以维持所需放电间隙。当外来的干扰使放电间隙发生变化（如排屑不良造成短路）时，电极的进给也应随之相应变化，以保持最佳放电间隙。

常用自动进给调节系统有电液自动控制和电-机械式自动进给调节两种，数控电火花成形加工机床普遍采用电-机械式自动进给调节系统。

电-机械式自动进给调节系统根据驱动电动机的不同，可分为步进电动机、直流或交流伺服电机驱动的自动调节系统。其中直流或交流伺服电动机自动进给调节系统，近年来在高档数控电火花成形加工机床上得到了广泛应用。

（2）电火花成形加工单轴数控系统

它往往控制 Z 轴，Z 向进给由自动进给调节系统完成。自动进给调节系统一方面始终保持电极和工件间的合理间隙，另一方面沿 Z 向控制主轴头（电极）相对工件进给，所以自动进给调节系统即为 Z 向自动进给系统。

在步进电动机驱动的单轴数控系统中，采用步进电动机为动力源，通过两路数字化信号（无信号为"0"，有信号为"1"）就可控制步进电动机的快慢和正反方向旋转。例如快慢信号"0""1"变化的频率高时，它的转速就高，反之就慢；每给一信号脉冲就转动一步，不给脉冲就静止不转。另一路控制方向的信号为"0"时，电动机就正转；为"1"时，电动机就反转。整个进给系统可以用加减法计数器（累加计算电极相对工件的进给量，电动机正转，电极相对工件进给为加；电动机反转，电极相对工件后退为减）计算、显示进给深度位置。

交、直流伺服电动机驱动的数控系统常采用编码器、光栅、磁尺等传感装置对控制对象（电动机主轴或装有电极的主轴和装有工件的工作台）进行转角、转速或位置的反馈，以实现运动的控制。

采用步进电动机驱动的数控系统为开环系统，电路简单、成本低廉、工作可靠，但转矩和调速性能差，一般只用于中小型电火花成形加工机床。近年随着电子技术、微机技术的发展，各种中高档电火花成形加工机床广泛采用直流伺服电动机和交流伺服电动机驱动的数控系统。

（3）电火花成形加工多轴数控系统

它是对机床的多个坐标轴的移动和转动进行数字控制，使之成为数字控制进给或数控伺服进给。由于具有 X、Y、Z 等多轴控制，电极和工件之间的相对运动就可以复杂，以满足各种复杂型腔和型孔的加工。

图 6-3 为 X、Z、C 多轴联动加工型孔。图 6-3（a）为横向 X 轴伺服进给水平加工圆孔；图 6-3（b）为横向 X 轴和垂直方向 Z 轴联动加工；图 6-3（c）为 Z 向伺服进给，每加工一个长方孔后，C 轴分度转过 $30°$（12 等分），加工圆周均布的多个长方形孔。

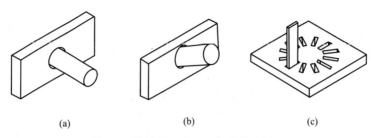

(a) (b) (c)

图 6-3 数控 X、Z、C 多轴联动加工

图 6-4 为电火花三轴数控摇动加工（指工作台在数控系统控制下向外逐步扩弧运动）型腔。图 6-4（a）为摇动加工修光六角型孔侧壁和底面，图 6-4（b）为摇动加工修光半圆柱侧壁和底面，图 6-4（c）为摇动加工修光半圆球柱的侧壁和球头底面，图 6-4（d）为用圆柱形工具电极摇动展成加工出任意角度的内圆锥面。图中箭头线为电极进给和摇动加工轨迹。

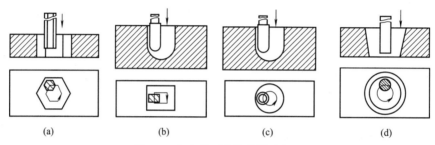

(a) (b) (c) (d)

图 6-4 电火花三轴数控摇动加工

4. 工作液循环过滤系统

工作液在电火花成形加工中的作用是形成火花击穿放电通道，并在放电结束后迅速恢复间隙的绝缘状态；对放电通道起压缩作用，使放电能量集中；在强迫流动过程中，将电蚀产物从放电间隙中带出来，并对电极和工件表面起到冷却作用。电火花成形加工机床所用的工作液主要为油类。粗加工一般选择介电性能和黏度较大的机油，其燃点较高，在大能量加工时着火的可能性较小；而在中、精加工时放电间隙比较小，排屑比较困难，故选用黏度小、流动性和渗透性好的煤油作为工作液。有时，为避免起火，可将煤油与机油混合作为工作液。近年来新开发的水基工作液可使粗加工效率大幅度提高。

工作液循环过滤系统由工作液箱、液压泵、电动机、过滤器、工作液分配器、阀门、油杯等组成。工作液循环过滤系统的作用是强迫一定压力的工作液流经放电间隙将电蚀产物排出，并且对使用过的工作液进行过滤和净化。

工作液循环过滤系统的工作方式有冲油式、抽油式两种，如图 6-5 所示。其中图 6-5（a）、（b）是冲油式，将具有一定压力的干净液流向加工表面，迫使工作液连同电蚀产物从

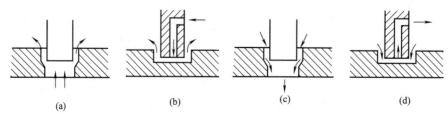

(a) (b) (c) (d)

图 6-5 工作液循环方式

电极四周间隙流出。图 6-5（c）、（d）是抽油式，从待加工表面，将已使用的工作液连同电蚀产物一起抽出。冲油式排屑效果好，但电蚀产物从已加工面流出时易造成二次放电（由于电蚀产物在侧面间隙中滞留引起电极侧面和已加工面之间的放电现象），使型腔四壁形成斜度，影响加工精度。抽油式抽油压力略大于冲油式油压，排屑能力不如冲油式，但可获得较高的精度和较小的表面粗糙度值。

工作液过滤装置常用介质（纸质、硅藻土等）过滤器，其过滤精度一般为 $10\mu m$，微精加工要求 $1\sim2\mu m$。使用时应注意滤芯堵塞程度，及时更换。

（二）数控电火花成形加工的原理

如图 6-1 所示，电火花成形加工的原理是基于工件与工具电极（简称电极）之间脉冲性火花放电时的电腐蚀现象来蚀除多余的金属，以达到零件的加工要求。

电火花成形加工必须具备以下条件：

① 自动进给调节系统保证工件与电极之间经常保持一定距离以形成放电间隙。放电间隙的大小与加工电压、加工介质等因素有关，一般为 $0.01\sim0.1mm$，间隙不能过大或过小。间隙过大，极间电压不能击穿极间介质，无法产生电火花；间隙过小，容易形成短路接触，同样不能产生电火花。

② 加工中工件和电极浸泡在液体介质中，这种液体介质称为工作液。工作液具有一定绝缘性能，且能将电蚀产物从放电间隙中排除出去，并对电极表面进行很好的冷却。

③ 脉冲电源输出单向脉冲电压加在工件和电极上。当电压升高到间隙中工作液的击穿电压时，会使介质在绝缘强度最低处被击穿，产生火花放电，如图 6-6（a）所示。瞬间高温使工件和电极表面都被蚀除掉一小块材料形成小的凹坑，如图 6-6（b）所示。脉冲电源提供的脉冲电流波形如图 6-7 所示。放电延续时间 t_i 称为脉冲宽度，t_i 应小于 10s，以使放电汽化产生的热量来不及从放电点过多传导扩散到其他部位，从而只在极小范围内使金属局部熔化，直至汽化。相邻脉冲之间的间隙时间 t_0 称为脉冲间隔，它使放电介质有足够的时间恢复绝缘状态（称为消电离），以免引起持续电弧放电烧伤工件表面而无法用作尺寸加工。$T=t_i+t_0$，T 称为脉冲周期。

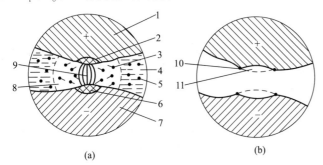
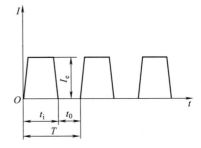

图 6-6　放电间隙状况示意图

1—阳极；2—从阳极上抛出金属的区域；3—熔化的金属微粒；
4—工作液；5—在工作液中凝固的金属微粒；6—在阴极上抛出
金属的区域；7—阴极；8—气泡；9—放电通道；
10—翻边凸起；11—凹坑

图 6-7　脉冲电流波形

t_i—脉冲宽度；t_0—脉冲间隔；
T—脉冲周期；I_e—电流峰值

一次脉冲放电后，在工件和电极表面各形成一个小凹坑，其过程可分为电离、放电、热膨胀、抛出金属和消电离等几个连续的阶段；多次脉冲放电后，工件整个被加工表面形成无数个小放电凹坑。这样，电极的轮廓形状便被复制到工件上，达到加工目的。

（三）数控电火花成形加工的特点与应用

数控电火花成形加工的特点与应用有如下方面：

① 适合于难切削材料的加工。因为材料的蚀除是靠放电的电热作用实现的，可以用软的工具电极加工硬韧的工件，便于加工各种用机械加工方法难以加工或无法加工的材料，如淬火钢、硬质合金钢、耐热合金钢等。另外，它可在淬火后进行，免去了热变形的修正问题；多种型腔可整体加工，避免了常规机械加工方法因需拼装而带来的误差。

② 可加工特殊及复杂形状的零件。由于电极和工件在加工过程中无接触式相对切削运动，两者间的宏观作用力小，故适宜加工低刚度的工件和进行微细加工，如各种小孔、深孔、窄缝零件（尺寸可以是几微米）。另外，由于脉冲放电时间短，加工表面受热影响的范围小，可加工热敏性材料。利用制成的工具电极，可加工各种复杂形状的零件。

③ 直接利用电能、热能进行加工，便于实现加工过程自动控制。

④ 主要加工金属等导电材料，但在一定条件下也可加工半导体和非导体材料。

⑤ 加工效率一般较低，电极存在损耗，加工的最小角部半径受限制。

由于电火花成形加工有其独特的优点，加上电火花加工工艺技术水平的不断提高，数控电火花成形加工机床的普及，其应用领域日益扩大，已在模具制造、机械、航空、电子、仪表、轻工业等部门用来解决各种难加工的材料和复杂形状零件的加工问题。

二、数控电火花成形加工的一般工艺规律

电火花成形加工的主要工艺指标有加工速度、加工精度、加工表面质量和电极损耗等，影响这些工艺指标的因素构成电火花成形加工工艺的基本规律。

（一）影响材料放电腐蚀的主要因素

为提高电火花成形加工的生产效率、降低电极的损耗，必须了解影响材料放电腐蚀的主要因素。

1. 极性效应

在电火花成形加工过程中，工件和电极都要受到不同程度的电腐蚀。实践证明，即使工件和电极材料完全相同，也会因为所接电源的极性不同而有不同的蚀除速度，这一现象称为极性效应。在生产中常把工件接脉冲电源的正极，称为正极性加工或正极性接法；反之，工件接脉冲电源的负极称为负极性加工或负极性接法。

产生极性效应的原因很复杂，其基本原因是：在火花放电过程中，正、负电极表面分别受到负电子和正离子的轰击和瞬时热源的作用，在两极表面所分配到的能量不一样，因而熔化、汽化抛出的电蚀量也不一样。这是因为电子质量小，其惯性也小，在电场力的作用下容易在短时间内获得较大的运动速度，即使采用较短的脉冲进行加工也能大量迅速地到达阳极、轰击阳极表面。而正离子由于质量大，惯性也大，在相同时间内获得的速度远小于电子。当采用短脉冲进行加工时，大部分正离子尚未到达负极表面，脉冲便结束，所以负极的蚀除量小于正极。但是，当用较大的脉冲加工时，正离子可以有足够的时间加速，获得较大的运动速度，并有足够的时间到达负极表面，再加上它的质量大，因而正离子对负极的轰击作用远大于电子对正极的轰击，负极的蚀除量则大于正极。

由上分析可知，脉冲宽度 t_i 是影响极性效应的一个主要原因。在实际加工中，极性效

应还受到电极及工件材料、加工介质、电源种类、单个脉冲能量等多种因素的综合影响。在电火花成形加工中，极性效应越显著越好。要充分利用极性效应，正确选择极性，使工件的蚀除量大于电极的蚀除量，最大限度降低电极损耗。极性的选择主要靠经验或实验确定：当采用短脉冲，如紫铜加工钢 $t_i < 10\mu s$ 时，应选用正极性加工；当采用长脉冲，如紫铜加工钢 $t_i > 80\mu s$ 时，应选用负极性加工。

2. 电参数

电参数即为脉冲电源提供给电火花成形加工的脉冲宽度、脉冲间隙和峰值电流。研究结果表明，在连续的电火花成形加工过程中，工件或工具都存在单个脉冲的蚀除量 q' 与单个脉冲能量 W_M 在一定范围内成正比的关系。某一段时间的总蚀除量 q 约等于这段时间内单个有效脉冲蚀除量的总和，故正、负极的蚀除速度与单个脉冲能量、脉冲频率成正比。用公式表达为

$$q_a = K_a W_M f \phi t \tag{6-1}$$

$$q_c = K_c W_M f \phi t \tag{6-2}$$

$$v_a = q_a/t = K_a W_M f \phi \tag{6-3}$$

$$v_c = q_c/t = K_c W_M f \phi \tag{6-4}$$

式中，q_a、q_c 为工件、电极的总蚀除量；v_a、v_c 为工件、电极的蚀除速度，亦即工件生产效率或工具损耗速度；W_M 为单个脉冲能量；f 为脉冲频率；t 为加工时间；K_a、K_c 为与电极材料、脉冲参数、工作液等有关的工艺系数；ϕ 为有效脉冲利用率（以上符号中，角标 a 表示工件电极，c 表示工具电极）。

单个脉冲放电所释放的能量取决于极间放电电压、放电电流和放电持续时间。

实验表明：火花维持电压与脉冲电压幅值、极间距离以及放电电流等的关系不大，因而可以说，单个脉冲能量正比于平均放电电流和电流脉宽，即

$$W_M = k i_e t_i \tag{6-5}$$

式中，k 为与电极材料及工作液种类有关的系数；i_e 为平均放电电流，A；t_i 为电流脉宽，μs。

由上述讨论知，提高电蚀除量和生产效率的途径在于：提高脉冲频率 f；增加单个脉冲能量 W_M 或者增加单个脉冲平均放电电流 i_e（对矩形波即为峰值电流 I_e）和脉冲宽度 t_i；缩短脉冲间隔 t_0；设法提高系数 K_a、K_c。当然，实际生产时要考虑到这些因素之间的相互制约关系和对其他工艺指标的影响。例如，脉冲间隔时间过短，将产生电弧放电；随着单个脉冲能量增加，加工表面粗糙度值也随之增大等。

3. 金属材料热学常数

金属的热学常数是指材料的熔点、沸点、热导率、比热容、熔化热、汽化热等。

当脉冲放电能量相同时，金属的熔点、沸点、比热容、熔化热、汽化热越高，电蚀量将越少，越难加工；另一方面，热导率越大的金属，由于较多地把瞬时产生的热量传导散失到其他部位，因而降低了本身的蚀除量。

当单个脉冲能量一定时，材料的热学常数和脉冲宽度综合影响电蚀量，脉冲电流峰值 I_e 越小，即脉冲宽度 t_i 越长，散失的热量也越多，从而减小电蚀量。相反，脉冲宽度 t_i 越短，由于热量过于集中而来不及扩散，虽使散失的热量减少，但抛出的金属中汽化部分比例增加，多耗用不少汽化热，电蚀量也会降低。

由此可见，蚀除量与金属的热学常数、脉冲宽度和单个脉冲能量有密切关系。在脉冲能

量一定时，都会有一个使工件电蚀量最大的最佳脉宽，且对于不同材料，其最佳脉宽也不同。一般选择脉冲宽度在其最佳脉宽附近，再加以正确选择极性，可实现"高效低损耗"加工。

此外，影响加工电蚀量的还有工作液、加工过程的稳定性等因素。

（二）影响加工精度的主要因素

影响电火花成形加工精度的工艺因素很多，主要有机床本身的制造精度、工件的装夹精度、电极的制造及装夹精度、电极损耗、放电间隙、加工斜度等，这里主要讨论与电火花成形加工工艺有关的因素。

1. 放电间隙大小及其一致性

电火花成形加工时，工具电极与工件之间存在着一定的放电间隙。如果加工过程中放电间隙保持不变，加工出的工件型孔（或型腔）尺寸和电极尺寸相比，沿加工轮廓相差一个放电间隙（单边间隙），这样可通过修正工具电极的尺寸对放电间隙进行补偿，以获得较高的加工精度。然而放电间隙的大小实际是变化的，影响加工精度。

除了放电间隙能否保持一致外，其大小对加工精度也有影响，尤其是对复杂形状的加工表面，棱角部位电场强度分布不均，间隙越大，影响越严重。如图 6-8 所示，当电极为尖角时，即使不考虑尖角的蚀除，由于放电间隙的等距性，工件上只能加工出以尖角顶点为圆心、放电间隙 δ 为半径的圆弧，放电间隙越大，圆弧半径越大。实际加工中，电极上的尖角本身因尖端放电蚀除的概率大而损耗成圆角。这样，电极的尖角很难精确地复制在工件上。因此，为了减小加工误差和提高仿形精度，应采用较小的加工规准（脉冲电源提供的脉冲宽度、脉冲间隙、电流峰值等一组电参数），缩小放电间隙；另外，还必须使加工过程稳定。精加工的放电间隙一般只有 0.01mm（单面），粗加工时可以达 0.5mm 以上。

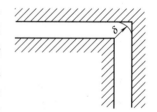

图 6-8　放电间隙等距性
对尖角加工时的影响

2. 电极损耗

电火花成形加工时是将电极的形状和尺寸复制到工件上的，工具电极的损耗对工件尺寸精度和形状精度都有影响。电火花穿孔加工时，电极可以贯穿型孔而补偿电极的损耗，型腔加工时则无法采用这一方法，精密型腔加工时可采用更换电极的方法。

3. 二次放电

二次放电是指已加工表面上由于电蚀产物等的介入而再次引起的一种非正常放电，集中反映在加工深度方向产生斜度和加工棱边棱角变钝等方面，从而影响电火花加工的形状精度。

产生加工斜度的情况如图 6-9 所示，由于电极下端部加工时间长，绝对损耗大；而电极入口处放电间隙则由于电蚀产物的存在，二次放电概率大且扩大，因而产生了加工斜度。应从工艺上采取措施（如采用工作液循环过滤系统抽油式），及时排除电蚀产物，减少二次放电，使加工斜度减小。目前精加工时斜度可控制在 10″ 以下。目前，电火花成形加工的精度可达 0.01～0.05mm。

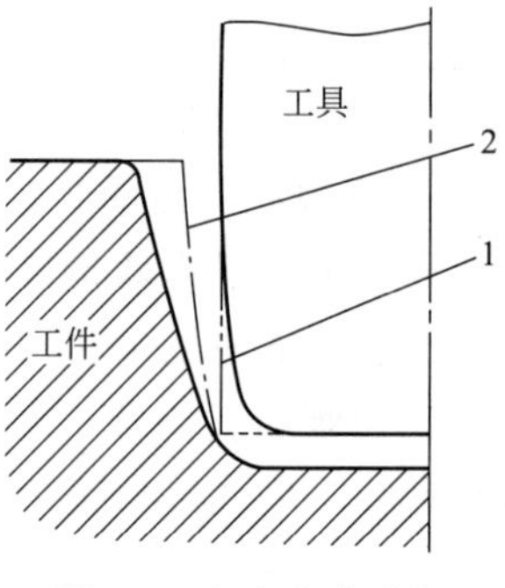

图 6-9　电火花成形加
工时的加工斜度

1—电极无损耗时工具轮廓线；
2—电极有损耗而不考虑二次
放电时的工件轮廓线

（三）影响电火花成形加工表面质量的工艺因素

1. 表面粗糙度

电火花成形加工后的表面，是由脉冲放电时所形成的大量凹坑和硬凸边排列重叠而形成的。在一定的加工条件下，加工表面的粗糙度可用以下经验公式表示：

$$Ra = K_{Ra} t_i^{0.3} I_e^{0.4} \tag{6-6}$$

式中，Ra 为实测的表面粗糙度评定参数，μm；K_{Ra} 为系数（用铜电极加工淬火钢，按负极性加工时 $K_{Ra} = 2.3$）；t_i 为脉冲宽度，μs；I_e 为电流峰值，A。

由上式可以看出，电蚀表面粗糙度的评定参数 Ra 随脉冲宽度和电流峰值增大而增大。在一定的加工条件下，脉冲宽度和电流峰值增大使单个脉冲能量增大，电蚀凹坑的断面尺寸也增大，所以表面粗糙度主要取决于单个脉冲能量。单个脉冲能量越大，表面越粗糙。要使 Ra 减小，必须减小单个脉冲能量，但加工速度要下降许多。

电火花成形加工的表面粗糙度，粗加工一般可达 $Ra = 2.5 \sim 12.5$mm，精加工可达 $Ra = 3.2 \sim 0.8\mu$m，微加工可达 $Ra = 0.8 \sim 0.2\mu$m。加工熔点高的硬质合金等可获得比钢更小的粗糙度。由于电极的相对运动，侧壁粗糙度比底面小。近年来研制的超光脉冲电源已使电火花成形加工的粗糙度达到 $Ra = 0.20 \sim 0.10\mu$m。

2. 表面变质层（电火花加工表层）

经电火花成形加工后的工件表层，由于受瞬时高温作用和工作液的冷却作用，其化学成分和组织结构发生了很大变化，它包括熔化层、凝固层和热影响层，如图 6-10 所示。

凝固层位于工件表面最上层，是工件表层材料在脉冲放电的瞬时高温作用下熔化后未能抛去，在脉冲放电结束后迅速冷却而形成的。凝固而保留下来的金属层的晶粒非常细小，有很强的抗腐蚀能力。

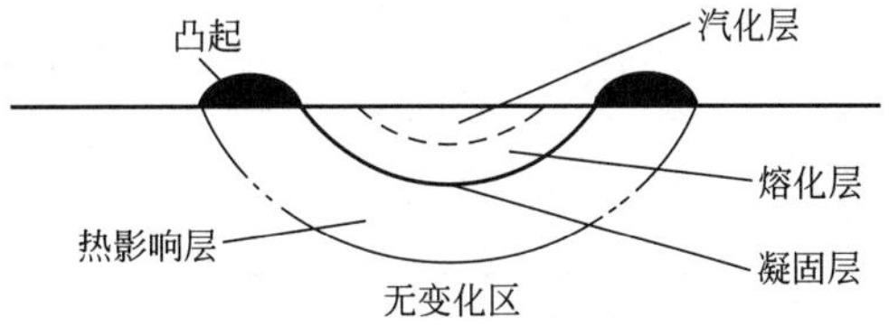

热影响层位于凝固层和工件基体材料之间。该层金属受到放电点的高温影响，使材料的全相组织发生了变化。对未淬火的钢，热影响层主要为淬火层；对淬火钢，热影响层主要为重新淬火层，其厚度较大。

图 6-10　放电凹坑剖面

由于所采用的电参数、冷却条件、工件材料及原来的热处理状况不同，表面变质层的金相组织结构、性能和厚度等是不同的。单个脉冲能量及脉冲宽度越大，表面变质层就越厚；工作液的冷却速度越快，黏度越小，表面变质层也越厚。一般粗、半精加工表面变质层的厚度为 $0.1 \sim 0.5$mm，精加工为 $0.01 \sim 0.05$mm，微细加工小于 0.01mm。

另外，电火花成形加工后工件表面有时会产生显微裂纹（如加工脆硬材料采用大的单个脉冲能量及脉冲宽度时）。工件表面的机械性能也会发生变化（显微硬度及耐磨性提高，残余应力一般为拉应力，耐疲劳性能下降等）。

（四）电极

在电火花成形加工过程中，电极是十分重要的部件，对其工艺影响甚大。

1. 电极损耗

电火花成形加工时，电极和工件一样会受到电腐蚀而损耗。电极的损耗是影响加工精度的一个重要因素。减少电极损耗的措施有：

① 正确选择极性。一般说来，在短脉冲精加工时采用正极性加工，而在长脉冲粗加工时则采用负极性加工。

② 利用吸附效应。采用含碳氢化合物的工作液（如煤油）时，在放电过程中将分解形成带负电荷的炭胶粒。电场力使炭胶粒吸附在正极表面，在一定条件下可形成一定厚度的化学吸附层，称为炭黑膜。如采用负极性加工（电极接正极），炭黑膜会吸附在电极上，对电极有保护和补偿作用，可实现电极"低损耗"加工。此时，一般采用较大的脉冲宽度、合适的脉冲间隔，加工时要控制冲、抽油的压力。

2. 电极材料

根据电火花成形加工原理，可以说任何导电材料都可以制作电极，但在生产中应选择损耗小、加工过程稳定、生产效率高、机械加工性能良好、来源丰富、价格低廉的材料作电极材料。

电极的损耗受电极材料的热学物理常数的综合影响。电极材料的熔点、沸点、比热容、熔化热、汽化热越高，加工时损耗越小，电极材料的热导率越大，能将瞬时热量传导散失到其他部分，损耗越小。

常用电极材料的种类和性能如表 6-1 所示。选择时应根据加工对象、工艺方法、脉冲电源的类型等因素综合考虑。

表 6-1 常用电极材料种类和性能

电极材料	电火花成形加工性能		机械加工性能	说 明
	加工稳定性	电极损耗		
钢	较差	中等	好	在选择电参数时应注意加工的稳定性，可以用凸模作电极
铸铁	一般	中等	好	
石墨	较好	较小	较好	机械强度较差，易崩角。广泛用于型腔加工
黄铜	好	大	较好	电极损耗太大
紫铜	好	较小	较差	磨削困难，用于中小型腔加工
铜钨合金	好	小	较好	价格贵，多用于深孔、直壁孔、硬质合金穿孔
银钨合金	好	小	较好	价格昂贵，用于精密及有特殊要求的加工

3. 电极结构

电极结构可分为整体式电极、组合式电极和镶拼电极等三种。

① 整体式电极。整个电极用一块材料加工而成，如图 6-11 所示。整体式电极是最常用的结构形式。

② 组合式电极。在同一工件上有多个型孔或型腔时，在某些情况下可以把多个电极组合在一起（见图 6-12），一次可同时完成多型孔或型腔的加工。

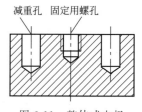

图 6-11 整体式电极

③ 镶拼电极。对形状复杂的电极整体加工有困难时，常将其分成几块，分别加工后再镶拼成整体，这样可节省材料，且便于制造。

在加工过程中，电极的尖角、棱边等凸起部位的电场强度较强，易形成尖端放电，所以这些部位比平坦部位损耗要快。为提高其加工精度，在设计电极时可将其分解为主电极和副电极，先用主电极加工型腔或型孔的主要部分，再用副电极加工尖角、窄缝等部分。

4. 电极长度的确定

电极的长度取决于被加工零件的结构形式、型孔或型腔的复杂程度、加工深度、电极使用次数、装夹形式及电极工艺等一系列因素。

加工凹模型孔时电极长度 L 可按图 6-13 进行计算，即

$$L = Kt + h + l + (0.4 \sim 0.8)(n-1)Kt \tag{6-7}$$

式中，t 为凹模的有效厚度（电火花成形加工的深度），mm；h 为当凹模下部挖空时，电极需要加长的长度，mm；l 为夹持电极而增加的长度（为 $10 \sim 20$mm）；n 为电极的使用次数；K 为与电极材料耗损、型孔复杂程度等因素有关的系数，一般选用经验数据（紫铜为 $2 \sim 2.5$，黄铜为 $3 \sim 3.5$，石墨为 $1.7 \sim 2$，铸铁为 $2.5 \sim 3$，钢为 $3 \sim 3.5$）。当电极材料耗损小、型孔简单、电极轮廓无尖角时，K 取小值；反之取大值。

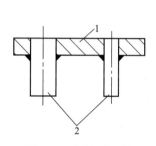

图 6-12　组合式电极

1—固定板；2—电极

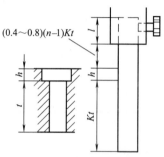

图 6-13　电极长度尺寸

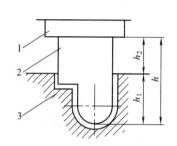

图 6-14　电极垂直方向尺寸

1—电极固定板；2—电极；3—工件

加工型腔时电极长度 h 按图 6-14 进行计算，即

$$h = h_1 + h_2 \tag{6-8}$$

$$h_1 = H_1 + C_1 H_1 + C_2 S - \delta_j \tag{6-9}$$

式中，h 为电极垂直方向的总高度，mm；h_1 为电极垂直方向的有效工作尺寸，mm；h_2 为考虑加工结束时，为避免电极固定板和模板相撞、同一电极能多次使用等因素而增加的高度，一般为 $5 \sim 20$mm；H_1 为型腔垂直方向的尺寸（型腔深度），mm；C_1 为粗规准加工时电极端面相对磨损率，其值小于 1%，$C_1 H_1$ 只适用于未预加工的型腔；C_2 为中、精规准加工时电极端面相对耗损率，其值一般为 $20\% \sim 25\%$；S 为中、精规准加工时端面总进给量，一般为 $0.4 \sim 0.5$mm；δ_j 为最后一挡精规准加工时端面的放电间隙，一般为 $0.02 \sim 0.03$mm，可忽略不计。

三、数控电火花成形加工工艺过程与实例

（一）电火花成形加工工艺参数的选定

1. 电极极性选择

工具电极极性的一般选择原则是：

① 铜电极对钢，或钢电极对钢，选"＋"极性。

② 铜电极对铜，或石墨电极对铜、石墨电极对硬质合金，选"－"极性。

③ 铜电极对硬质合金，"＋"或"－"极性都可以。

④ 石墨电极对钢，加工 R_{max} 为 $15\mu m$ 以下的孔，选"－"极性；加工 R_{max} 为 $15\mu m$ 以上的孔，选"＋"极性。

2. 加工脉冲电流峰值 I_e 和脉冲宽度 t_i 的选择

I_e 和 t_i 主要影响加工表面粗糙度、加工速度。这一对参数的选择，主要根据加工经验和所用机床的电源特性进行选择，如表 6-2 所示。

表 6-2　脉冲电流峰值 I_e 和脉冲宽度 t_i 的选择

参数	类别				
	机床的电源特性		加工时应用选择		
	最小	最大	精加工	半精加工	粗加工
脉冲电流峰值 I_e /A	I_{emin}	I_{emax}	$I_{emin} \sim \frac{1}{6} I_{emax}$，可取偏小值	$\frac{1}{6} I_{emax} \sim \frac{1}{2} I_{emax}$，可取中间值	$\frac{1}{2} I_{emax} \sim I_{emax}$，可取偏大值
脉冲宽度 t_i /μs	t_{imin}	t_{imax}	$t_{imin} \sim \frac{1}{30} t_{imax}$，可取偏小值	$\frac{1}{30} t_{imax} \sim \frac{1}{12} t_{imax}$，可取中间值	$\frac{1}{12} t_{imax} \sim t_{imax}$，可取偏大值

3. 脉冲间隔的选择

脉冲间隔 t_0 主要影响加工效率，但 t_0 太小会引起放电异常，重点考虑排屑情况，以保证正常加工。

（二）提高加工效率的方法

除改善电参数外，提高加工效率还有如下方法。

1. 工件预加工

由于电加工的效率一般比较低，所以在电加工前要对工件进行预加工，留给电加工的余量越小越好，只要能保证加工成形就行。电火花成形加工余量一般对型腔的侧面单边余量为 $0.1\sim0.5mm$，底面余量为 $0.2\sim0.7mm$；对盲孔或台阶型腔，侧面单边余量为 $0.1\sim0.3mm$，底面余量为 $0.1\sim0.5mm$。

2. 蚀出物去除

在加工区的蚀出物要及时去除，以避免二次放电，影响加工质量和正常的放电加工。蚀出物去除的方式有三种：冲油式、抽油式、喷射式。前两种方式已在前面的工作液循环过滤系统介绍过，而喷射式主要用于工件或电极不能开工作液孔时。

（三）加工方式选定

电火花成形加工方式主要有单电极加工、多电极多次加工和摇动加工等，其选择要根据具体情况而定。单电极加工一般用于比较简单的型腔；多电极多次加工的加工时间较长，需电极定位正确，但其工艺参数的选择比较简单；摇动加工用于一些对型腔粗糙度和形状精度要求较高的零件。

图 6-15　纪念币模具加工

（四）加工实例

【例题 6-1】　纪念币模具加工。纪念币尺寸为 $\phi 38$mm，型腔深 1.2mm，如图 6-15 所示。

1. 工艺分析

纪念币的纹路细，要求电极损耗小，另外要求其光泽好。

2. 工艺安排

① 电极：选用电铸电极。

② 电极极性："＋"，即负极性加工。

③ 工件预加工：模板上下面平磨，四边平面用作定位。

④ 电极安装：以 $\phi 9$mm 的铜柄作装夹柄并调整其垂直度，要求倾斜度小于 0.007mm。

⑤ 排屑方法：采用两边喷射，压力为 0.3MPa。

⑥ 加工条件选择：分粗、半精、精和光整等四次加工，其电参数设定如表 6-3 所示。

表 6-3　例题 6-1 的电参数设定

加工阶段	加工条件				
	脉冲电流峰值 I_e /A	脉冲宽度 t_i /μs	脉冲间隔 t_0 /μs	加工深度 /mm	加工条件序号
粗加工	10	90	60	1.0	9958
半精加工	5	32	32	1.1	9959
精加工	2	16	16	1.16	9960
光整加工	1	4	4	1.2	9961

⑦ 加工机床选择：三菱 M25C6G15 型。

⑧ 纪念币模具加工数控程序，如表 6-4 所示。

表 6-4　例题 6-1 数控加工程序

程　序　段	说　明
G26 Z	电极与工件端面定位
G92 X Y Z C	机床各轴设零
G90 F100	绝对值加工，加工速度初设为 100mm/min
M80 M88	充加工液并保持加工液高度
E9958	取出数据库中的第 9958 号加工条件，即粗加工条件
M84	打开加工电源
G01 Z-1.0	加工方向为 Z 向，加工深度 1.0mm
E9959	切换电加工条件，代号为 9959，即半精加工条件
G01 Z-1.1	加工方向为 Z 向，加工深度 1.1mm
E9960	切换电加工条件，代号为 9960，即精加工条件
G01 Z-1.16	加工方向为 Z 向，加工深度 1.16mm
E9961	切换电加工条件，代号为 9961，即光整加工条件
G01 Z-1.2	加工方向为 Z 向，加工深度 1.2mm
M85	关闭加工电源
M25 G01 Z0	机床主轴 Z 回零
M81 M89	放加工液回油箱，取消加工液高度保证功能
M02％	程序结束

第二节 数控电火花线切割加工技术

电火花成形加工模具型孔、型腔，离不开成形电极。当被加工的模具零件精密细小、形状复杂时，不仅电极的制作难度大，而且穿孔加工的效率低。电火花线切割加工能弥补电火花成形加工的不足，不用成形电极就能实现微细加工，而且比电火花成形加工机床操作更方便、效率更高。

一、数控电火花线切割加工简介

（一）数控电火花线切割加工的原理

电火花线切割加工也是通过电极和工件之间脉冲放电时的电腐蚀作用，对工件进行加工的。电火花线切割加工原理与电火花成形加工基本相同，但加工方式不同，电火花线切割加工采用连续移动的细金属丝作电极，如图 6-16 所示。电极丝接脉冲负极，工件接正极。在加工中，一方面电极丝相对工件不断往上（下）移动（慢走丝单向移动，快走丝往复移动），这种移动称走丝运动。另一方面，安装工件的工作台由数控伺服电动机驱动，经 X、Y 轴方向实现切割进给，使电极丝沿加工图形工件轮廓进行切割加工。电极丝的走丝运动可以减少电极损耗，且不被火花放电烧断，同时可将工作液带入加工缝隙，有利于电蚀产物的排除，加工中的电蚀产物由循环流动的工作液带走。

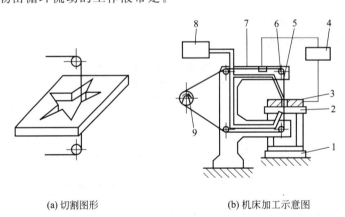

(a) 切割图形　　　　　　(b) 机床加工示意图

图 6-16　电火花线切割加工示意图

1—工作台；2—夹具；3—工件；4—脉冲电源；5—电极丝；6—导轮；7—丝架；8—工作液箱；9—储丝筒

（二）数控电火花线切割加工机床的分类与基本组成

数控电火花线切割加工机床，根据电极丝运动的方式可分成快速走丝数控电火花线切割加工机床和慢速走丝数控电火花线切割加工机床两大类别。

1. 快速走丝线切割加工机床

这种机床采用钼丝（直径 $\phi0.08\sim0.2mm$）或铜丝（$\phi0.3mm$ 左右）作电极。电极丝在储丝筒的带动下通过加工缝隙做往复循环运动，一直使用到断线为止。电极丝走丝速度快，为 $8\sim10m/s$。机床的振动较大，线电极振动也大，导丝导轮的损耗大，加之电极丝往复运行中的放电损耗，都将影响其加工的精度。目前能达到的加工精度为±0.01mm，表面粗糙度为 $Ra=0.63\sim1.25\mu m$（↓），最大切割速度可达到 $50mm^2/min$ 以上，切割厚度最大可达 500mm，可满足一般的加工要求。

2. 慢速走丝线切割加工机床

这种机床的走丝速度一般为 3m/min，最高为 15m/min。可使用紫铜、黄铜、钨、钼等作为电极丝，其直径为 $\phi0.03\sim0.35$mm。电极丝单方向通过加工缝隙，不重复使用，以避免电极丝损耗，影响工件加工精度。加工精度可达±0.001mm，粗糙度可达 $Ra<0.32\mu m$。机床能自动穿电极丝和自动卸除加工废料等，自动化程度高，可实现无人操作加工。

相对慢速走丝数控电火花线切割加工机床而言，快速走丝数控电火花线切割加工机床结构简单，价格低廉，且加工生产效率较高，精度能满足一般要求，目前在我国生产、使用较为广泛。

3. 数控电火花线切割加工机床的组成

它主要由机械装置、脉冲电源、工作液供给装置、数控装置和编程装置等组成。

（1）机械装置

它主要由床身、坐标工作台、电极丝驱动装置、工作液箱、附件和夹具等几部分组成。这里仅介绍其中两部分。

① 坐标工作台。可以有 X、Y 向移动工作台和 U、V 向移动工作台，如图 6-17 所示。X、Y 向移动工作台是安装工件、相对线电极进行进给的部分，分别由两台驱动电动机（直流或交流电动机或步进电动机）驱动，通过滚珠丝杠螺母副传动，驱动 X 向拖板（中拖板）和 Y 向拖板（上拖板）带动工作台移动。

快速走丝线切割加工机床基本上采用步进电动机的开环驱动方式；而慢速走丝线切割加工机床一般采用直流或交流电动机的半闭环和闭环驱动方式，而且具有螺距误差和齿隙的补偿，能完成高精度的加工。

U、V 向移动工作台，是具有锥度加工功能的电火花线切割加工机床的一个组成部分，通常放在上导向器部位。在进行锥度切割时，驱动 U、V 向移动工作台使上导轮相对 X、Y 向工作台进行平移，使线电极在所要求的锥度位置上进行移动，这样形成四轴同时控制，其最大倾斜角度达 5°，甚至达到 30°。实现锥度加工的另一种方法是采用偏移式丝架，主要用在快速走丝上，其加工的锥度较小。

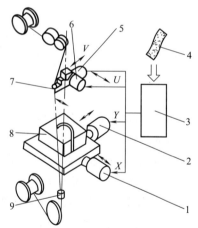

图 6-17 四轴同时控制

1—X 轴伺服电动机；2—Y 轴伺服电动机；3—数控柜；4—穿孔纸带；5—V 轴伺服电动机；6—U 轴伺服电动机；7—上导向器；8—工件；9—下导向器

② 电极丝驱动装置。它又称为走丝系统。快速走丝线切割加工机床电极丝驱动装置，如图 6-16 所示。电极丝经丝架，由导轮（其附近常有导向器）定位，穿过工件，再经导轮返回到储丝筒，被整齐地绕在储丝筒上，储丝筒在电动机带动下带动电极丝实现往复走丝运动。

慢速走丝线切割加工机床电极丝驱动装置在结构和走丝运动方面有所不同。电极丝由供丝卷筒提供，做单向运动，经过加工区后，被绕在废丝轮上，不再使用。

（2）脉冲电源

它是数控电火花线切割加工机床的最重要组成部分之一，与数控电火花成形加工所用的脉冲电源在原理上相同，但受加工表面粗糙度和电极丝允许承载电流的限制，线切割加工脉冲电源的脉冲宽度 t_i 较窄（$2\sim60\mu s$），单个脉冲能 W_M、平均电流 i_e（$1\sim5A$）一般较小，所以它总是采用正极性加工。为提高加工速度，可选择较高的脉冲频率 f。脉冲电源的形式很多，如晶体管矩形波脉冲电源、高频分组脉冲电源、并联电容型脉冲电源和低损耗电源等。

（3）工作液供给装置

工作液供给装置的作用、组成与电火花成形加工中工作液循环过滤系统相同。

（三）数控电火花线切割加工的特点与应用范围

1. 数控电火花线切割加工的特点

与电火花成形加工相比较，数控电火花线切割加工也有适用于加工难切削材料、特殊及复杂形状的零件，直接利用电热能进行加工等特点，但也有如下不同的方面：

① 它是以很细的金属丝为工具电极，可加工微细异形孔、窄缝和复杂形状的工件。

② 不需要制造特定形状的电极，大大降低了工具电极的设计和制造费用，缩短了生产准备时间，加工周期短，这对新产品的试制是很有意义的。

③ 由于采用移动的长电极丝（快速走丝时）或一次性电极丝（慢速走丝时）进行加工，使单位长度电极丝的损耗较少，从而对加工精度的影响小。

④ 轮廓加工所需加工的余量小，能有效地节约贵重的材料。

⑤ 采用乳化液或去离子水的工作液，不易引燃起火，可实现安全无人运转。

图 6-18　线切割加工的典型零件

⑥ 依靠数控系统的线径偏移补偿功能，使冲模加工的凹凸模间隙可以任意调节。

⑦ 利用四轴联动，可加工上下面异形体、形状扭曲曲面体、变锥度和球形体等零件。

2. 数控电火花线切割加工的应用范围

线切割加工在新产品试制、精密零件加工及模具制造中应用广泛，具体有以下方面。

① 加工模具。适用于加工各种形状的冲模。在冲模中，凸模固定板、凹模及卸料板的型孔与相对应的凸模外轮廓形状相似，用线切割加工时通过调整不同的间隙补偿量，只需一次编程即可。此外，还可以加工挤压模、粉末冶金模、弯曲模、塑压模等通常带锥度的模具。

② 能加工电火花成形加工用的电极，而且比较经济。

③ 加工零件。在试制新产品时，用线切割在坯料上直接割出零件，例如切割特殊微电机硅钢片定转子铁芯。由于不需另行设计制造模具，可大大缩短制造周期，降低成本。在零件制造方面，可用于加工品种多、数量少的零件，特殊难加工材料的零件，材料试验样件，各种型孔、凸轮、样板、成形刀具，同时还可以进行微细加工、异形槽和标准缺陷的加工等。线切割加工的典型零件如图 6-18 所示。

二、数控电火花线切割加工的工艺与工装

电火花线切割加工，一般是作为工件加工中最后工序。要达到加工零件的加工要求，应合理控制线切割加工的各种工艺因素，同时配合选择合适工装。

1. 工艺分析

首先对零件图进行分析以明确加工要求。其次是确定工艺基准，采用什么方法定位。在确定工艺基准时，除了遵循基准选择原则外，还应从数控电火花线切割加工的特点出发，选择某些工艺基准作为电极丝的定位基准，用来将电极丝调整到相对于工件的正确位置。对于以底平面作主要定位基准的工件，当其上具有相互垂直且垂直于底平面的相邻侧面时，应选择这两个侧面作为电极丝的定位基准。

2. 切割路线的确定

在加工中，工件内部残余应力的相对平衡受到破坏后，会引起工件的变形，所以在选择切割路线时，必须注意以下方面：

① 应将工件与其夹持部分的分割部分安排在切割路线的末端。如图 6-19（a）所示，先切割靠近夹持的部分，使主要连接部位被割离，余下材料与夹持部分连接较少，工件刚性下降，易变形而影响加工精度。图 6-19（b）所示的切割路线才是正确的。

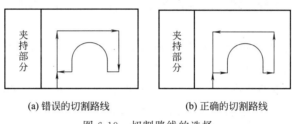

(a) 错误的切割路线　　　　(b) 正确的切割路线

图 6-19　切割路线的选择

② 切割路线应从坯件预制的穿丝孔开始，由外向内顺序切割。图 6-20（a）采用从工件端面开始由内向外切割的方案，变形最大，不可取。图 6-20（b）是采用从工件端面开始，但路线由外向内的切割方案，比图 6-20（a）方案安排合理些，但仍有变形。图 6-20（c）的切割起点取在坯件预制的穿丝孔中，且由外向内，变形最小，是最好的方案。

③ 二次切割法。切割孔类零件，为减小变形，采用两次切割，如图 6-21 所示。第一次粗加工型孔，周边留 0.1～0.5mm 余量，以补偿材料原来的应力平衡状态受到的破坏；第二次切割为精加工，这样可以达到较满意的效果。

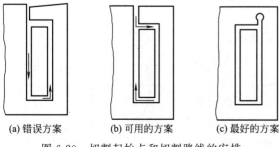

(a) 错误方案　　　(b) 可用的方案　　　(c) 最好的方案

图 6-20　切割起始点和切割路线的安排

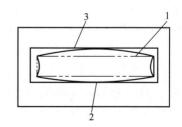

图 6-21　二次切割法图例

1—第一次切割路线；2—第一次切割后
的实际图形；3—第二次切割的图形

④ 在一块毛坯上要切出两个以上零件时，不应连续一次切割出来，而应从该毛坯的不同预制穿丝孔开始加工，如图 6-22 所示。

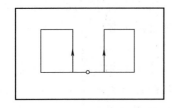 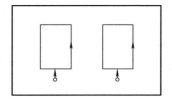

(a) 错误方案,从同一个穿丝孔开始加工   (b) 正确的方案,从不同穿丝孔开始加工

图 6-22   在一块毛坯上要切出两个以上零件的加工路线

⑤ 加工的路线，距离端面（侧面）应大于 5mm。

3. 电极丝初始位置的确定

线切割加工前，应将电极丝调整到切割的起始位置上，可通过对穿丝孔来实现。穿丝孔位置的确定，有如下原则：

① 当切割凸模需要设置穿丝孔时，其位置可选在加工轨迹的拐角附近，以简化编程。

② 切割凹模等零件的内表面时，将穿丝孔设置在工件对称中心上，对编程计算和电极丝定位都较方便。但切入行程较长，不适合大型工件，此时应将穿丝孔设置在靠近加工轨迹边角处或选在已知坐标点上。

③ 在一块毛坯上要切出两个以上零件或加工大型工件时，应沿加工轨迹设置多个穿丝孔，以便发生断丝时能就近重新穿丝，切入断丝点。

确定电极丝相对工件的基准面、基准线或基准孔的坐标位置的方法有以下几种。

（1）目测法。直接目测或借助 2～8 倍的放大镜来进行观测，以确定电极丝与工件有关基准面的相对位置。具体方法是利用穿丝孔处划出的十字基准线，分别沿划线方向观察电极丝与基准线的相对位置，根据两者的偏离情况移动工作台。当电极丝中心分别与纵横方向基准线重合时，工作台纵、横方向上的读数就确定了电极丝中心的位置。目测法用于对加工要求较低的工件。

（2）火花法。移动工作台使工件的基准面逐渐靠近电极丝，在出现火花的瞬时，记下工作台的相应坐标值，再根据放电间隙推算电极丝中心的坐标。此法简单易行，但往往因电极丝靠近基准面时产生的放电间隙，与正常切割条件下的放电间隙不完全相同而产生误差。

（3）电阻法   利用电极丝与工件基面之间，由绝缘到短路接触的瞬间前后电阻突变的特点，来确定电极丝相对于工件基准的坐标位置。此法用于加工要求较高的零件。

（4）自动找中心   所谓自动找中心，就是让电极丝在工件孔的中心自定位。其原理如图 6-23 所示，设 P 为电极丝在工件孔中的起始位置，先向右沿 X 坐标进给，当与孔的圆周在 A 点接触后，立即反向进给并开始计数，直至和孔周边的另一点 B 点接触时，再反向进给二分之一距离，移动至 AB 间的中心位置 C，然后再沿上沿 Y 坐标进给，重复上述过程，最后自动在穿丝孔中心 O 点停止。数控电火花线切割加工机床一般具有此项功能。

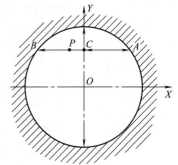

图 6-23   电极丝自动找中心原理

4. 加工条件的选择

数控电火花线切割的加工条件随工件材质、板厚、电极丝和加工要求的不同而不同。按照加工要求，使这些条件设定在稳定加工、不产生短路、不断丝的情况下，以获得较高的切割速度。

（1）电参数的选择

线切割加工一般采用晶体管高频脉冲电源，用单个脉冲能量小、脉宽窄、频率高的电参数进行正极性加工。可改变的电参数主要有脉冲宽度、电流峰值、脉冲间隔、空载电压、放电电流等。要获得较好的表面粗糙度，所选用电参数也小；若要求获得较高的切割速度，脉冲参数要大些，但加工电流的增大受到电极丝截面的限制，过大的电流将引起断丝；加工大厚度工件时，为了帮助排屑和工作液进入加工区，宜选用较高的脉冲电压、较大的脉冲宽度和电流峰值，以增大放电间隙。快速走丝线切割加工电参数的选择如表 6-5 所示。

表 6-5　快速走丝线切割加工电参数的选择

应　　用	脉冲宽度 t_i /μs	电流峰值 I_e /A	脉冲间隔 t_0 /μs	空载电压 /V
快速切割或加工大厚度工件 $Ra>2.5\mu m$	20～40	大于 12	为实现稳定加工，一般选择 $t_0/t_i=3\sim4$ 以上	一般为 70～90
半精加工 $Ra=1.25\sim2.5\mu m$	6～20	6～12		
精加工 $Ra<2.5\mu m$	2～6	4.8 以下		

（2）工作液的选配

工作液对切割速度、表面粗糙度、加工精度等都有较大影响。电火花线切割所使用的工作液，在慢速走丝线切割加工机床上大多采用去离子水（纯水），其电导率控制在 $4\times10^4\sim10^6\Omega\cdot cm$，只有在特殊情况下才采用绝缘性能较好的煤油；高速走丝时常用专用乳化液。常用工作液主要有乳化液和去离子水。

（3）电极丝选择

电极丝应具有良好的导电性和抗电蚀性，抗拉强度高，材质均匀。常用电极丝有钼丝、钨丝、黄铜丝等。黄铜丝直径在 $\phi0.1\sim0.3mm$ 范围内，一般用于慢速导向走丝加工。快速走丝机床大都选用钼丝作电极丝，直径在 $\phi0.08\sim0.2mm$ 范围内。

电极丝直径的选择应根据切缝宽窄、工件厚度和拐角尺寸大小来选择。若加工带尖角、窄缝的小型零件，宜选用较细的电极丝；若加工大厚度的工件或大电流切割，应选较粗的电极丝。

（4）工件装夹及常用夹具

常用的工件装夹方式如下：

① 悬臂支撑方式装夹。如图 6-24 所示，这种装夹方式通用性强，装夹方便。但由于一端悬伸，易出现切割表面与工件上下平面间垂直度误差，用于工件加工要求不高或悬臂较短的情况。

② 两端支撑方式装夹。如图 6-25 所示，这种方式装夹方便、稳定、定位精度高，但不适用于装夹较小的零件。

③ 桥式支撑方式装夹。如图 6-26 所示，这种支撑装夹方式是在双端夹具体下垫上两个支撑垫铁。这种方式的特点是通用性强，装夹方便，对大、中、小工件装夹都比较方便。

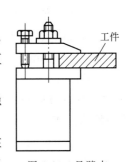

图 6-24　悬臂支撑方式装夹

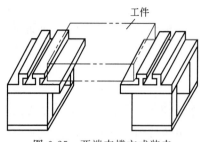

图 6-25 两端支撑方式装夹

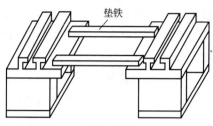

图 6-26 桥式支撑方式装夹

④ 板式支撑方式装夹。如图 6-27 所示，根据常用的工件形状和尺寸采用有通孔的支撑板装夹工件。这种方式精度高，但通用性差。

⑤ 复式支撑方式装夹。它是在桥式夹具上装上专用夹具组合而成的，装夹方便，适用于成批零件加工。

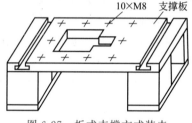

图 6-27 板式支撑方式装夹

三、数控电火花线切割加工机床编程

与数控车、铣加工控制原理相同，数控电火花线切割时，也是通过数控装置不断对工件轮廓进行插补运算，并向机床驱动工作台的伺服驱动装置（如步进电动机）发出相互协调的进给脉冲，使工作台（工件）按指定的路线运动，自动完成切削加工。在加工之前，必须对被加工工件进行程序编制，即把被加工零件的切割顺序、切割方向及有关尺寸等几何和工艺信息，按一定格式记录在机床所需要的输入介质（如穿孔纸带）上，最后输入给机床的数控装置。

数控电火花线切割加工机床所用的程序格式有 3B、4B、ISO 等。近年来所生产的数控电火花线切割加工机床使用的是计算机数控系统，采用 ISO 格式；而早期的机床常采用 3B、4B 格式。

（一）3B 格式程序编制

3B 程序格式是我国电火花切割加工机床的一种常用编程格式（见表 1-4），各符号含义如下：

① 分隔符 B 用来区分、隔离 X、Y 和 J 等数码，B 后的数字如为 0，则此 0 可以不写。

② 坐标值 X、Y 为直线终点或圆弧起点坐标的绝对值，单位为 μm。可以使用相对坐标编程，直线终点的坐标值是以直线的起点为原点的坐标值，圆弧起点坐标值是以圆弧的圆心为原点的坐标值。当 X 或 Y 为零时，X、Y 值均可不写，但分隔符 B 必须保留。

③ 计数长度 J 是指加工轨迹（如直线、圆弧）在规定的坐标轴上（计数方向上）投影的总和，亦以 μm 为单位，一般机床计数长度 J 应补足 6 位，例如计数长度 J 为 $1120\mu m$，应写 001120。

④ 计数方向 G 是计数时选择作为投影轴的坐标轴方向。选取 X 方向进给总长度进行计数的称为计 X，用 G_X 表示；选取 Y 方向进给总长度进行计数的称为计 Y，用 G_Y 表示；工作台在相应方向每走 $1\mu m$，计数减 1，当减到计数长度 J＝0 时，该段程序即加工完毕。

a. 加工直线段的计数方向，取直线段终点坐标（X_e，Y_e）绝对值，选取绝对值较大的坐标轴为计数方向，当坐标绝对值相等时，计数方向可任选 G_X 或 G_Y，即

$$|X_e| > |Y_e| \text{时，取} G_X$$
$$|Y_e| > |X_e| \text{时，取} G_Y$$
$$|X_e| = |Y_e| \text{时，取} G_X \text{或} G_Y \text{均可}$$

b. 加工圆弧时的计数方向，根据圆弧终点坐标（X_e，Y_e）绝对值选取，选取绝对值较小的坐标轴为计数方向，当坐标绝对值相等时，计数方向可任选 G_X 或 G_Y，即

$$|X_e| > |Y_e| \text{时，取} G_Y$$
$$|Y_e| > |X_e| \text{时，取} G_X$$
$$|X_e| = |Y_e| \text{时，取} G_X \text{或} G_Y \text{均可}$$

⑤ 加工指令 Z 是用来确定轨迹的形状、起点或终点所在象限和加工方向等信息的，如图 6-28 所示。

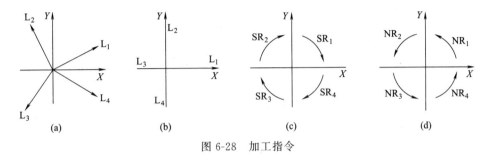

图 6-28　加工指令

加工斜线（位于四个象限中的直线段）的加工指令分别用 L_1、L_2、L_3、L_4 表示，如图 6-28（a）所示。加工与坐标轴相重合的直线，根据进给方向，其加工指令可按图 6-28（b）选取。

加工圆弧时，若被加工圆弧的起点在坐标系的四个象限中，并按顺时针插补［见图 6-28（c）］，加工指令分别用 SR_1、SR_2、SR_3、SR_4 表示；按逆时针插补时，分别用 NR_1、NR_2、NR_3、NR_4 表示，如图 6-28（d）所示。若加工起点刚好在坐标轴上，其指令应选圆弧跨越的象限。

【例题 6-2】　加工图 6-29（a）所示斜线 $\overline{OA}$，终点 A 的坐标为（8，19），写出加工程序。

加工程序为：

B8000B19000B019000$G_Y L_1$

【例题 6-3】　加工图 6-29（b）所示圆弧，加工起点 A（-2，9），终点为 B（9，-2），试编制其加工程序。

圆弧半径为

$$R = \sqrt{2000^2 + 9000^2} = 9220 \ (\mu m)$$

计数长度为

$$J_{Y_{AC}} = 9000 \mu m, \ J_{Y_{CD}} = 9220 \mu m$$
$$J_{Y_{DB}} = R - 2000 = 7220 \ (\mu m)$$

则有

$$J_Y = J_{Y_{AC}} + J_{Y_{CD}} + J_{Y_{DB}} = 9000 + 9220 + 7220 = 25440 \ (\mu m)$$

编制的加工程序为：

B2000B9000B025440 $G_Y NR_2$

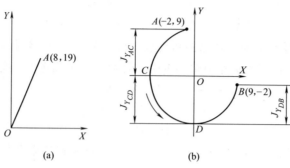

图 6-29 加工直线和半圆弧

3B 格式的数控系统没有间隙补偿功能，确定切割路线时，必须先根据工件轮廓划出电极丝中心线轨迹，再按电极丝中心线轨迹编程，如图 6-30 所示。图中实线表示内表面（如凹模）和外表面（如凸模）的轮廓，双点画线表示电极丝中心线轨迹。两者相差一垂直距离间隙补偿值 $\Delta R = r + \delta$（r 为电极丝半径，δ 为放电间隙）。

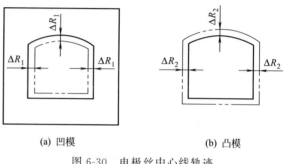

(a) 凹模　　　　　(b) 凸模

图 6-30 电极丝中心线轨迹

（二）4B 格式程序编制

4B 格式是在 3B 格式的基础上发展起来的。与 3B 格式数控系统相比，4B 格式数控系统带有间隙自动补偿功能，加工时直接按工件轮廓编程，数控系统使电极丝相对工件轮廓自动实现间隙补偿。4B 程序格式如表 6-6 所示。

表 6-6 4B 程序格式

B	X	B	Y	B	J	B	R	G	D 或 DD	Z
分隔符号	X 坐标值	分隔符号	Y 坐标值	分隔符号	记数长度	分隔符号	圆弧半径	记数方向	曲线形式	加工指令

与 3B 格式相比，4B 格式增加了 R 和 D 或 DD 两项功能。

1. 圆弧半径 R

R 通常为圆形尺寸已知的圆弧半径，因 4D 格式不能处理尖角的自动间隙补偿，若加工图形出现尖角时，取圆弧半径 R 大于间隙补偿量 ΔR 的圆弧过渡。

2. 曲线形式 D 或 DD

D 表示凸圆弧，DD 表示凹圆弧。加工外表面时，当调整补偿间隙后使圆弧半径增大的称为凸圆弧，用 D 表示；反之使圆弧半径减小的称为凹圆弧，用 DD 表示。加工内表面时，调整补偿间隙后使圆弧半径增大的称为凹圆弧，用 DD 表示；反之为凸圆弧，用 D 表示。

（三）ISO 代码数控程序编制

ISO 代码为国际标准化机构制定的用于数控的一种标准代码，与数控车、数控铣 ISO 代码一致，采用八单位补编码。

1. 程序格式

一个完整的加工程序由程序名、若干个程序段和程序结束指令组成。程序名由文件名和扩展名组成。文件名可用字母和数字表示，最多可用 8 个字符；扩展名最多用 3 个字母表示。每一程序段由若干个字组成，它们分别为顺序号（字）、准备功能（字）、尺寸（字）、辅助功能（字）和回车符等，其格式如下：

N＿＿＿ G＿＿＿ X＿＿＿ Y＿＿＿ M

这种程序段格式为可变程序段格式，即程序段中每个字的长度和顺序不固定，各个程序段的长度和字个数可变。代码编程移动坐标值单位为 μm。

2. ISO 代码及编程

表 6-7 所示为我国快速走丝数控电火花线切割加工机床常用的 ISO 代码，与国际上使用的标准代码基本一致，但也存在不同之处。因此，在使用中应仔细阅读数控系统的编程说明书。

表 6-7　数控电火花线切割加工机床常用 ISO 指令代码

代码	功　能	代码	功　能
G05	X 轴镜像	G55	加工坐标系 2
G06	Y 轴镜像	G56	加工坐标系 3
G07	X、Y 轴交换	G57	加工坐标系 4
G08	X 轴镜像，Y 轴镜像	G58	加工坐标系 5
G09	X 轴镜像，X、Y 轴交换	G59	加工坐标系 6
G10	Y 轴镜像，X、Y 轴交换	G80	接触感知
G11	X 轴镜像，Y 轴镜像，X、Y 轴交换	G82	半程移动
G12	取消镜像	G84	微弱放电找正
G40	取消间隙补偿	M00	程序暂停
G41	左偏间隙补偿，D 偏移量	M05	接触感知解除
G42	右偏间隙补偿，D 偏移量	M96	主程序调用文件程序
G50	取消锥度	M97	主程序调用文件结束
G51	锥度左偏，A 角度值	W	下导轮到工作台面高度
G52	锥度右偏，A 角度值	H	工件厚度
G54	加工坐标系 1	S	工作台面到上导轮高度

一些与数控车、铣编程指令有所不同的指令。

（1）G50～G52 锥度加工指令

目前一些数控电火花线切割加工机床上，锥度加工是通过装在上导轮部分的 U、V 附加轴工作台实现的。加工时，控制系统驱动 U、V 附加轴工作台，使上导轮相对于 X、Y 坐标轴工作台平移，以获得所需锥角。此方法可加工带锥度工件，例如模具中的凹模漏料孔加工，如图 6-31 所示。

G51——锥度左偏指令；G52——锥度右偏指令；G50——取消锥度指令。

沿加工轨迹方向观察，电极丝上端在底平面加工轨迹的左边即为 G51，电极丝上端在底平面加工轨迹的右边即为 G52。顺时针方向走丝时，锥度左偏加工出工件上大下小，右偏加工出工件上小下大；逆时针方向走丝时，锥度左偏加工出工件上小下大，右偏加工出工件上大下小。加工时根据工件要求，选择恰当的走丝方向及左右偏指令。

程序段格式为：

G51　A ___

G52　A ___

G50（单列一段）

其中，A 表示角度值，一般轴联动机床的切割锥度可达±6°/50mm。

在进行锥度加工时，还需输入工件及工作台参数，如图 6-31 所示。图中，W 为下导轮中心到工作台的距离，mm；H 为工件厚度，mm；S 为工件台面到上导轮中心的高度，mm。

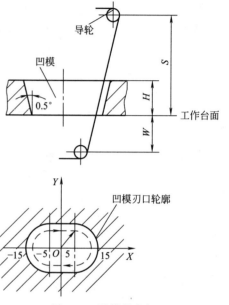

【例题 6-4】 编制图 6-31 所示凹模的数控电火花线切割程序。已知电极丝直径 0.12mm，单边放电间隙为 0.01mm，刃口斜度 $A=0.5°$，工件厚度 $H=15$mm，下导轮中心到工作台面的距离 $W=60$mm，工作台面到上导轮中心的高度 $S=100$mm。

计算偏移量为

$$D = \frac{0.12}{2} + \delta = 0.06 + 0.01 = 0.07 \text{（mm）}$$

编写的数控加工程序如表 6-8 所示。

图 6-31　凹模锥度加工

表 6-8　例题 6-4 的数控加工程序

程 序 段	说 明
P01	程序名为 P01
W60000	下导轮中心到工作台的距离 $W=60$mm 设定
H15000	工件厚度 $H=15$mm 设定
S100000	工件台面上导轮中心高度 $S=100$mm 设定
G51 A0.5	锥度左偏，刃口斜度 $A=0.5°$
G42 D70	右偏间隙补偿，D 偏移量为 0.07mm
G01 X5000 Y10000	从 O 点直线工进到(5,10)点
G02 X5000 Y－10000 I0 J－10000	顺圆工进到(5,－10)，I，J 为圆心相对于起点
G01 X－5000 Y－10000	直线工进到(－5,－10)点
G02 X－5000 Y10000 I0 J10000	顺圆工进到(－5,10)
G01 X5000 Y10000	直线工进到(5,10)点
G50	取消锥度
G40	取消间隙补偿
G01 X0 Y0	回到起始点 O 点
M02	程序结束

（2）G54～G59 指令

当工件上有多个型孔需加工时，为使尺寸计算简单，可将每个型孔上便于编程的某一点设为其加工坐标系原点，建立其自有的加工坐标系。

程序段格式为：

G54（单列一段）

其余五个加工坐标系设定指令的格式与 G54 相同。

（3）G80、G82、G84 手动操作指令

它们的具体格式如下：

G80——接触感知指令，可使电极丝从现行位置接触工件，然后停止。

G82——半程移动指令，使加工位置沿指定坐标轴返回一半的距离（当前坐标系中坐标值一半的位置）。

G84——校正电极丝指令，能通过微弱放电校正电极丝与工作台的垂直度，在加工前一般要先进行校正。

（4）系统的辅助功能指令 M

M00——程序暂停，按回车键才能执行下面程序，电极丝在加工中进行装拆前后应用。

M02——程序结束，系统复位。

M05——接触感知解除。

M96——程序调用（子程序），程序段格式：M96 子程序名（子程序名后加"."）。

M97——子程序调用结束。

（四）程序编制步骤

① 根据相应的装夹情况和切割方向，确定相应的计算坐标系。为了简化计算，尽量选取图形的对称轴线为坐标轴。

② 按选定的电极丝半径 r、放电间隙 δ，计算电极丝中心相对工件轮廓的偏移量 D。

③ 采用 3B 格式编程，将电极丝中心轨迹分割成平滑的直线和单一的圆弧，计算出各段轨迹交点的坐标值；采用 4B 或 ISO 格式编程，将需切割的工件轮廓分割成平滑的直线和单一的圆弧，按轮廓平均尺寸计算出各线段交点的坐标值。

④ 根据电极丝中心轨迹（或轮廓）各交点坐标值及各线段的加工顺序，逐段编制程序。

⑤ 编好的程序一般要经过检验才能用于正式加工。机床数控系统一般都提供程序检验的方法，常见的方法有画图检验和空运行等。

四、数控电火花线切割加工实例

【例题 6-5】 　编制图 6-32 所示凸凹模的线切割加工程序。已知电极丝直径为 0.1mm，单边放电间隙为 0.01mm。图中双点画线为坯料外轮廓。

1. 工艺处理及计算

① 工件装夹。采用两端支撑方式装夹工件，如图 6-33 所示。

② 选择穿丝孔及电极丝切入的位置。切割型孔时，在型孔中心处钻中心孔；切割外轮廓时，电极丝由坯件外部切入。

③ 确定切割线路。切割线路如图 6-33 所示，箭头线所示为切割线路。先切割型孔，后切割外轮廓。

④ 计算平均尺寸。平均尺寸如图 6-34 所示。

⑤ 确定计算坐标系。为简单起见，直接选型孔的圆心作为坐标系原点，建立坐标系，

如图 6-34 所示。

⑥ 确定偏移量。偏移量为

$$D = r + X = \frac{0.1}{2} + 0.01 = 0.06 \text{ (mm)}$$

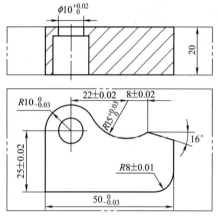

图 6-32　凸凹模

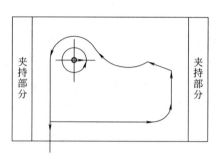

图 6-33　工件装夹及切割线路

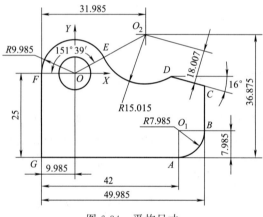

图 6-34　平均尺寸

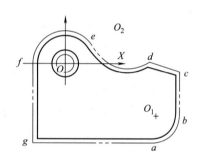

图 6-35　电极丝中心轨迹

2. 编制加工程序

（1）3B 格式编程

① 计算电极丝中心轨迹。3B 格式必须按电极丝中心轨迹编程。电极丝中心轨迹如图 6-35 所示双点划线，相对工件平均尺寸偏移一垂直距离 $D = 0.06\text{mm}$。

② 计算交点坐标。将电极丝中心轨迹划分为单一的直线或圆弧，可通过几何计算或 CAD 查询得到各点坐标。各点的坐标如表 6-9 所示。

表 6-9　凸凹模电极丝轨迹各线段交点及圆心坐标

交点	X	Y	交点	X	Y	圆心	X	Y
a	32.015	−25.060	e	8.839	4.772	O	0	0
b	40.060	−17.015	f	−10.045	0	O_1	32.015	−17.015
c	40.060	−3.651	g	−10.045	−25.060	O_2	22	11.875
d	29.993	−0.765						

切割型孔时电极丝中心至圆心 O 的距离（半径）为

$$R = \frac{10.01}{2} - 0.06 = 4.945 \text{（mm）}$$

③ 编写程序单。切割凸凹模时，首先切割型孔，然后按从 g 下面距 g 为 9.94mm 的点切入→g→a→b→c→d→e→f→g→g 下面距 g 为 9.94mm 的点切出的顺序切割，采用相对坐标编程。凸凹模线切割程序单如表 6-10 所示。

表 6-10　凸凹模线切割程序单（3B 格式）

序号	B	X	B	Y	B	J	G	Z	说　明
1	B	4945	B	0	B	004945	G_X	L_1	穿丝孔切入，O→电极丝中心
2	B	4945	B	0	B	019780	G_Y	NR_1	加工型孔圆弧
3	B	4945	B	0	B	004945	G_X	L_1	切出，电极丝中心→O
4								D	拆卸钼丝
5	B	10045	B	35000	B	035000	G_Y	L_3	空走，O→g 下面距 g 为 9.94mm 的点
6								D	重新装钼丝
7	B	0	B	9940	B	009940	G_Y	L_2	g 下面距 g 为 9.94mm 的点→g 切入
8	B	42060	B	0	B	042060	G_X	L_1	加工 g→a
9	B	0	B	8045	B	008045	G_Y	NR_4	加工 a→b
10	B	0	B	13364	B	013364	G_Y	L_2	加工 b→c
11	B	10067	B	2886	B	010067	G_X	L_2	加工 c→d
12	B	7993	B	12640	B	010167	G_Y	SR_4	加工 d→e
13	B	8839	B	4772	B	015318	G_Y	NR_1	加工 e→f
14	B	0	B	25060	B	025060	G_Y	L_4	加工 f→g
15	B	0	B	9940	B	009940	G_Y	L_4	g→g 下面距 g 为 9.94mm 的点切出
16								D	加工结束

（2）4B 格式编程

① 计算交点坐标。4B 格式直接按工件轮廓编程，即按图 6-34 所示平均尺寸编程，各点坐标如表 6-11 所示。

表 6-11　凸凹模轮廓各线段交点及圆心坐标

交点	X	Y	交点	X	Y	圆心	X	Y
A	32.015	−25	E	8.787	4.743	O	0	0
B	40	−17.015	F	−9.985	0	O_1	32.015	−17.015
C	40	−3.697	G	−9.985	−25	O_2	22	11.875
D	30.003	−0.83						

② 编写程序单。采用相对坐标编程，其线切割程序单如表 6-12 所示。

（3）ISO 代码编程

按图 6-34 所示平均尺寸编程，其线切割程序单如表 6-13 所示。

表 6-12　凸凹模线切割程序单（4B 格式）

序号	B	X	B	Y	B	J	B	R	G	D 或 DD	Z	说　明
1	B	5005	B		B	005005	B		G_X		L_1	穿丝孔切入，$O \to$ 轮廓
2	B	5005	B		B	020020	B	005005	G_Y	D	NR_1	加工型孔圆弧
3	B	5005	B		B	005005	B		G_X		L_3	切出，轮廓 $\to O$
4										D		拆卸钼丝
5	B	9985	B	35000	B	035000	B		G_Y		L_3	空走，$O \to g$ 下面距 g 为 10mm 的点
6										D		重装钼丝
7	B		B	10000	B	010000	B		G_Y		L_2	从 g 下面距 g 为 10mm 的点 $\to g$ 切入
8	B	42000	B		B	042000	B		G_X		L_1	加工 $g \to a$
9	B		B	7985	B	007985	B	007985	G_Y	D	NR_4	加工 $a \to b$
10	B		B	13318	B	013318	B		G_Y		L_2	加工 $b \to c$
11	B	9997	B	2867	B	009997	B		G_X		L_2	加工 $c \to d$，相对坐标
12	B	8003	B	12705	B	010193	B	015015	G_Y	DD	SR_4	加工 $d \to e$，相对坐标
13	B	8787	B	4743	B	015227	B	009985	G_Y	D	NR_1	加工 $e \to f$
14	B		B	25000	B	025000	B		G_Y		L_4	加工 $f \to g$
15	B		B	10000	B	010000	B		G_Y		L_4	$g \to g$ 下面距 g 为 10mm 的点切出
16										D		停机

表 6-13　凸凹模线切割程序单（ISO 格式）

程　序　段	说　明
AM	主程序名为 AM
G90	绝对坐标编程
G92 X0 Y0	设置工件坐标系
G41 D60	左偏间隙补偿，D 偏移量为 0.06mm
G01 X5005 Y0	穿丝孔切入，$O \to$ 轮廓（5.005，0）
G03 X5005 Y0 I−5005 J0	走逆圆，线切割型孔，I，J 为圆心相对于起点值
G40	取消间隙补偿
G01 X0 Y0	回到坐标原点
M00	程序暂停
G00 X−9985 Y−35000；	快速走到 g 点下方 10mm 处
M00	程序暂停
G41 D60	左偏间隙补偿，D 偏移量为 0.06mm
G01 X−9985 Y−25000	走到 g 点
X32015	加工 $g \to a$
G03 X40 Y−17015 I0 J7985	加工 $a \to b$
G01 X40 Y−3697	加工 $b \to c$
G01 X30003 Y−830	加工 $c \to d$
G02 X8787 Y4743 I−8003 J12705	加工 $d \to e$

续表

程 序 段	说 明
G03 X－9985 Y0 I－8787 J－4743	加工 $e \rightarrow f$
G01 X－9985 Y－25000	加工 $f \rightarrow g$
G40	取消间隙补偿
G01 Y－35000	g 点 $\rightarrow g$ 点下方 10mm 切出
M02	程序结束

本章小结

　　本章主要介绍了特种加工中的两种常见加工方法：数控电火花成形加工和数控电火花线切割加工。电火花成形加工和电火花线切割加工都是直接利用电能转变为热能来蚀除金属，但加工方式各不相同。电火花成形加工采用与工件型孔或型腔形状相似的电极作工具对工件进行加工；而电火花线切割加工则用金属丝作电极，配合工作台带动工件进给对工件轮廓进行切割加工。电火花成形加工在模具制造中主要用作型孔和型腔的加工，加工精度可达 $0.01 \sim 0.05 \mu m$，表面粗糙度可达 $Ra = 2.5 \sim 12.5 \mu m$，精加工时可达 $Ra = 3.2 \sim 0.8 \mu m$，微精加工时可达 $Ra = 0.8 \sim 0.2 \mu m$。电火花线切割加工主要用于型孔和复杂外轮廓切割加工，在新产品试制、精密零件加工及模具制造中应用广泛。

　　电火花线切割加工机床根据电极丝的运动方式不同分为快速走丝电火花线切割加工机床和慢速走丝电火花线切割加工机床。快速走丝电火花线切割加工机床相对慢速走丝电火花线切割加工机床而言，结构简单，价格低廉，生产效率高，且精度能满足一般要求，目前在我国得到广泛应用。

　　在采用电火花成形加工和电火花线切割加工时，要注意其工艺规律，选择恰当的电规准，以达到所要求的尺寸精度和表面质量，尽可能提高加工效率。

习题六

　　6-1　简述数控电火花成形加工的基本原理、加工过程及特点。

　　6-2　影响数控电火花成形加工生产效率、加工精度及加工表面质量的工艺因素有哪些？

　　6-3　减少数控电火花成形加工电极损耗的措施有哪些？

　　6-4　常用凹模型腔的数控电火花成形加工方法有哪些？

　　6-5　如何合理选择数控电火花成形加工的电加工工艺参数？

　　6-6　用粗精两个电极加工图 6-36 所示的零件。已知其加工条件如下：电极材料为 Cu，工件材料为 45 钢；加工表面粗糙度 R_{max} 要求为 $7 \mu m$，按照所用数控电火花成形加工机床的要求，编制其电加工工艺和数控程序。

　　6-7　简述数控电火花线切割加工的原理及特点。

　　6-8　数控电火花线切割的加工路线应如何合理

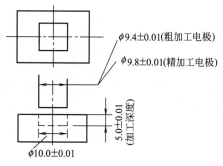

图 6-36　习题 6-6 零件

确定？

6-9　试用 ISO 格式编制图 6-37 所示工件型孔的数控电火花线切割加工程序。已知丝电极直径为 0.12mm，单边放电间隙为 0.01mm，图中尺寸均为平均尺寸。

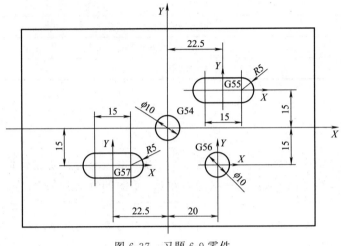

图 6-37　习题 6-9 零件

第七章

数控自动编程技术

在前面各章中，已经感受到手工编程的复杂和烦琐。可以这样讲，手工编程是基础，在少数情况手工编程是比较方便的，除此之外，原则上都应采用数控自动编程技术。

第一节　数控自动编程概述

一、自动编程的基本知识

自动编程是借助计算机及其外围设备自动完成从零件图构造、零件加工程序编制到控制介质制作等工作的一种编程方法。目前，除工艺处理仍主要依靠人工进行外，编程中的数学处理、编写程序单、制作控制介质、程序校验等各项工作均已通过自动编程达到了较高的计算机自动处理程度。与手工编程相比，自动编程解决了手工编程难以处理的复杂零件的编程问题，既可减轻劳动强度、缩短编程时间，又可减少差错，使编程工作简便。

（一）实现自动编程的环境要求

1. 硬件环境

根据选用的自动编程系统，配置相应的计算机及其外围设备硬件。计算机主要由中央处理器（CPU）、存储器和接口电路组成。外围设备包括输入设备、输出设备、外存储器和其他设备等。

输入设备是向计算机输送数据、程序以及各种信息的设备，常用的有键盘、图形输入设备、光电阅读机、软盘（光盘）驱动器等。

输出设备是把计算机的中间结果或最终结果表示出来的设备，常用的有显示器、打印机或绘图仪、纸带穿孔机、软盘驱动器等。

外存储器简称外存，它的特点是容量大，但存取周期较长，常用于存放计算机所需要的固定信息，如自动编程所需的产品模型数据、加工材料数据、工具数据、加工数据、归档的加工程序等。常用的外存有磁带、磁盘、光盘等。对于外围设备中的其他设备，则根据具体的自动编程系统和需求进行配置。

2. 软件环境

软件环境是指程序、文档和使用说明书的集合。其中文档是指与程序的计划、设计、制作、调试和维护等相关的资料；使用说明书是指计算机和程序的用户手册、操作手册等；程序是用某种语言表达的由计算机处理的一系列步骤，习惯也将程序简称为软件。它包括系统软件和应用软件两大类。

① 系统软件是直接与计算机硬件发生关系的软件，起到管理系统和减轻应用软件负担的作用。

② 应用软件是指直接形成和处理数控程序的软件，它需要通过系统软件才能与计算机硬件发生关系。应用软件可以是自动编程软件，包括识别处理由数控语言编写的源程序的语言软件（如 APT 语言软件）和各类计算机辅助设计/计算机辅助制造（CAD/CAM）软件；其他工具软件和用于控制数控机床的零件数控加工程序也属于应用软件。按所完成的功能可以分为前置计算程序和后置处理程序两部分。前置计算程序是用来完成工件坐标系中刀位数据计算的一部分程序，如在图形交互式自动编程系统中，前置计算程序主要为图形 CAD 和零件 CAM 部分。前置计算过程中所需要的原始数据都是编程人员给定的：可以是以 APT 语言源程序给定，可以是在人机交互对话中给定，也可以通过其他方式给定。编程人员除给定这些原始数据外，还会根据工艺要求给出一些与计算刀位无关的其他指令或数据。对于后一类指令或数据，前置计算程序不予处理，都移交到后置处理程序去处理。

后置处理程序也是自动编程软件中的一部分程序，其作用主要有两点：一是将前置计算形成的刀位数据转换为与加工工件所用 CNC 控制器对应的数控加工程序运动指令值；二是将前置计算中未做处理而传递过来的编程要求编入数控加工程序中。在图形交互式自动编程系统中，有多个与各 CNC 控制器对应的后置处理程序可供选择调用。

（二）自动编程的分类

自动编程技术发展迅速，种类繁多。从使用的角度出发，自动编程可从如下方面来分类。

1. 按计算机硬件的种类规格分类

① 微机自动编程。以微机作为自动编程的硬件设备，最大的优点是价格低廉，使用方便。微机对工作环境没有很高的要求，普通的办公室条件即可，微机对能源的消耗也较低。但在微机上运行大中型的 CAD/CAM 软件（如 APT4/SS 软件、法国 DASSAULT 公司的 CATIA 软件等），目前还有一定的困难。另外，在带动多台终端的能力方面，无论是软件的来源、档次、价格，还是软件费用，微机自动编程都受到一定的限制。但随着微机技术的不断发展，微机自动编程越来越广泛应用。目前应用较多的微机自动编程软件有北航海尔软件有限公司的 CAXA 软件、美国 CNC 软件公司的 MasterCAM 软件等。

② 大中小型计算机自动编程。国内现有的 VAX 计算机属于超小型计算机，IBM43×× 系列计算机属于中型计算机，国内研制的银河系列计算机属于大型计算机。这些大中小型计算机可以运行 CADAM、APT4/SS 等大中型 CAD/CAM 软件，充分发挥 CAD/CAM 功能和网络功能。

③ 工作站自动编程。工作站的硬件及软件全部配套供应，具有计算、图形交互处理功能，特别适用于中小型企业。而对于大型企业，合理使用工作站，可以减轻大型企业计算机主机的负担，降低 CAD/CAM 费用。工作站常以小型计算机为其主机，其硬件包括字符终端、图形显示终端和数据输入板等。这类小系统的功能一般有 2～3 维几何定义、曲线及曲面的生成、体素的拼合、工程制图、2—2.5—3—4—5 轴的数控自动编程、数据库管理和网络通信等。目前在国际上知名度较高的工作站自动编程软件有 UNIGRAPHICS 公司的 UGⅡ、IBM 公司的 CADAM、CAMAX 公司的 CAMAND 与 ULTRA-CAM 等。

④ 依靠机床本身的数控系统进行自动编程。机床本身的数控系统，早已具有循环功能、

镜像功能、固定子程序功能、宏指令功能等，这些功能可以看成是利用机床本身的数控系统进行自动编程的雏形，先进的数控系统已能进行一般性的编程计算和图形交互处理功能。"后台编辑"功能可以让用户在机床工作时利用数控系统的"后台"进行与现场无关的编程工作。这种自动编程方式，适用于数控机床拥有量不多的小用户。

2. 按计算机联网的方式分类

① 单机工作方式的自动编程。这种方式是单台计算机独立进行编程工作。

② 联网工作方式的自动编程。它是建立在通信网络的基础上，同时有多个用户进行编程。按照联网的分布，这种方式又可分为集中式联网、分布式联网和环网式联网等形式。

3. 按编程信息的输入方式分类

① 批处理方式自动编程。它是编程人员一次性地将编程信息提交给计算机处理，如早期的 APT 语言编程。由于信息的输入过程和编程结果较少有图形显示，特别是在编程过程中没有图形显示，故这种方式欠直观、容易出错，编程较难掌握。

② 人机对话式自动编程。它又称为图形交互式自动编程，是在人机对话的工作方式下，编程人员按菜单提示内容反复与计算机对话，完成编程全部工作。由于人机对话对于图形定义、刀具选择、起刀点的确定、走刀路线的安排以及各种工艺数据输入等都采用了图形显示，所以它能及时发现错误，使用直观、方便，是目前广泛应用的一种自动编程方式。

4. 按加工中采用的机床坐标数及联动性分类

按这种方式，自动编程可以分为点位自动编程、点位直线自动编程、轮廓控制机床自动编程等。对于轮廓控制机床的自动编程，依照加工中采用的联动坐标数量，又有 2—2.5—3—4—5 坐标加工的自动编程。

（三）自动编程的发展

20 世纪 50 年代初，美国麻省理工学院（MIT）伺服机构实验室研制出第一台三坐标立式数控铣床。1955 年公布了用于机械零件数控加工的自动编程工具（Automatical Programmed Tools，APT），1959 年开始用于生产。随着 APT 语言的不断更新和扩充，先后形成了 APT2、APT3 和 APT4 等不同版本。除 APT 外，世界各国都发展了基于 APT 的衍生语言，如美国的 APAPT，德国的 EXAPT-1（点位）、EXAPT-2（车削）、EXAPT-3（铣削），英国的 2CL（点位、连续控制），法国的 IFAPT-P（点位）、IFAPT-C（连续控制），日本的 FAPT（连续控制）、HAPT（连续控制二坐标），我国的 SKC、ZCX、ZBC-1、CKY 等。

20 世纪 60 年代中期，计算机图形显示器的出现，引起了数控自动编程的一次变革。利用具有人机互式功能的显示器，把被加工零件的图形显示在屏幕上，编程人员只需用鼠标点击被加工部位，输入所需的工艺参数，系统就自动计算和显示刀具路径，模拟加工状态，检查走刀轨迹，这就是图形交互式自动编程。这种编程方式，大大减少了编程出错率，提高了编程效率和编程可靠性。对于大型较复杂零件，图形交互式自动编程的编程时间为 APT 编程的 25%～30%，经济效益十分明显，已成为 CAD/CAE/CAM 集成系统的主流方向。

自动编程系统的发展主要表现在以下几方面：

① 人机对话式自动编程系统。它是会话型编程与图形编程相结合的自动编程系统。

② 数字化技术编程。由无尺寸的图形或实物模型给出零件形状和尺寸时，采用测量机将实际图形或模型的尺寸测量出来，并自动生成计算机能处理的信息。经数据处理，最后控制其输出设备，输出加工纸带或程序单。这种方式在模具的设计和制造中经常采用，即所谓

的"逆向工程"。

③ 语音数控编程系统。该系统就是将音频数据输入到编程系统中。使用语音识别系统时，编程人员必须使用记录在计算机内的词汇，既不要写出程序，也不要根据严格的程序格式打出程序，只要把所需的指令讲给话筒就行。每个指令按顺序显示出来，之后再显示下次输入需要的指令，以便操作人员选择输入。

④ 依靠机床本身的数控系统进行自动编程。

二、图形交互式自动编程系统

在数控自动编程系统中，图形交互自动编程系统是目前国内外普遍采用的 CAD/CAM 软件，它具有速度快、精度高、直观性好、实用、简便、便于检查等优点。图形交互自动编程系统编程流程如图 7-1 所示。

目前使用较多的图形交互自动编程系统有：国内北航海尔软件有限公司的 CAXA 软件、美国 UNIGRAPHICS 公司的 UG Ⅱ 软件、CNC 软件公司的 MasterCAM 软件、PTC 公司的 Pro/E 软件、以色列的 Cimatron 软件等。

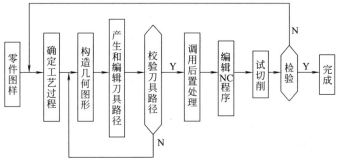

图 7-1 图形交互自动编程系统编程流程

图形交互自动编程系统中的几何造型主要有两大类：一类是实体造型，另一类是线框架造型。实体造型是以图法模型（Graph-Based Models）和布尔模型（Boolean Models）为几何造型基础。它侧重于零件的工程分析（CAE），如有限元分析、装配关系分析、数据共享和数控管理等，典型的有 CADAM 软件、美国 SDRC 公司的 I-DEAS 软件、英国 CIS 公司的 MEDUSA 软件。这些软件集 CAD 和 CAM 为一体，多在工作站或大型机上运行。虽然实体造型代表着几何造型的发展方向，但是实体造型还处于发展完善阶段。线框架造型通常以非制式 B 样条（NURBS）为模型，以线素方式定义几何造型，是以曲面建模技术与数控加工相结合为基础而发展起来的 CAD/CAM 软件，典型的为 MasterCAM 软件。

MasterCAM 软件是在微机档次上开发的侧重数控加工方面的软件，针对性强，简单易学，价格便宜，是目前广泛应用的数控自动编程系统。

以下主要介绍图形交互式自动编程系统 MasterCAM 的应用。

第二节 MasterCAM 的工作环境

一、MasterCAM 的主要特点与功能

① 具有较强的绘图（CAD）功能。这些绘图（CAD）功能主要包括：可做多视窗分割，并可从任意视角观看；可做 2D、3D 之尺寸标注及注解，并可绘制工程图；可做 3D 变化直

径螺旋线，曲线可直接投影于多重曲面上，曲线可延伸，可熔接两曲线，可沿曲面边界产生曲线，可沿曲面法向产生投影线；可制作 True Type 的所有字型；可绘制举升（Loft）、昆式（Coons）、直纹（Ruled）、旋转（Revolve）、扫描（Sweep）、牵引（Draft）等曲面；可对两曲面做熔接（Blend）、变化倒圆角（Fillet），曲面补正（Offset），曲面修剪延伸（Trim/extend），曲面倒圆角；曲面可做效果逼真的色彩渲染；图形的转换功能，包括镜像、等比例和不等比例缩放、平移旋转、补正等；具有 Undo 及 Undelete 功能等。

② 图档转换功能。可将如同 AutoCAD、CADKEY、Mi-CAD 等其他 CAD 绘图软件绘制好的零件图形，经由一些标准或特定的转换档，像 IGES（Initial Graphic Exchange Specification）档、DXF（Drawing Exchange File）档、CADL（CADKEY Advanced Design Language）档等，转换至 MasterCAM 系统内。还可用 BASIC、FORTRAN、PASCAL 或 C 等语言设计，并经由 ASCII 档转换至 MasterCAM 中；反之亦可。

③ CAM 功能。这部分的功能较强大，包括：具有二至五坐标的加工功能；可用于曲面上雕刻文字图形；可设定材料库及刀具库，并自动计算切削条件；具有过切侦测功能；刀具路径可编辑、修改、转换（如镜像、比例缩放、平移、旋转等）。

④ 仿真与分析。可动态模拟刀具运动路径，控制模拟速度，可实体切削模拟，并可测量实际切削完成后成品的各处坐标位置，可计算出实际加工时间；定义素材形状，设定刀具不同颜色；计算并分析图素。

⑤ 后置处理。MasterCAM 提供了 400 种以上的后置处理程序，并可通过编辑方式修改，以适用于各种数控系统编程格式的要求；可反转不同系统的 NC 程序成刀具路径档；可产生加工报表，其内容包括刀具的加工顺序、加工时间、切削说明及切削条件等；可连接数控机床，作一般 NC 程序传输及 DNC 传输控制。

⑥ C-HOOK 开放式架构系统。可自行撰写组合程序功能，有完整的支援架构。

二、 MasterCAM 产生 NC 的工作程序

MasterCAM 产生 NC 程序时包含三个主要的部分：计算机辅助设计（CAD）、计算机辅助制造（CAM）和后置处理。

计算机辅助设计时，首先要分析工件图，根据要加工的工件特征和原料的尺寸，决定需要切除的材料数量，然后用有关的指令产生一个 CAD 图形。

计算机辅助制造时，则根据 CAD 图形，再结合加工方案，输入切削加工数据，以产生和输出一个刀具位置数据档（NCI），这个文件包含一系列刀具路径的坐标值以及加工信息，如进给量、主轴转速、冷却液控制指令等。

后置处理则是选择加工工件所用的 CNC 控制器后置处理程序，将 NCI 档案转换为该 CNC 控制器可以识别的 NC 代码程序。

三、 MasterCAM 工作环境

1. 进入 MasterCAM

进入 MasterCAM 按如下步骤进行。

① 进入 Windows 环境。启动计算机，进入 Windows 操作平台，得到其视窗系统。由于在计算机装入的程序不同，故在启动 Windows 后，屏幕上可能有不同的应用程序和图像。

② 进入 MasterCAM。双击应用程序视窗中的 MasterCAM 应用程序，即 Mill8 图像，

得到图 7-2 所示的 MasterCAM 屏幕。

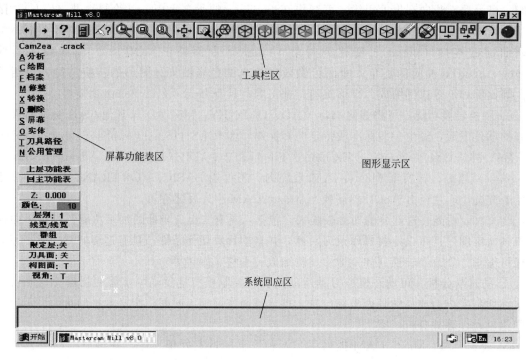

图 7-2 MasterCAM 屏幕

2. MasterCAM 屏幕

在图 7-2 中，整个屏幕划分为四个区：图形显示区、系统回应区、工具栏区和屏幕功能表区。

① 图形显示区。这是产生或修改几何图形的工作区（见图 7-2 中右边的空白区域）。

② 系统回应区。这个区位于屏幕的下方，用一行或两行文字显示指令的状态。在使用时，应注意这个区，它也许提示从键盘输入相关的信息或数据。

③ 工具栏区。这个区位于屏幕上方，为 MasterCAM 的使用快捷工具项。

④ 屏幕功能表区。本区位于屏幕左边，包括一个主功能表和一个次功能表。主功能表用于选择系统的主要功能，如绘图、修整或产生刀具路径等，如表 7-1 所示。次功能表则用于改变系统的参数，如使用者常需调整 Z 深度或者颜色，如表 7-2 所示。

表 7-1 主功能表

MainMenu(主菜单)	功 能 描 述
Analyze(分析)	将所选物体的坐标或数据信息显示在屏幕上。这对于确认已经存在的物体相当有用，如使用者可决定一个圆的半径或者一条线的角度
Create(绘图)	产生几何物体存入数据库并且显示在图形显示区
File(档案)	处理图档，例如存档、取档、档案转换、传输或者接收
Modify(修整)	用倒圆角、修剪延伸、打断、连接等指令修整几何物体
Xform(转换)	用镜射、旋转、缩放和补正等指令转换已经存在的几何物体
Delete(删除)	从屏幕上和系统的数据库中删除一个或者一组图表
Screen(屏幕)	从某一侧角观看几何物体，显示图表数目，视窗放大缩小，改变视区数目和组态

续表

MainMenu(主菜单)	功　能　描　述
Toolpath(刀具路径)	用钻孔、外形铣削、挖槽等指令产生 NC 刀具路径
NC utile(公用管理)	修改和处理 NC 刀具路径
Backup(上层功能表)	将主功能表带回到上一级菜单
Main Menu(回主功能表)	将主功能表带到最上层菜单

表 7-2　次功能表

主　要　项　目	功　能　描　述	主　要　项　目	功　能　描　述
Z:0.0000	显示和改变现行的工作深度	Mask(限定层):off	设定系统的限定层是关或开
Color(颜色):10	设定目前系统的预设颜色	Tplane(刀具平面):off	设定一个刀具平面是关或开
Level(工作层):1	设定系统的现行工作层	Cplane(构图平面):T	设定一个构图平面
Style/Width(线型/线宽)	设定画线的型式及宽度	Gview(视角):T	改变系统视角

在从功能表区选择某一个功能表项目时有两种方法：

① 移动鼠标指向所需的功能表项目，此时该项以反白或其他颜色显示之后，按鼠标按钮来启动该指令。

② 输入指令的第一个大写字母。MasterCAM 的功能表，指令和选择的结构是树状排列。例如，图 7-3 所示为用"两点"指令产生一个图形的功能表树状结构。通过鼠标按图 7-3 所示依次点选，并注意系统回应区内的提示，按规定选择或输入。

图 7-3　绘图的树状结构

对图 7-3 所示的指令选择，本书约定表示为：

绘图（Create）→矩形（Rectangle）→两点（2Points）

3. MasterCAM 的功能键

为了提高操作的速度，在 MasterCAM 中有一些快速键和一些即时键，这些统称为功能键。部分功能键及其含义如表 7-3 所示。

表 7-3　功能键及其含义

功　能　键	功能键的含义
F1＝Zoom(放大视图)	将给定区域内的图形放大
F2＝Unzoom(缩小视图)	将图形整体缩小
F3＝Repaint(重画)	将屏幕上的图形重画一次

功　能　键	功能键的含义
F10	显示设置功能键
Alt＋F1＝Fit	将全部几何图形显示于整个屏幕上
Alt＋F2	将屏幕上的图形缩小为原来的 4/5
Alt＋F4＝Exit	退出 MasterCAM 系统
Alt＋F5	删除视窗内的图形元素
Alt＋F8＝Configure	打开系统配置对话框
Alt＋F9	显示视角中心、构图平面轴和当前的刀具平面轴
Alt＋B＝ToolBar	显示或隐藏工具条
Alt＋D	打开尺寸标注参数对话框
Alt＋F	打开字型对话框
Alt＋G	打开设置栅格
Alt＋H	打开系统的求助窗口
Alt＋L	设置线型和线宽
Alt＋U	恢复
Alt＋W	执行分割视窗的功能
Alt＋Z	打开图层管理对话框
Alt＋0	设置工作深度
Alt＋4	设置刀具平面
Alt＋5	执行设置构图平面功能
Alt＋6	设置观察视角
Alt＋Tab	切换视窗控制
Esc	中断执行

注：以上功能键在任何菜单下均有效。

4. 退出 MasterCAM

在需做其他事情或关机前，为避免数据丢失等意外情况发生，应退出 MasterCAM，按下列步骤进行操作：

① 回到主功能表的根页。

② 选择"档案"项。

③ 选择"下一页"项。

④ 选择"离开系统"项。

⑤ 确定退出 MasterCAM，选择"是"。

也可通过鼠标单击系统界面右上角的【×】按钮或"Alt＋F4"功能键，退出 MasterCAM 系统。

第三节　2D 构图与刀具路径的生成

一、 2D 基本几何绘图

2D 绘图功能的子菜单如图 7-3 所示的中间树状结构，包括点、直线、圆弧、倒圆角、曲线、曲面曲线、矩形、尺寸标注、倒角、文字等子功能表。这里主要介绍绘曲线和文字功能。

1. 曲线子功能表

从主功能表里选择"绘图"→"Spline 曲线"，即进入 Spline 曲线子功能表。在 Master-CAM 中，Spline 曲线指令会产生一条经过所有选点的平滑 Spline 曲线。有两种 Spline 曲线型式：参数式 Spline 曲线（型式 P）和 NURBS 曲线（型式 N）。用户可从选择功能表中的【曲线型式】来切换。

参数 Spline 曲线可以被想作一条有弹性的条带，通过加上适当的重量使它经过所给的点，要求点两侧的曲线有同样的斜率和曲率。

NURBS 是 NON-Uniform Rational B-Spline（曲线或曲面）的缩写。一般而言，NURBS 比一般的 Spline 曲线光滑且较易编辑，只要移动它的控制点就可以了。

产生一条 Spline 曲线有三种方法。

① 手动：人工选择 Spline 曲线的所有控制点。

② 自动：自动选择 Spline 曲线的控制点。

③ 转成曲线：串联现有的图表以产生 Spline 曲线。

Spline 曲线功能表的最后一项是"端点状态"。这是一个切换选择，让用户可以调整 Spline 曲线起始点和终止点的斜率，预设值是"关（N）"。

2. 文字子功能表

文字图形可用于在饰板上切出文字。进入文字指令的顺序是"绘图"→"下一页"→"文字"，会得到三个子项目：真实字型、标注尺寸、档案。

（1）真实字型

该选项是用真实字型（True Type）构建文字，只限于现在已安装在计算机内的真实字型号。关于真实字型，参看 Windows 可得到更多的信息。从主功能表里选择"绘图"→"下一页"→"文字"→"真实文字"，出现相应的对话框，可选取所需的真实字型。

选择字型和字体后，系统提示输入要构建的文字和字高。在有些情况下，实际字高可与输入的值不匹配，可用"转换"中比例功能来改变字型的尺寸。

构建真实字型文字几何图形，要选择一个方向，可选择下列方法。

① 水平（Horizontal）：构建文字平行构图平面的 X 轴。

② 垂直（Vertical）：构建文字平行构图平面的 Y 轴。

③ 圆弧顶部（Top of Arc）：构建文字以一个半径环绕成一个圆弧，按顺时针方向排列，文字在圆弧上方。

④ 圆弧底部（Bottom of Arc）：构建文字以一个半径环绕成一个圆弧，按逆时针方向排列，文字在圆弧下方。

输入方向后，文本框显示了一个默认的字间距，MasterCAM 是根据字高计算的，推荐接受该字间距，但如有需要，可输入不同的字间距。

构建真实字型在绘图区的位置，若构建的文字是水平或垂直方向的，只输入文字的起点；若构建的文字是沿着圆弧顶部或底部的，则必须输入中心和半径。

（2）标注尺寸

该选项用于 MasterCAM 构建标注尺寸的全部参数（如字体、倾斜、字高等），它包括线、圆弧和 Spline 曲线。

用标注尺寸构建文字步骤如下：

① 从主菜单中选"绘图"→"文字"→"下一页"→"标注尺寸"。

② 在显示的文本框输入文字，然后按回车键，显示"点"输入菜单。

③ 输入文字的起点，构建标注尺寸文字。

（3）档案

从主功能表里选择"绘图"→"下一页"→"文字"→"档案"，可选取 MasterCAM 现有的文字图形来构建文字，有单线字、方块字、罗马字、斜体字四种。使用"其他"项，可从指定子目录文档中调用文字、符号来使用或编辑。

二、几何图形的编辑

要产生复杂工件的几何图形，必须通过编辑功能来修改现有的几何图素，以使作图更容易和更快。几何图形的编辑功能有删除、修整和转换等三种。

1. 删除功能

删除功能用于从屏幕和系统的资料库中删除一个或一群组设定因素。从主功能表选择"删除"（或者在键盘上按 F5 键），系统会显示它的子菜单，包括串联、窗选、区域、仅某图素、所有的、群组、结果、重复图素和回复删除等。

2. 修整功能

在修整功能表下包括一组相关的修整功能，用于改变现有的图素。从主功能表中选择"修整"，系统会显示它的子菜单，包括倒圆角、修剪延伸、打断、连接、曲面法向、控制点、转成 NURBS、延伸、动态移位、曲线变弧等。

3. 转换功能

MasterCAM 提供了九种有用的编辑功能来改变几何图素的位置、方向和大小。从主功能表中选择"转换"，系统会显示它的子菜单，包括镜射、旋转、等比例、不等比例、平移、单体补正、串联补正、牵移、缠绕等。

三、2D 刀具路径的生成

（一）2D 刀具路径模组及其共同参数

MasterCAM 提供了两组刀具路径模组来产生刀具路径：2D 刀具路径模组和 3D 刀具路径模组。使用 2D 刀具路径模组来产生 2D 工件的加工刀具路径，使用 3D 刀具路径模组来切削各式的 3D 曲面。下面先介绍 2D 刀具路径模组。MasterCAM 有四种 2D 刀具路径模组：外形铣削、挖槽、钻孔和刻文字。MasterCAM 使用各种类型的参数来定义产生刀具路径所需要的信息。这些信息参数可分为两组：共同参数和模组特定的参数。共同参数是所用的刀具路径模组都使用的；而模组特定的参数乃是某一特定模组特有的，它们不适用于其他的模组。在 MasterCAM 中，共同参数又称为刀具参数，它可以分为六组：刀具补正、刀具数据、切削加工参数、坐标设定、刀具显示、其他。

其屏幕内容形式如图 7-4 所示，具体内容如下。

1. 刀具补正

刀具补正是将刀具中心从零件的轮廓路径向指定的方向偏移一定的距离。它又被称为刀具直径补正（CDC）或者刀具半径补正。它可应用于如下四种情况：

① 使编程人员可以直接根据工件坐标值编写所要的刀具路径。

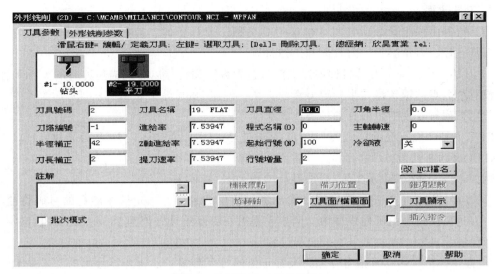

图 7-4　共同参数（刀具参数）

② 容许所使用的刀具直径不同于工件编程人员所指定的，而不需要重写程序。

③ 补偿由于磨损、重复碾磨和重复精修所造成的刀具大小变化。

④ 使得粗切削和精切削可以在一个工件程序中完成，精切削的余量必须在粗切削时先设定好。

MasterCAM 的刀具补正参数可以在三种选择之间切换：左补正（CDC 左）、右补正（CDC 右）和不补正（CDC 关）。三者的意义与手工编程时相同。

在刀具补正方式中有两种补正：控制器刀具补正和计算机刀具补正。

（1）控制器刀具补正

它在工件程序中产生一个刀具补正指令（G40、G41 或 G42）。一个补正暂存器号被指定给控制器补正，补正值就存储在指定的暂存器里。补正值可以是实际刀具直径，也可以是指定刀具直径和实际刀具直径之间的差值，具体说明如下：

控制器刀具补正	工件程序指令
左	G41 Dd
右	G42 Dd
关	G40

其中 d 是直径补正号码。

注意：在计算机屏幕上，即使控制参数的刀具补正设定为左或右，刀具中心也不补正。

（2）计算机刀具补正

它将刀具中心往指定的方向移动指定刀具半径的距离，可以设定为左补正、右补正或不补正。它不将刀具直径补正码加到工件程序中，但它在计算机屏幕上，会改变刀具中心路径的坐标值。

综合以上两点，刀具位置（右或左）可以由计算机补正，而实际刀具直径与指定刀具直径之间的差值可以由控制器补正。当两个刀具直径相同时，在暂存器里的补正值应该为零，否则补正值是两个直径的差值。

在刀具补正中，还有一个补正位置参数，也就是刀位点的选择。这个参数是选择刀具补正为刀具的球心或刀位点。

2. 刀具数据

刀具数据由一组参数所定义，包括刀具名称、刀具号码、直径补正号码、长度补正号码、刀具直径、刀角半径、刀具库和工件材质。

① 刀具名称。一个刀具名称最好能同时包含数字和符号以分别描述刀具的大小和种类。使用没有小数点的输入格式来指定刀具的直径，例如 5000 等于 0.5。

使用下列符号来指定刀具的种类或形状：

FLT 为平端面（底面）铣刀；SPH 为球铣刀；DRL 为钻头；TAP 为牙攻；FAC 为面铣刀；BOR 为扩孔刀。

例如，1250 FLT 表示 1/8″ 端铣刀，7500 DRL 表示 3/4″ 钻头。

② 刀具号码。它指定所选定刀具库或者刀座里的编号。指定这个参数的号码将使系统进入一刀具交换指令到工件程序中。例如，调用一个刀号号码值为 2，将在工件程序中出现指令 T2M6。

③ 直径补正号码。它指定存储刀具补正值的暂存器编号。暂存器号码的形式是 D××。这个参数只有当"控制器刀具补正"设定为左或者右时才使用。表 7-4 说明各种控制器刀具补正和直径补正号码的组合，对工件程序中相关指令的影响。

表 7-4　控制器刀具补正

控制器刀具补正	直径补正号码	工件程序的指定
不补正	21	无
左补正	21	G41　D21
右补正	25	G42　D25

④ 长度补正号码。它指定存储刀具长度补正值的暂存器编号。暂存器号码的形式是 H××。如图 7-5 所示，刀具长度补正值是从固定于机器零点的刀具尖端到零件参考零平面的距离。

⑤ 刀具直径。它设定所用刀具的指定直径。

⑥ 刀角半径。它设定所用刀具的刀角半径。

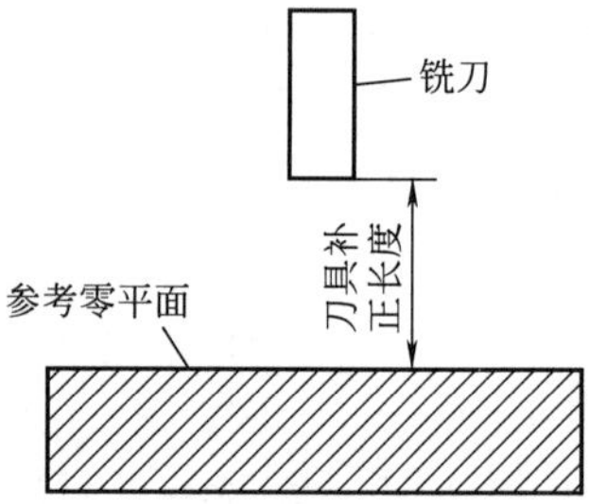

3. 切削加工参数

在 MasterCAM 中所用的切削加工参数包括预留量、进给（XY 进给率和 Z 轴进给率）、主轴转速、安全高度、深度铣削、线性阵列。

图 7-5　刀具长度补正

（1）预留量

它指定预留一定厚度的材料在工件上以使进一步加工。

图 7-6 所示为预留量对刀具路径所产生的效果。在 MasterCAM 中，预留量的方向取决于计算机补正参数的设定，如果计算机补正的设定为左补正，则预留量在左；同样，如果计算机补正的设定为右补正，则预留量在右；当计算机补正的设定为不补正时，则预留量的方向由控制器补正参数决定；当计算机补正和控制器补正的设定都为不补正时，则预留量忽略不计。

（2）进给

它使用两种类型的进给来控制切削速度：XY 进给率和 Z 轴进给率。Z 轴进给率只适用

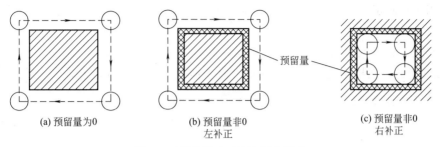

图 7-6 预留量对刀具路径的影响

于 Z 方向的运动，XY 进给率则适用于所有其他方向的运动。单位一般为 in❶/min。

（3）主轴转速

它以 r/min 指定所要的主运动速度。一个 S 码包含所给的转速值被插入到工件程序中。

（4）安全高度

它也被称为清除平面、下刀参数平面或起始面。它指定一个 Z 坐标作为：

① 在开始切削之前，刀具迅速下降的高度。

② 在切削结束时，刀具迅速撤回的高度。

③ 在两次分开的切削加工间，刀具移动到此安全高度。图 7-7 为安全高度在切削加工中的使用。

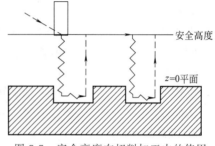

图 7-7 安全高度在切削加工中的使用

（5）深度铣削

它指定在 Z 方向的粗切削和精切削的次数及每次粗（精）切削的粗（精）修量。切削来回的次数为粗切削和精切削次数之和。

（6）线性阵列

它用于沿着现行构造平面的 X 或 Y 方向，以一定的间距产生一组重复的加工刀具路径。它使用如下参数。

① X 轴数量：指定沿着 X 轴重复刀具路径的次数。

② Y 轴数量：指定沿着 Y 轴重复刀具路径的次数。

③ X 间距：指定每次沿着 X 轴移动的距离。

④ Y 间距：指定每次沿着 Y 轴移动的距离。

4. 坐标设定

MasterCAM 中工作坐标的设定有三个参数：机械原点、刀具原点和刀具平面。

① 机械原点。它指定回归参考点的中间位置。大多数 CNC 控制器使用回归参考点指令 G28 产生主轴和机床回到机器原点的路径。回归参考点指令有下列格式：

G90 G28 Xx Yy Zz 　（绝对定位法）

或 G91 G28 Xx Yy Zz 　（逐步定位法）

其中，X、Y、Z 为中间点的坐标值。

② 刀具原点。它允许定义三种可能的原点：系统原点、构造原点和刀具原点。系统原点是系统自动设定的固定坐标系统原点；构造原点是为了几何构造而重新定义的原点；刀具

---

❶ 英寸，1in＝25.4mm。

原点则是用于重新定义刀具路径的原点。除非构造原点和刀具原点被重新定义，否则它们都与系统原点重合。

重新定义刀具原点的原则与使用工作坐标设定指令 G92 相同。

③ 刀具平面。它用于选择现行操作的刀具平面。三个主要刀具平面及其指令码如下：

平面选择	指令码
XY 平面	G17
ZX 平面	G18
YZ 平面	G19

刀具平面（刀具面）参数可以在下列选择之间切换：

关	刀具平面预设为俯视图
俯视图	俯视图
前视图	前视图
侧视图	侧视图
视图号码	由号码确认视图
两线定面	由相互垂直的两条线所定义的视图
弧所在面	包含一弧的视图
旋转定面	对一轴旋转构造平面定义的视图
法线面	与一法线向量垂直的视图

5. 刀具显示

这个参数可以选择刀具和刀具路径的显示模式。刀具显示可以用动态模式或者静态模式显示。在动态模式里，刀具会沿着刀具路径在各点出现并消失，好像在移动。在静态模式里，刀具将沿着刀具路径出现在各个点，但并不消失。

刀具显示可以被设定为以下两种形式。

① 中间过程：刀具按指定的步进量显示在每隔一定距离的点。

② 端点：刀具只显示在刀具路径的各个端点。

6. 其他

MasterCAM 从第五版提供了一个新的功能——进/退刀向量，它让用户在刀具路径的起点（进刀）和/或终点（退刀）加上引线，其主要作用是防止过切和毛边。

（二）外形定义

一个外形是一系列相连接的几何图素形成一个切削加工的工件轮廓。定义外形的好处是把一个工件形状所包含的多个图素形成一个单一图素，这使得轮廓或者挖槽加工可以在一个刀具运动指令中完成。

选择外形第一图素的位置决定外形的开始位置和串联方向。串联方向也就是外形的方向。串联方向开始于一个图素较接近选择位置的端点，指向另一个端点，如图 7-8 所示。

有两种外形：封闭外形和开放外形。在一个封闭外形中，第一个和最后一个图素是相连的；在一个开放外形中，第一个和最后一个图素并不相连。挖槽所用的外形一定是封闭外形。

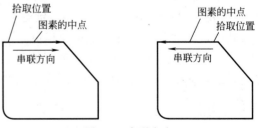

图 7-8　串联方向

外形选择方式有多种，如串联、单一、点、窗口、最后的、文件和上一个等形式。

（三）外形铣削模组

外形铣削模组是用于沿着一工件轮廓的一系列线和弧产生刀具路径，它用于加工二维轮廓，其切削深度固定不变。

除了上面介绍的共同刀具参数外，外形铣削模组还使用一组外形铣削专用的参数来定义刀具路径的进/退刀、粗切削的次数和间距及精切削的次数和间距。外形铣削参数如图 7-9 所示。

1. 进刀/退刀弧

MasterCAM 使用三个参数来指定进入和退出一个切削操作的刀具路径。图 7-10 所示为进刀长度、进刀弧和角度的基本定义。它的主要作用是防止过切和毛边。

2. 刀具路径参数

四个参数用于指定在所选择的切削平面的粗切削和精切削次数及步进距离。所需要的外形铣削次数为粗切削和精切削次数之和，粗切削的间距由刀具直径决定，通常取刀具直径的 60%～75%。所需的粗切削次数等于将要切除的材质数量除以粗切削间距的商。

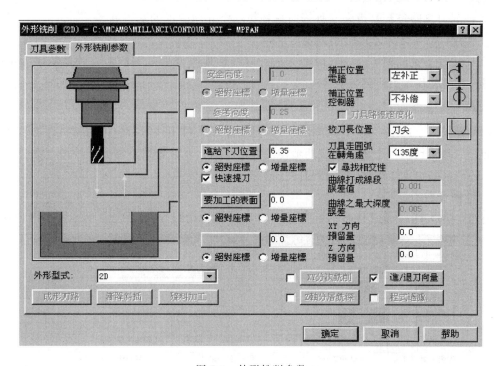

图 7-9　外形铣削参数

图 7-11 所示为下列设定刀具参数的刀具路径形式：

粗切削次数＝2

粗切间隙＝0.25

精切削次数＝2

精修量＝0.05

3. 注意事项

① 最好能使用适当的进刀/退刀长度和弧的组合来切削外形，这使得刀具可以平顺地与

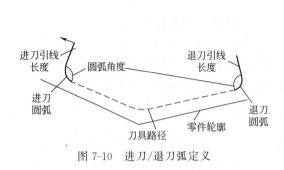

图 7-10 进刀/退刀弧定义

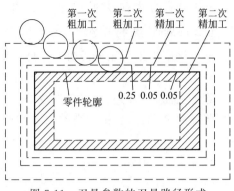

图 7-11 刀具参数的刀具路径形式

工件接触。

② 在外形铣削中，要切削的材质数量可由原料尺寸减去工件轮廓尺寸来决定，建议使用粗切削间隙如下：$S=0.6D$，切削钢材；$S=0.75D$，切削铸铁和其他材质。其中，S 为粗切削间隙，D 为刀具直径。

③ 铣削刀具路径都是由定义外形时选择第一个几何图素的端点开始。

④ 使用<135°作为刀具转角设定。

⑤ 使用外形铣削模组时，有两种方法可以线性地改变切削深度：一种是使用三维构图面，另一种是使用渐升（降）移动。

（四）挖槽模组

挖槽模组用于产生一组刀具路径束：一是切除一个封闭外形所包围的材料，二是铣削一个平面，三是粗切削一个槽。要成功地使用挖槽模组，要设置以下参数：挖槽参数、切削方式、岛屿与区域、加工顺序、精切削的挖槽深度。

1. 挖槽参数

有四组挖槽参数：杂项变数、粗切削、精切削、附加精修参数，如图 7-12、图 7-13 所示。

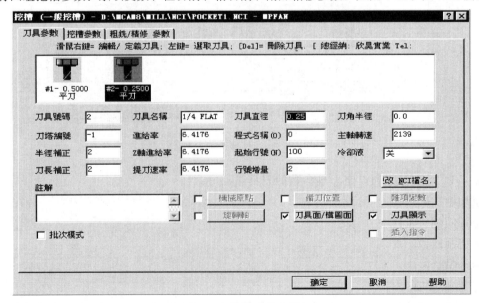

图 7-12 挖槽刀具参数

下面讨论其中的一些项：

（1）批次模式

它是对一系列挖槽加工使用同样的参数设定。

（2）打断刀具路径圆/圆弧

它使一个圆或者一个弧被打断成多个段落，有下列三种选择。

① 圆→两个180°圆弧：打断刀具路径里的圆成为两个180°的圆弧。

② 圆弧→小段圆弧：将刀具路径打断成几个小弧。小弧的角度由最大扫描参数所决定。

③ 圆弧→线段：将弧沿着刀具路径打断一系列线段。线段由弦偏差值所控制。

（3）螺旋式下刀

它指定刀具怎样切入工件并开始螺旋式切削。与螺旋式下刀功能相关的参数描述如下。

① 半径：指定进刀螺旋线的最大半径。

② 角度：指定进刀螺旋线的斜坡角度。

③ 误差：指定螺旋线近似误差。

④ XY预留间隙：指定刀具和最终槽壁之间的最小间隙。

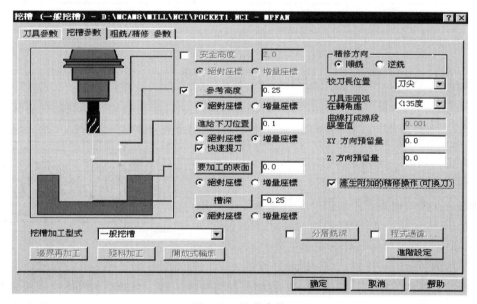

图 7-13 挖槽参数

⑤ 深度：指定螺旋线的总深度。它必须为一个正值，且比槽深度大。

⑥ 螺旋进刀方向：设定螺旋切削方向为顺时针或者逆时针。

⑦ 螺旋进刀速率：定义螺旋线的进给率为Z轴进给率或者快速进刀。

（4）附加精修参数

它允许使用者为精切削定义一组专用的刀具参数设定，如图7-14所示。当用户要使用附加精修参数的时候，在挖槽参数里的"使用附加精修参数?"应该被切换到"Yes"（有X标记）。

使用这个参数用于下列两种情况：

① 用不同的刀具作精切削，即挖槽加工使用两只刀具，一只用于粗切削，另一只用于精切削。这时，一般刀具参数的设定用于粗切削，附加精切削参数的设定才用于精切削。

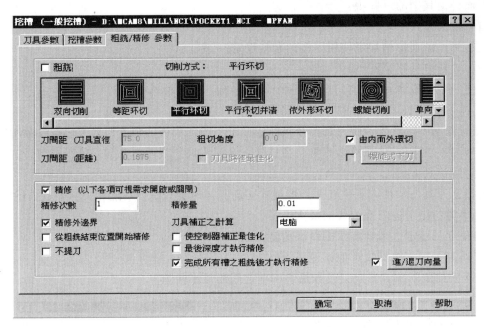

图 7-14　挖槽附加精修参数

② 粗切削和精切削使用同样的刀具，但是精切削有不同的进给率、切削速度、主轴转速和刀具补正。

2. 切削方式

MasterCAM 提供了双向切削、等距环切等七种挖槽切削方式，如图 7-14 所示。

3. 岛屿与区域

岛屿是在槽的边界之内，但不要切削加工的区域，如图 7-15 所示。岛屿的外形必须是封闭的。Master-CAM 将第一个选择的外形作为挖槽的外轮廓，其余的外形作为岛屿。

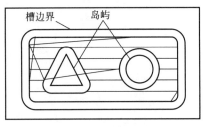

图 7-15　岛屿

当切削有岛屿的槽时，系统也许会将槽分割为一些区域。当槽壁与岛屿之间的间隙小于刀具直径时，会形成一个以上的区域。图 7-16 所示是有两个岛屿的槽，因为间隙小于设定的刀具直径而形成三个区域。

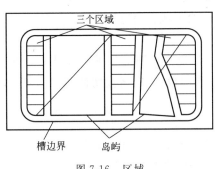

图 7-16　区域

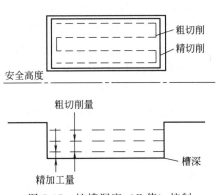

图 7-17　挖槽深度（Z 值）控制

4. 加工顺序

当切削因岛屿而形成一个以上区域的槽时，刀具路径顺序为区域方式或顺序方式。在顺序方式里，在移动到另一个区域之前，一个挖槽区域必须被完全加工完毕，包括粗切削、精切削、深度铣削和线性阵列。在区域方式里，系统产生所有区域某种操作的刀具路径，然后才进行下一种操作。

5. 深度（Z 值）控制

MasterCAM 使用四个参数来定义挖槽操作的深度（Z 值），如图 7-17 所示。这些参数是：

安全高度＝0.2mm 或任何值

槽深度＝槽的实际深度

深度铣削＝粗切削：＿＿＿＿＿＿　粗切量：＿＿＿＿＿＿

　　　　　精切削：＿＿＿＿＿＿　精修量：＿＿＿＿＿＿

精修方式＝最后深度/每次精修

前三个参数在前面讨论过。"精修方式"参数决定 Z 方向的精切削次数。如果没有设定这个参数为最后深度，系统将在槽的最后深度产生所指定精切削次数的精切削刀具路径。但是如果设定这个参数为每次精修，则系统会在每次粗切削之后执行精切削。即 Z 方向的精切削次数是在深度铣削参数中所指定的粗切削与精切削次数的总和。

6. 注意事项

① 切削方式的选择决定铣削形式（逆铣或顺铣）和程序大小。若用双向切削的切削方式，则刀具轮流用两种铣削形式与工件啮合，加工出的零件质量不理想，应尽可能避免使用。而应选用在加工中始终是一种铣削形式（如顺铣）的切削方式，如环切等。

② 尽可能使用顺铣的铣削形式，以产生较好的曲面精度。

③ 当切削的槽有岛屿靠近槽中心时，应由外而内环切。

④ 在选择加工顺序方式时，若精切削刀具不同于粗切削刀具，应该使用区域方式。

⑤ 在切削有岛屿的槽时，应尽可能避免使用进刀/退刀引线和弧。这是因为不适当的进刀/退刀引线和弧的组合，通常会导致过切、破坏外部边界和岛屿边界。

（五）钻孔模组

MasterCAM 的钻孔模组用于产生钻孔、镗孔和攻螺纹的刀具路径。要成功地使用钻孔模组，需将钻孔参数设定为适当的操作方式和值，并且选择合适的钻孔点。

1. 钻孔参数

钻孔专用参数可以分为三组：Z 深度值、钻孔形式、啄钻参数。

（1）Z 深度值

它有三个 Z 值，如图 7-18 所示。

① 安全高度：刀具从起刀点开始移动到这个 Z 值指定的孔中心处。

② 参考高度：刀具快速向下移动到这个 Z 值。

③ Z 深度：刀具向下以绝对深度或增量方式进刀到这个 Z 值。这是钻孔底部的 Z 值。

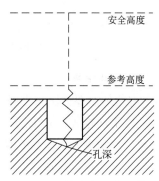

图 7-18　钻孔的三个 Z 值

（2）钻孔形式

MasterCAM 提供了 20 种钻孔形式指令，包括 6 种标准形式指令，其描述如表 7-5 所示。

表 7-5　6 种标准钻孔形式

钻孔形式	NC 指令	典型应用
深钻孔 1. 暂停时间＝0 2. 暂停时间≠0	G81 G82	钻孔或者镗深头孔,孔深小于三倍刀具直径
深孔啄钻	G83	钻深度大于三倍刀具直径的深孔。特别适用于碎屑不易移除的情况
断屑式	G73	钻深度大于三倍刀具直径的深孔
攻螺纹	G84	攻右旋内螺纹
镗孔♯1 1. 暂留时间＝0 2. 暂留时间≠0	G85 G89	用进给进刀和进给退刀路径镗孔
镗孔♯2	G86	用进给进刀、主轴停止、快速退刀路径镗孔

常见的钻孔或镗孔操作如图 7-19 所示，其操作顺序如下：

① 快速移动到在安全高度的孔中心。

② 快速下刀到参考高度。

③ 进刀到孔底部的 Z 深度。

④ 暂留在孔底部一段时间（如果有指定的话）。

⑤ 退刀回到参考高度或者安全高度。

钻深孔通常有两种方法：深孔啄钻和断屑式钻孔。它们适用于孔的深度大于三倍刀具直径的时候。图 7-20 说明这两种深孔钻孔形式的差别。

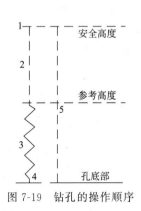

图 7-19　钻孔的操作顺序

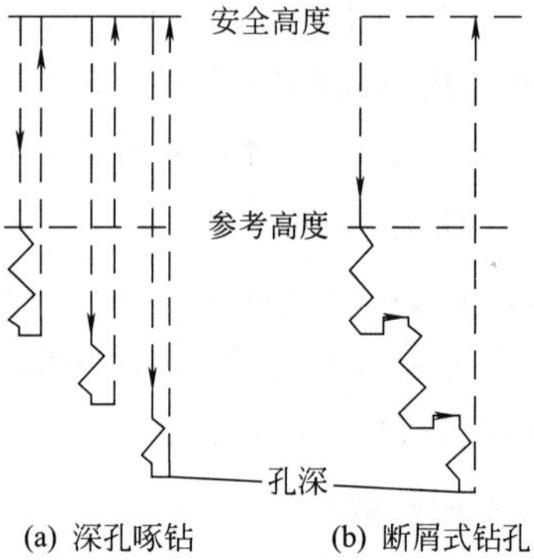

图 7-20　钻深孔的两种方法

（a）深孔啄钻　（b）断屑式钻孔

2. 点的选择

有三种主要方法来选择要钻孔的位置。

① 手动输入：人工选择要钻孔的点。

② 自动输入：系统自动选择要钻孔的点。

③ 窗选：系统选择在视窗之内的点。

在这三种方法中，一般选择自动输入法。若要选的点数小于 4，或采用自动选点，所选取的点未能按所需的顺序时，则选用手动输入法。

3. **注意事项**

① 安全高度、参考高度和 Z 深度的选择建议如下。

a. 安全高度一定要足够高，以避免任何的干涉（如与步阶、夹具等）。

b. 参考高度：对于光滑表面，取在要钻孔的工件表面以上 0.15in；对于粗糙表面，取在要钻孔的工件表面以上 0.3in。

c. Z 深度：盲孔时，Z 深度＝全直径孔深度＋0.3D，其中 D 为钻头直径；穿透孔时，Z 深度＝孔深度＋0.3D＋0.1。

② 一般使用绝对深度方式指定孔的 Z 深度（孔底部）　增量深度方式只适用于钻有不同深度且满足以下两个条件的孔：

a. 选择点的 Z 值已经指定且必须是孔底部的精确 Z 坐标值。

b. 顶端表面在同一水平面上。

③ 当选择点的 Z 坐标是零时，增量深度和绝对深度方式下的 Z 深度值相同。

④ 当孔的深度大于三倍刀具直径时，使用深孔啄钻或断屑式钻孔形式。深孔啄钻适用于切削碎屑不易移除的情况；断屑式钻孔可以缩短操作时间，因为钻头不需要退回到安全高度或参考高度，然而，它的碎屑移除能力不如深孔啄钻。

⑤ 每次啄钻的钻孔距离大约是钻头直径的 1.5 倍。

⑥ 在攻螺纹操作里，进给率和主轴转速必须要彼此配合，以达成所要求的螺纹精度。

下列公式可以用于计算适当的进给率和主轴转速：

进给率（in/min）＝间距×主轴转速

进给率（in/r）＝间距

其中，间距＝1/每英寸的螺纹数。

⑦ 当需要对同样一组孔进行多种操作如钻孔、镗孔和攻螺纹时，使用"重复使用这些点坐标"指令以避免重复地为后续的操作选择点。

⑧ 使用"增加跳跃"指令使刀具以比参考高度较高的高度在孔与孔之间移动，以免产生刀具与步阶或夹具的干涉。

（六）刻文字模组

在工件表面上雕刻文字是一种常见的切削加工应用。在 MasterCAM 里有两种方法可以产生刻文字刀具路径：文字几何图素方法和刀具路径模组方法。文字几何图素方法是利用外形铣削或者挖槽模组，根据现有的文字图素产生刀具路径。有两种方法可以产生文字图素：使用文字指令或者编辑注解文字。这两种方法在前面讨论过。对于刀具路径模组方法，使用刻文字刀具路径模组来产生刀具路径雕刻各种不同字型和形式的文字。

刻文字模组可以用于产生雕刻各种字型和形式的文字刀具路径。MasterCAM 提供四种标准字型：单线字、方块字、罗马字和斜体字，如图 7-21 所示。刻文字模组基本上用外形铣削的原则沿着文字轮廓产生刀具路径。

1. **文字尺寸和间距**

文字尺寸决定它的高度和宽度，如图 7-22 所示。如果使用四种标准字型，每种字型的高度对宽度的比值是预先订好的，用户可以在设定档里改变这个比值。刻文字参数功能表只让用户改变字高参数，宽度会自动地根据高度和宽高比值缩放。

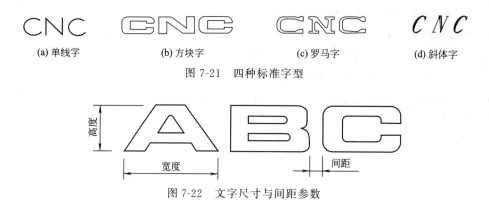

(a) 单线字   (b) 方块字   (c) 罗马字   (d) 斜体字

图 7-21　四种标准字型

图 7-22　文字尺寸与间距参数

间距参数指定字串里文字之间的间距。

2. **文字布局形式**

MasterCAM 提供两种文字布局形式：直线形和圆弧形，如图 7-23 所示。

① 直线形式。它把字串排列成一条平行于 X 轴的线。当使用直线形式时，使用者需要指定文字的起点，就是字串的左下角，如图 7-24 所示。

② 圆弧形式。它允许字串沿着一个弧排列。有三个参数用于定义字串的位置：圆弧中心、圆弧半径以及圆弧的视角。如果指定的是顶端圆弧（俯视图），字串中心定在 90° 角线，并且是顺时针方向排列；若是下方圆弧（底视图），字串中心定在 270° 角线，并且是逆时针方向排列，如图 7-25 所示。

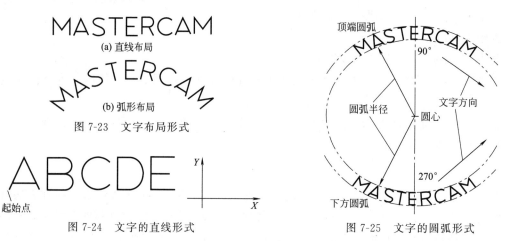

(a) 直线布局

(b) 弧形布局

图 7-23　文字布局形式

图 7-24　文字的直线形式

图 7-25　文字的圆弧形式

第四节　相关性应用与后置处理

一、操作管理

1. 刀具路径的档案结构

在使用各种刀具路径模组产生了刀具路径之后，可能需要对这些刀具路径进行操作。

MasterCAM 提供多种操作刀具路径的功能，包括全选、重新计算、刀具路径模拟、对刀具路径编辑等。选择"主功能表"→"刀具路径"→"操作管理"，得到操作管理的视窗如图 7-26 所示。

从图中看出，MasterCAM 将刀具路径组织成若干群组，每个群组又由若干个段落组成，以便于操作。刀具路径段落的顺序是根据它们产生的先后次序。一个加工程序所产生的刀具路径通常被认定为一个操作或者一个段落。所以刀具路径乃是使用外形铣削、挖槽、钻孔或曲面模组之一来产生。例如加工图 7-27 所示工件需要使用三种加工程序。其顺序为：首先用外形铣削模组加工外部轮廓，然后使用挖槽模组挖长方形的槽，最后用钻孔模组钻四个孔。这个范例的刀具路径包含的三个段落如下：

段落号码　　　　刀具路径

段落 1：外形铣削模组

段落 2：挖槽模组

段落 3：钻孔模组

档案结束：档尾

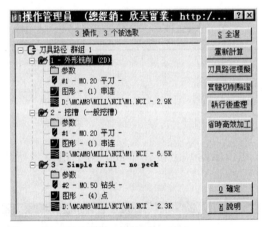

图 7-26　操作管理视窗

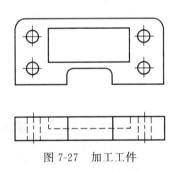

图 7-27　加工工件

一个加工程序有时会产生数个段落的刀具路径。如当外形铣削模组被使用在粗切削和精切削次数的总和多于一时，或深度铣削的粗切削和精切削的总和多于一时。

① 使用外形铣削模组所得的刀具路径段落数目。计算公式为

$$外形铣削的刀具路径段落总数 = 刀具参数$$

$$刀具参数 = (N_R + N_F) \times (N_{RD} + N_{FD})$$

式中，N_R 为粗切削的次数；N_F 为精切削的次数；N_{RD} 为深度铣削的粗切削次数；N_{FD} 为深度铣削的精切削次数。

② 挖槽模组中刀具路径段落数目。挖槽加工中，刀具路径段落的数目是深度铣削参数中粗切削与精切削次数之和，在 XY 平面的精切削次数并不影响刀具路径段落的总数，即

$$挖槽加工的刀具路径段落总数 = N_{RD} + N_{FD}$$

③ 钻孔模组中刀具路径段落数目。使用钻孔模组时，刀具路径段落的数目总是一。

④ 一个工件程序中包含的刀具路径总数。当一个工件程序中包含多于一种模组所产生

的刀具路径时（外形铣削、挖槽、钻孔或者曲面模组），刀具路径段落的总数是每个加工模组的刀具路径数目的总和。

2. 操作管理的功能

MasterCAM 除了将所绘制或转入的图形档与所规划的加工路径资料记录在一起，而形成 MC8 档外，它还具有关联性，可以将刀具路径、刀具管理、工作设定加工参数连接于几何图形而构成一个完整的加工程序，对其中某些参数或操作进行修改。操作管理对话框中有七个功能项，如表 7-6 所示。

表 7-6　操作管理功能

功能项	功能说明
全选	选取操作管理中所有的操作流程
重新计算	将重新计算所有编辑或排序过的刀具路径
刀具路径模拟	用于模拟选定的刀具路径
实体切削验证	提供一实体切削模拟,用于验证切削的正确性
执行后处理	可以制作 NCI 档并可转为 NC 程序
省时高效加工	包括余量设置、切削刀具及切削用量和机床加工优化设置
确定	可以离开操作管理对话框

3. 操作管理的操作

在操作管理对话框中可以通过鼠标来进行操作。

（1）移动

有两种方法：

① 直接用鼠标左键在所要搬移的操作流程（路径段落）上按住不放，向下拖曳到所要放置的位置处即可，如图 7-28 所示。

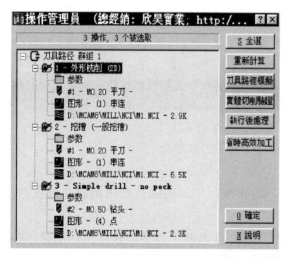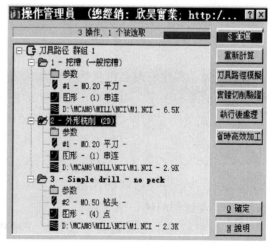

图 7-28　直接移动

② 直接用鼠标右键在所要搬移的操作流程上按住不放，拖曳到所要放置的位置处，将会出现一菜单，如图 7-29 所示。其中移动方式有"搬移到...之前"与"搬移到...之后"。选择需要的移动指令后就可以将刚刚选择的操作流程移动到所要放置位置处的上方

或下方。

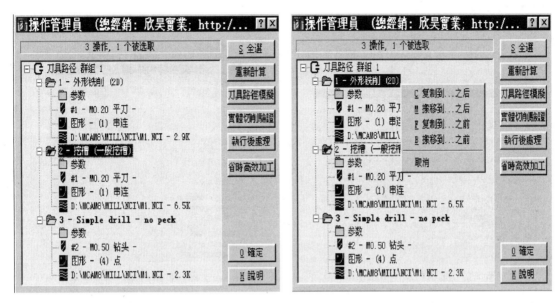

图 7-29 使用移动和复制指令

（2）复制

直接用鼠标右键在所要复制的操作流程上按住不放，拖曳到所要放置的位置处，将会出现一菜单，如图 7-29 所示。其中复制方式有"复制到…之前"与"复制到…之后"。选择需要的复制指令后就可以将刚刚选择的操作流程复制到所要放置位置处的上方或下方。

（3）其他

在选定的操作流程上按下鼠标右键将会出现一功能表，如图 7-30 所示。

① 刀具路径。它用来对所选操作流程追加刀具路径段落和对刀具路径进行操作。刀具路径的操作功能菜单如图 7-31 所示。

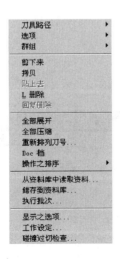

图 7-30　按鼠标右键后的功能表　　　　图 7-31　刀具路径的操作功能菜单

② 选项。它用来对所选操作流程进行刀具路径的编辑。选项的操作功能菜单如图 7-32 所示。

③ 群组。它用来对所选操作流程进行群组操作，其操作功能菜单如图 7-33 所示。

图 7-32　选项的操作功能菜单　　　　图 7-33　群组的操作功能菜单

④ 剪下来、拷贝、贴上去、删除、恢复删除。它们用来对所选操作流程进行剪切、复制、粘贴、删除、恢复删除等操作。

⑤ 全部展开、全部压缩。它们用来对所选操作流程的内容进行全部展开或全部压缩操作。

⑥ 重新排列刀号。它用来对所选操作流程重新排列刀号，其操作对话框如图 7-34 所示。

⑦ Doc 档。将现行操作管理目录资料储存到 Doc 档中。

⑧ 操作之排序。它依据所设定的方式将操作流程重新排序，其操作对话框如图 7-35 所示。

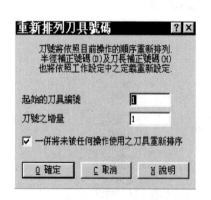
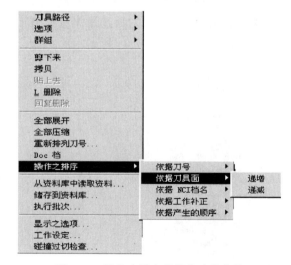

图 7-34　重新排列刀号操作对话框　　　　图 7-35　操作之排序的操作功能菜单

⑨ 其他项。还有如下项目：

a. 从资料库中读取资料：将操作资料从资料库中取出。

b. 储存到资料库：将资料储存到操作资料库中。

c. 执行批次：进行原始操作、档案之选项、批次操作等。

d. 显示之选项：选取显示的有关项目。

e. 工作设定：开启工作设定表以定义工作参数，可以输入工件原点、刀具路径系统规划、工件材质、进给计算与刀具补正记录等工作参数。

f. 碰撞过切检查：选取碰撞过切检查的有关项目。

二、路径转换

MasterCAM 提供非常有用的刀具路径转换功能来改变已产生刀具路径的位置、方向和尺寸大小。选择"主功能表"→"刀具路径"→"下一页"→"路径转换"，其操作对话框如图 7-36 所示。

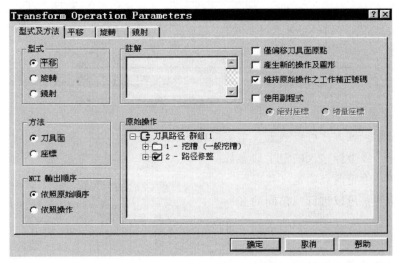

图 7-36　刀具路径转换功能

1. 型式及方法

在路径转换对话框中型式及方法有以下几种。

① 平移：移动或阵列原刀具路径。

② 旋转：在现行的构图平面里，将原刀具路径对原点或任意点做旋转或圆形阵列。

③ 镜射：将刀具路径对 X 轴、Y 轴或任意线做镜射。

④ 刀具面：如果设置此项，在平移标签中的 View 选项将改变，刀具的进给方向也可以改变。

⑤ 坐标：仅改变进刀的坐标，不会改变刀具的进给方向。

⑥ 依照原始顺序：按原始顺序进行 NCI 输出排序。

⑦ 依照操作：按操作进行 NCI 输出排序。

平移刀具路径的方法有以下三种。

① 仅偏移刀具面原点：通过改变刀具平面原点，达到平移的目的，新的刀具路径与原刀具路径有关联。

② 产生新的操作及图形：通过几何坐标计算产生新的刀具路径，独立于原刀具路径。

③ 维持原始操作之工作补正号码：当新的观察视角与原观察视角同名时，保持原操作

工作偏置。

2. 平移

平移操作对话框如图 7-37 所示，其平移方式的定义方法如下。

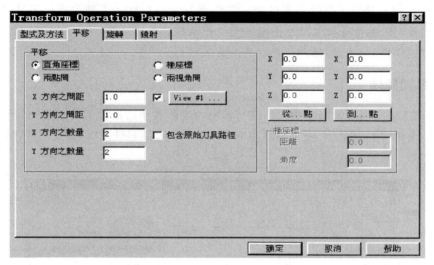

图 7-37　平移操作对话框

① 直角坐标：该方式可以实现直角坐标内的阵列。

② 极坐标：极坐标输入确定平移参数。

③ 两点间：给定两点确定平移参数。

④ 两视角间：可以进行视角间的变换。

3. 旋转

旋转参数如下。

① 旋转之基准点：选择原点或任意点。

② 次数：表示转换路径的加工次数。

③ 旋转角度：表示转换路径的旋转角度。

④ 旋转之视角：选择旋转的视角。

4. 镜射

镜射的方法有：

① X 轴：选择 X 轴作为镜射轴。

② Y 轴：选择 Y 轴作为镜射轴。

③ 图素：选取镜射的基准点。

三、刀具路径合并

为了提高效率，有时在加工时，要求把多个工件放在一个工作台上同时进行加工，这时编制程序时需要将几个已经编制好的程序进行合并，MasterCAM 提供了这个功能。

选择"主功能表"→"刀具路径"→"下一页"→"汇入 NCI"，其对话框如图 7-38 所示。在对话框"文件名"中输入所需要合并的文件，单击"保存"按钮，则所需要的刀具路径会出现在屏幕上。

图 7-38　刀具路径汇入对话框

四、后置处理

后置处理是根据加工工件所用的 CNC 控制器后置处理程序，将 NCI 档案转换为该 CNC 控制器可以识别的 NC 代码程序。

对于不同的数控机床，由于其数控系统不同，其编程指令与格式也有所不同，所选用的后置处理程序（*.pst）也相应不同。对于具体的数控机床，应选用对应的后置处理程序，MasterCAM 提供了 400 种以上后置处理程序可供选择。若可供选择的后置处理程序在 Mas-terCAM 中没有，则需由用户准备相应的后置处理程序。随着机床数控系统的标准化，一般选取与该数控系统相同系列的后置处理程序惯用文件，用任何文本编辑软件编辑修改使用者定义的后处理块、预先定义的后处理块和系统问题等项后，以新文件名存档并可通过编辑方式修改，以适用于对应数控系统编程格式的要求。

MasterCAM 系统的后置处理操作有两种途径：

① 刀具路径下的刀具路径模组执行完后，选"结束程序"以关闭刀具路径文件，再选择"执行后置处理"即可。它主要适用于对当前刚生成的刀具路径文件进行后置处理。

② 通过"公用管理"菜单进行。具体操作为："公用管理"→"后置处理"→"更换机种"→选取所需要的后置处理程序惯用文件（如 HZCNC.PST）→"执行 NCI-NC"，即可自动生成 NC 程序，适合所选用的数控系统（如华中数控系统 HNC）控制下的数控加工。

五、2D 自动编程实例

【例题 7-1】　如图 7-39 所示，使用刻文字模组产生刀具路径切削两个字串，两者都用圆弧形式。顶端字串的字型是单线字，下方字串使用方块字。

1. 分析

① 首先产生图 7-39 的几何图形。产生两个矩形，然后在内部矩形的四个角加上四个

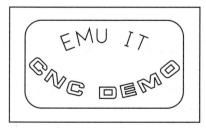

图 7-39　例题 7-1 图

图 7-40　产生单线字串

$R0.5$ 的倒圆角。矩形坐标分别为：矩形一，（0，0）和（6，4）；矩形二，（0.5，0.5）和（5.5，3.5）。

② 上方的字串使用单线字型并且排在一个半径 2.75in、圆心（3，0）的弧上，字高为 0.5in，间距为 0.15in。

③ 下方的字串使用方块字型并且排列在一个半径 2.75in、圆心（3，4）的弧上，字高为 0.4in，间距为 0.12in。

④ 切削两个字串的刀具直径都是 1/16in。

⑤ 切削单线字型的字串时，计算机刀具补正应该设定为不补正；切削方块字型的字串时，计算机补正应该设定为左补正。

2. **步骤**

① 产生图 7-39 所示的图形。这里主要介绍产生文字的操作方法。

选择 "主功能表"→"绘图"→"下一页"→"文字"→"档案"→"单线字"。

输入文字的高度：0.5←（"←"代表回车，下同）。

输入文字的间距：0.15←。

把文字排列在圆弧上吗？选择 Yes。

输入圆心坐标：3，0←。输入圆弧半径：2.75←。

输入圆弧的视角：选 "俯视图"。输入文字：EMUIT←。

② 生成单线字串 "EMUIT" 的刀具路径。

a. 选择 "主功能表"→"刀具路径"→"外形铣削"→"窗选"，按图 7-40 定义矩形，选择该字串的起始点 S，选择 "执行"，设定外形铣削的刀具参数，如图 7-41 所示。

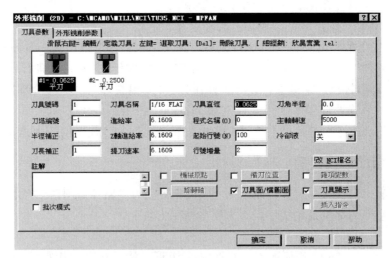

图 7-41　设定外形铣削（挖槽）的刀具参数

b. 设定外形铣削参数，如图 7-42 所示。

③ 产生方块字串 "CNCDEMO" 文字，其操作方法与产生单线字串基本相同。

④ 生成方块字串 "CNCDEMO" 的刀具路径。

选择 "主功能表"→"刀具路径"→"挖槽"→"窗选"，定义矩形，选择该字串的起始点，选择 "执行"，设定挖槽参数，如图 7-41、图 7-43、图 7-44 所示。

⑤ 选择 "主功能表"→"刀具路径"→"操作管理"→"实体验证"，结果如图 7-45 所示。

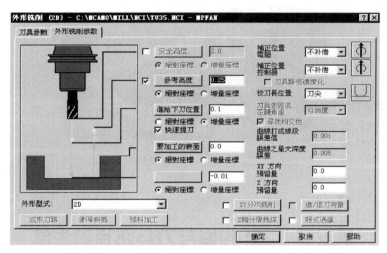

图 7-42　设定单线字串的外形铣削参数

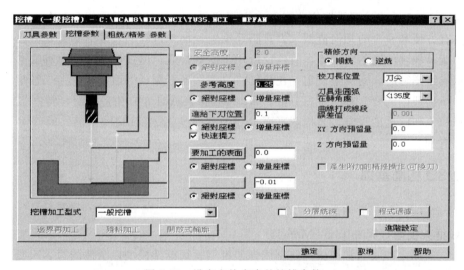

图 7-43　设定方块字串的挖槽参数

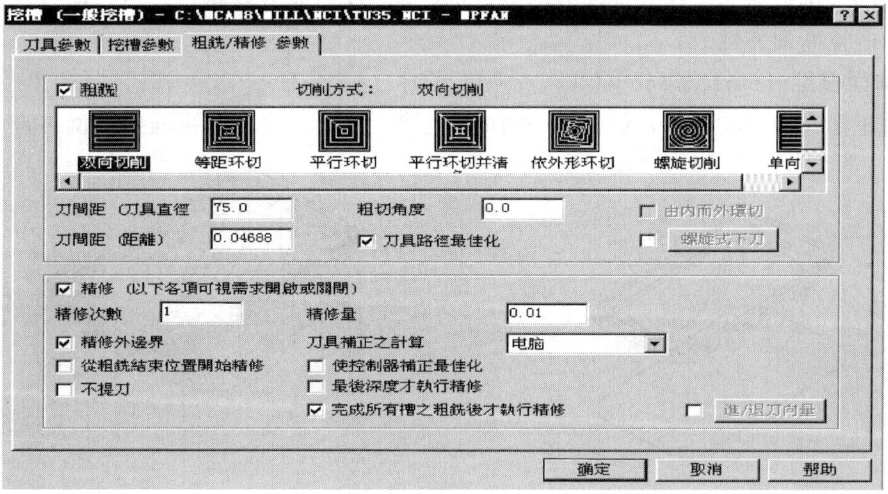

图 7-44　设定方块字串的挖槽精修参数

图 7-45 实体验证效果图

第五节 3D 构图与刀具路径的生成

MasterCAM 系统采用线框架造型，它主要研究 3D 曲线和曲面表示方法、曲面求交等问题，具有方便和直观的几何造型、刀具路径编辑、加工过程的三维仿真、支持数控机床多轴联动功能及较强的通信功能等，故广泛应用于制造行业。但线框架造型也有缺点，当利用屏幕显示三维图形时，通常是设定一视角，将三维图形投影到平面，转化为二维图形。图形中的一些凸出或凹入要素有时难以分清，所以 MasterCAM 在几何造型时，特别强调构图平面的选择和工作深度的设定。当构图平面设定为空间绘图（3D 构图平面）时，对几何造型的空间感有利。

一、3D 构图基础

（一）3D 几何造型的基本概念

1. 线框架模型（Wireframe Models）

在构造曲面之前，通常都应先绘制线框架模型。线框架模型以物体的边界（线）来定义物体，如图 7-46 所示。为了能正确地表现出物体的形状，常把"非平面的表面"以线框架图素为基准来构造曲面。线框架模型不能直接产生 3D 曲面刀具路径，但它能表示曲面的边界和曲面的横断面特性。

2. 曲面模型（Surface Models）

它用于定义曲面的形状，包括每一曲面的边界（线），这是把线框架模型再进一步处理

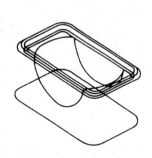

图 7-46 线框架模型

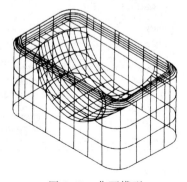

图 7-47 曲面模型

之后所得到的结果。也就是说，曲面模型不仅显示曲面的边界（线），而且能呈现出曲面的真实形状。曲面模型可直接产生曲面刀具路径去加工曲面，拥有比线框架模型更多的资料，并且能够被编修和上色。图 7-47 所示为呈现的曲面模型，它与图 7-46 所呈现的是同一物体，只是改用曲面的方式来呈现。

3. 构图平面（Construction Plane）

它用于定义平面的方向，几何图形就是要绘制于所定义的构图平面上。在使用 CAD 系统绘制任何图素之前，必须先指定构图平面。MasterCAM 提供六种基本的构图平面：俯视图（Top Cplane）、前视图（Front Cplane）、侧视图（Side Cplane）、空间绘图（3D Cplane）、两线定面（2-Line Cplane）、法线面（Normal Cplane）。

（1）三种基本构图平面

图 7-48 所示为三种基本构图平面：俯视图、前视图、侧视图。俯视图构图平面是最常用的构图平面，注意当把构图面更改为前视图或侧视图时，它们的轴向所发生的变化。决定每一平面之轴向的原则如下：

① 当正面对着所选定平面时，此构图平面的 X 轴总是朝向"水平"的方向。

② 当正面对着所选定平面时，此构图平面的 Y 轴总是朝向"垂直"的方向。

③ Z 轴总是垂直于 X 轴和 Y 轴。

（2）空间绘图构图平面（3D Cplane）

空间绘图构图平面的轴向和俯视图构图平面的轴向很类似，唯一不同的是：空间绘图构图平面允许直线的两端面落在"不平行于三个基本构图平面中的任一个"。也就是说，在此构图平面上绘制直线图素，其两端点的深度可以不一样，故称为立体空间构图平面，如图 7-49 所示。

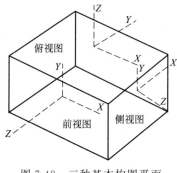

图 7-48　三种基本构图平面

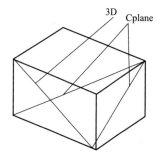

图 7-49　3D Cplane 构图平面

（3）两线定面（2-Line Cplane）

在空间上的任意两条垂直的直线都可以用于定义构图平面。此时，所选取的第一直线就代表 X 轴，第二条直线就成为 Y 轴，而 Z 轴垂直于 X 轴和 Y 轴。

（4）法线面（Normal Cplane）

它的法线方向的平面是在垂直所选取直线的端点上而被定义出来的。

4. Z 深度的控制

MasterCAM 系统是用第二功能表（Secondary Menu）内的 Z 命令去控制几何图素的深度，图 7-50 呈现如何指定 Z 值使构图平面的位置适当。

对于三维几何造型，需在构图过程中，根据作图需要不断改变其构图平面和构图工作深

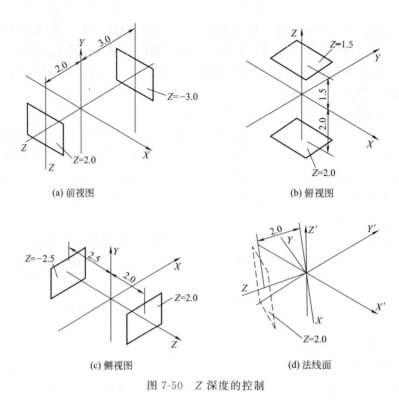

(a) 前视图

(b) 俯视图

(c) 侧视图

(d) 法线面

图 7-50 Z 深度的控制

度 Z，并且为了能清楚表示屏幕上所作图形中的各种图素和制图时抓点方便，也需随时选用视角、颜色或层功能。

（二）曲面类型与特征

曲面（Surface）是用数学方程式以"表层"的方式来表现物体的形状。一个曲面通常含有许多的断面（Sections）或缀面（Patches），这些熔接在一起形成一个物体的形状。CAD/CAM 系统中的曲面模组化已经能够精确而且完整地描述复杂的工件形状；另外也常在较复杂的工件上看到多曲面结合而成的形状，它是由曲面熔接技术来产生单一曲面的模型，这在曲面模型的设计分析和 NC 刀具路径的制作上是非常有用的。对于此类由多个曲面熔接而成的曲面模型，通常被称为复合曲面（Composite Surface）。

1. 曲面的数学化

所有的曲面都是用 Coons 曲面、Bezier 曲面、B-Spline 曲面和 NURBS 曲面等四种数学方程式所计算而得到的。下面简略描述这些产生曲面的方式。

（1）Coons Surface（昆式曲面）

它也被称作 Coons Patch（昆式缀面）。单一的昆式曲面是以四个边界高阶曲线（见图 7-51）

(a) 单一昆式曲面线框架模型　　(b) 单一昆式曲面模型

图 7-51 单一昆式曲面的模型

所熔接而成的曲面缀面，而多个缀面的昆氏曲面则是由数个独立的缀面很平顺地熔接在一起而得到的（见图 7-52）。熔接各个缀面的方式又可分为 bi-Liear（双线性）或 bi-Cubic（双三次式曲线）。

昆式曲面形状的优点是：穿过线框架曲线或数位化的点能够形成精确的平滑化曲面。换句话说，曲面必须穿过全部的控制点。昆式曲面形状的缺点是：若想要更改曲面的形状，就必须更改控制其高阶曲线。

（2）Bezier Surface（贝赛尔曲面）

它是由熔接全部相连的直线和由网状的控制点所形成的碎平面（Facets）而建构出来（见图 7-53）。多个缀面的 Bezier 曲面的形成方式与昆式曲面类似，它是把个别独立的 Bezier 缀面很平滑地熔接在一起而产生的。

(a) 多昆式曲面线框架模型　(b) 多昆式曲面模型

图 7-52　多昆式曲面的模型

图 7-53　Bezier 曲面

使用 Bezier 曲面的优点是可以操作控制整个曲面上的控制点来更改曲面的形状，各个控制点（Control Points）能够被拉高而产生新的设计；它的缺点是整个曲面形状会因为拉动任一个控制点而改变。

（3）B-Spline Surface（B-平滑曲面）

它具有昆式曲面和 Bezier 曲面的重要特性。很类似昆式缀面，它可以由一组断面曲线来形成；又有点像 Bezier 曲面，也有控制点，可以用操控控制点的方式而更改曲面表层的形状。

B-平滑曲面的优点是可以有多个曲面，并且在相邻曲面的连续性可以保证没有控制点被移动；其缺点是对原始的基本曲面（如圆柱、球面），并不能够很精确呈现，仅能近似呈现，故当这些简单的曲面被加工时，可能会产生令人无法接受的尺寸误差。

（4）NURBS Surface（非制式曲面）

它是 Non-Uniform Rational B-Spline 的缩写。非制式曲面具有 B-Spline 曲面所拥有的全部能力，另外提供了一种"重量的功能"去更改在曲面表层上之控制点的影响力。当"重量的功能"是一个定值时，NURBS 曲面就相当于一个 B-Spline 曲面。它可以精确地呈现基本曲面。故 NURBS 曲面模组化技术是当今最新的曲面数学化方程式。

2. 曲面的形式

曲面可分为三大类型：几何图形曲面（Geometrical Surfaces）、自由形式的曲面（Free-Form Surfaces）、编辑过的曲面（Derived Surfaces）。

（1）几何图形曲面

它有固定的几何形状（如球、圆锥以及牵引曲面、旋转曲面等）。MasterCAM 提供两个曲面技术用于建构几何图形曲面：牵引曲面（Draft Surfaces）和旋转曲面（Revolved Surfaces），如表 7-7 所示。

表 7-7　几何图形曲面

曲面形式	说明	应用	图例
牵引曲面	断面形状沿着直线笔直地挤出而形成的曲面	用于建构圆锥、圆柱、有拔模角度的模型、平行的圆柱	
旋转曲面	断面形状绕着轴或某一直线旋转而形成曲面	用于任何工件的曲面有圆形或圆弧的断面	

（2）自由形式的曲面

它并不是特定形状的几何图形，通常都是根据直线和曲线而决定其形状，这些曲面构造需要更复杂而难度更高的曲面技术。

自由形式的曲面可细分为拘束式曲面（Constrained Surfaces）和非拘束式曲面（Unconstrained Surfaces）两类。拘束式曲面一定会真实地通过所指定的断面形状，如昆式缀面等，如表 7-8 所示。

表 7-8　自由形式的曲面（拘束式曲面）

曲面形式	说明	应用	图例
举升曲面（Lofted Surface）	通过一组的断面轮廓而形成的曲面	当曲面必须通过超过两条曲线，以抛物线形式来熔接时	
2D 扫描曲面（2D Swept）	把断面外形沿着一条导引线平移或旋转而形成的曲面	用于当曲面断面的任一点都保持固定时	
3D 扫描曲面（3D Swept）	曲面的建构： ①断面外形沿着两条导引线平移 ②断面外形沿着一条导引线平移	用于当曲面断面的任一段都不是固定形状时	
昆式曲面（Coons Surface）	把某一数目的缀面熔接而形成的曲面，嵌片是由四条相连接的曲线所形成的封闭区	用于当曲面由一组缀面所形成时	
直纹曲面（Ruled Surface）	在两个或更多的线段或曲线之间笔直地对拉出相连的直线	当曲面要填满于两个或更多曲线之间时，就使用直纹曲面	

非拘束式曲面不受限于先前存在的点或曲线的数据资料，是采用"控制点"去建构曲面的形状，并不需要通过所有预先定义的点或曲线的数据。它主要用于概念性的设计（如形状比尺寸重要），如 Bezier 曲面、B-Spline 曲面、NURBS 曲面等。

（3）编辑过的曲面

它是由既有的曲面去修改而得到的，有曲面补正（Offset Surface）、修整/延伸（Trimmed Surface）、曲面倒圆角（Fillet Surface）、曲面熔接（Blend Surface）等，如表 7-9 所示。

表 7-9　编辑过的曲面

曲面形式	说明	应用	图例
曲面补正	由某一曲面为基准,依指定的距离,垂直于曲面平行偏位而产生另一曲面	用于由某一曲面补正产生另一新的曲面时。新的曲面与原曲面的距离可以指定	
修整/延伸	曲面被指定的曲线边界修剪	当用于重新定义曲面的边界时	
曲面倒圆角	在两个曲面之间建构相切的倒圆角	用于工件的角落需要有平滑角落,避免尖角时	
曲面熔接	熔接两个母体曲面而形成一个相切于它们的曲面	用于要用平顺的曲面连接于两个曲面之间的场合	

3. MasterCAM 的曲面

MasterCAM 提供了许多功能强大的曲面技术,包括如下几个。

① 几何图形曲面模组:有旋转曲面、牵引曲面两个模组。

② 自由形式的曲面模组:有直纹曲面、举升曲面、昆式曲面、扫描曲面四个模组。

③ 编辑过的曲面模组:有曲面倒圆角、曲面补正、修整/延伸、曲面熔接四个模组。

对于自由形式的曲面和编辑过的曲面,主要都是基于三种方式的曲面数学化原则:参数式(Parametric)、NURBS 和曲线生成式(Curve-generate)。大多数曲面模组可选用这三种形式,但昆式曲面、扫描曲面和顺接曲面只能选择参数式和 NURBS 式。

二、3D 曲面构造与编辑

3D 曲面构造的子功能菜单如图 7-54 所示。

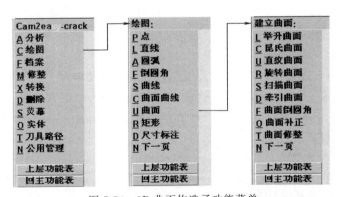

图 7-54　3D 曲面构造子功能菜单

下面主要通过例题,介绍利用线框架模型产生昆式曲面模型的方法。

1. 产生线框架模型

【例题 7-2】　产生图 7-55 所示的线框架模型。

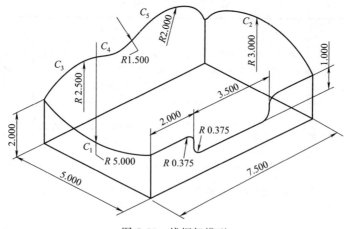

图 7-55 线框架模型

构图分析如下：

① 用俯视图（Top Cplane）构图平面，绘制一个矩形。

② 用前视图（Front Cplane）建构线框架模型上边界的两个外形，即 C_1 和 C_2 两个圆弧，其由端点和半径所定义。

③ 用侧视图（Side Cplane）来建构线框架模型上边界的其余两个外形。

④ 在做上边界右边的外形时，需先做三条辅助线；在做上边界左边的外形时，需先做一条辅助线，并在做完后进行删除。

在进行构图分析后，其构图步骤具体如下：

① 进入 MasterCAM 系统，并设定次功能表。

a. 单击"Z"，输入 Z 值为"0"，按回车键。

b. 单击"构图面"，再单击"俯视图"。

c. 单击"视角"，选择"等角视图"。

② 建构一个矩形盒。

选"回主功能表（Main Menu）"→"绘图（Create）"→"矩形（Rectangle）"→"两点（2Points）"。

a. 输入左下角：0，0←。

b. 输入右上角：5，7.5←。

c. 按"Alt＋F1"组合键，然后按"Alt＋F2"组合键使屏幕上的图形适度化。

选"回主功能表（Main Menu）"→"转换（Xform）"→"平移（Traslate）"→"所有的（All)"→"线（Lines）"→"执行（Done）"→"直角坐标（Rectang）"。

a. 输入平移向量：Z-2←。

b. 设定对话框内的参数，如图 7-56 所示。

c. 选对话框内的"确定（Done）"。

现在，屏幕上矩形盒如图 7-57 所示。

③ 在前视图构图平面来绘制 C_1 和 C_2 圆弧。

选"构图面（Cplane）"→"前视图（Front）"。

选"回主功能表（Main Menu）"→"绘图（Create）"→"圆弧（Arc）"→"两点圆弧（Endpoints）"→"端点（Endpoint）"。

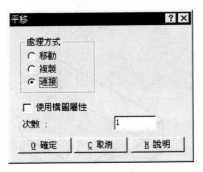

图 7-56　平移对话框

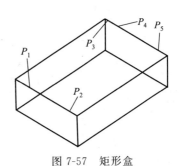

图 7-57　矩形盒

a. 输入第一点：抓取 P_1 和 P_2。

b. 输入半径：5←。

c. 选择所要的圆弧 C_1。

d. 选 "Z0.000"→"端点（Endpoint）"。

e. 抓取 P_3，表示把工作深度定位于所选的线端点的深度。

f. 选 P_4 和 P_5 去定义圆弧的两端点。

g. 输入半径（5，0）：3←。

h. 选择所要的圆弧 C_2。

现在，屏幕上的图形如图 7-58 所示。

④ 绘制三条辅助线，抓取的点如图 7-58 所示。

a. 选 "构图面（Cplane）"→"侧视图（Side）"。

b. 选 "Z"→"端点（Endpoint）"。

c. 抓取 P_1 即获得工作深度（应该是 $Z5.0$）。

选 "回主功能表（Main Menu）"→"绘图（Create）"→"直线（Line）"→"水平（Horizontal）"。

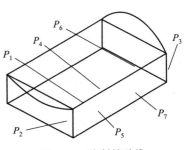

图 7-58　绘制辅助线

a. 指定第一个点：抓取 P_2 和 P_3。

b. 输入所在 Y 轴位置：-1.0←。

选 "上层功能表（Backup）"→"垂直（Vertical）"。

a. 指定第一个点：抓取 P_4 和 P_5。

b. 输入所在 X 轴位置 2.0←。

c. 选定第一个点：抓取 P_6 和 P_7。

d. 输入所在 X 轴位置：5.5←。

现在，屏幕上的图形如图 7-59 所示。

⑤ 加入四个倒圆角，抓取的点如图 7-59 所示。

选 "回主功能表（Main Menu）"→"修整（Modify）"→"打断（Break）"→"两段（2 Pieces）"。

a. 选择图素：选 P_1、P_2（两点可以为同一点）。

选 "回主功能表（Main Menu）"→"修整（Modify）"→"倒圆角（Fillet）"→"圆角半径（Radius）"。

b. 输入圆角半径：0.375←。

c. 依次选取 $P_3 \sim P_{10}$ 即完成四个倒圆角。

现在，屏幕上的图形如图 7-59 所示。

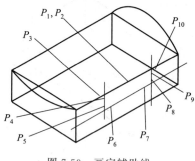

图 7-59 画完辅助线

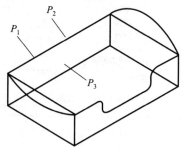

图 7-60 倒圆角

⑥ 建构一条辅助线，准备用于绘制 $C_3 \sim C_5$ 三个圆弧，抓取的点如图 7-60 所示。

a. 选"Z"→"端点（Endpoint）"。

b. 抓取 P_1 去设定工作深度的 Z 值（应该是 $Z0.0$）。

选"回主功能表（Main Menu）"→"绘图（Create）"→"直线（Line）"→"垂直（Vertical）"。

c. 抓取 P_2 和 P_3。

d. 输入所在 X 轴位置：3.75←。

现在，画出构图辅助线之后的图形如图 7-61 所示。

⑦ 建构两个圆弧 C_3 和 C_5，抓取的点如图 7-61 所示。

选"回主功能表（Main Menu）"→"绘图（Create）"→"圆弧（Arc）"→"两点圆弧（Endpoints）"→"端点（Endpoint）"。

a. 抓取 P_1 作为第一点。

b. 选取交点（Intersec）。

c. 抓取 P_2、P_3 去决定第二点。

d. 输入半径：2.5←。

e. 用鼠标选取所要的圆弧 C_3。

f. 继续抓取 P_4、P_5 去决定 C_5 圆弧的第一端点。

g. 选端点（Endpoint），然后再抓取 P_6 作为圆弧的第二端点。

h. 输入半径：2←。

i. 用鼠标选取所要的圆弧 C_5。

现在，屏幕上已有 C_3 和 C_5 这两个圆弧，如图 7-62 所示。

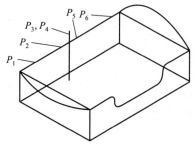

图 7-61 画完构图辅助线

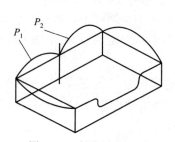

图 7-62 完成两个圆弧

⑧ 建构另一个圆弧 C_4，其相切于 C_3 和 C_5，抓取的点如图 7-62 所示。

选 "回主功能表（Main Menu）"→"修整（Modify）"→"倒圆角（Fillet）"→"圆角半径（Radius）"。

a. 输入半径：1.5←。

b. 抓取 P_1 和 P_2 即完成倒圆角。

现在，屏幕上的图形应该如图 7-63 所示。

⑨ 删除绘图辅助线，抓取的点如图 7-63 所示。

选 "回主功能表（Main Menu）"→"删除（Delete）"。

抓取 P_1～P_4，并删除这四条线。最后，完成的图形如图 7-64 所示。

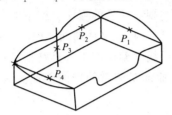 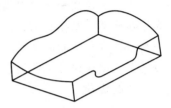

图 7-63　建构另外的圆弧　　　　　　　　　图 7-64　最终的图形

⑩ 存档。

选 "回主功能表（Main Menu）"→"档案（File）"→"储存（Save）"→输入档名：coons1←。

2. 产生昆式曲面模型

【例题 7-3】　产生图 7-65 所示的昆式曲面模型。

它的边界属于开放式外形，其切削方向的缀面数目为 1，截断面方向的缀面数目为 1，因此其缀面总数为 1，其绘图步骤具体如下：

① 选择 "主功能表"→"绘图"→"曲面"→"昆式曲面"→选择"否"，手动串联，抓取的点如图 7-66 所示。

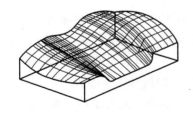 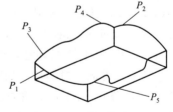

图 7-65　昆式曲面模型　　　　　　　　　图 7-66　线框架模型

a. 提示栏显示：切削方向的缀面数目，输入 1，按回车键。

b. 提示栏显示：截断面方向的缀面数目，输入 1，按回车键。

c. 选 "单体"，提示栏显示：

定义切削方向：段落 1、外形 1，抓取点 P_1。

定义切削方向：段落 1、外形 2，抓取点 P_2。

定义截断方向：段落 1、外形 1，选择菜单，点选更换模式→串联→部分串联，根据提示点选 P_3、P_4。

定义截断方向：段落 1、外形 2，根据提示点选 P_5。

② 选择菜单点选"结束选择"→"执行"，设定各项参数："曲面形式 N"、"熔接方式 L"→"执行"。最后，完成的昆式曲面模型图形，如图 7-65 所示。

选"回主功能表（Main Menu）"→"档案（File）"→"储存（Save）"→输入档名：coons2←。

三、3D 刀具路径的产生与编辑

1. 产生 3D 刀具路径的两种方法

MasterCAM 提供了两种方法，可用于产生曲面刀具路径去切削不同形式的曲面：线框架法（Wireframe）、曲面法（Surface）。若用线框架法，则线框架模型被用于 3D 刀具路径模组（指令）去产生切削曲面的刀具路径；若用曲面法，则需额外的程序去产生曲面的刀具路径，即先用线框架去制作曲面，再用单一曲面（Flow Line）或多重曲面（Multi Surf）的刀具路径模组（指令）依曲面去产生刀具路径。看起来用线框架法产生刀具路径比较直接而且使用比较简单，但建议使用曲面法，除非所要加工的曲面是非常简单的曲面。表 7-10 描述了这两种方法的优缺点。

表 7-10　产生 3D 曲面刀具路径的两种方法的比较

方法	优点	缺点
线框架法	在产生曲面刀具路径之前,不要去构造曲面	1. 仅能针对单一曲面去产生刀具路径 2. 产生刀具路径之前,无法得知曲面的形状 3. 产生刀具路径之前,没有曲面模型可进行分析 4. 需要定义更多的参数
曲面法	1. 可以同时针对多曲面去产生刀具路径 2. 在产生刀具路径之前,就有曲面可以进行分析 3. 仅需要定义较少的参数 4. 编程更具有弹性且容易	需要有已存在的曲面才能产生刀具路径

2. 用线框架法产生刀具路径

（1）3D 刀具路径共同参数

在前面 2D 刀具路径参数中已介绍，MasterCAM 有两类参数［共同参数（Common）、模组特殊参数（Module Specific）］去定义切削和刀具参数。大部分共同参数已介绍，那些共同参数也可以用于 3D 刀具路径，但仍有一些参数是 3D 刀具路径所增加的，如切削方向步进距离、截断面方向步进距离、切削方式、切削方向、切削补正等参数。

① 切削方向外形（Along）和截断面方向外形（Across）。曲面是由一系列连接的或不连接的外形所定义，这些外形可分为两类：切削方向外形和截断面方向外形。换句话说，切削方向外形和截断面方向外形是用于指定外形轮廓的方向，如图 7-67 所示。通常都是取较长方向的外形当作切削方向外形，较短方向的全部外形当作截断面方向外形。

② 切削方式（Cutting Methods）。它用于决定加工刀具的走向，有三种切削方式：双向切削（Zig Zag）、单向切削（One Way）、环状切削（Circular）。

③ 刀具切削方向（Cutting Direction）。此参数可以切换

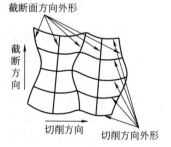

图 7-67　切削方向外形和截断面方向外形

为沿切削方向或沿截断面方向，用于指定刀具路径的方向。若是刀具的切削方向设定为沿切削方向的模式，则刀具将沿着切削方向来切削，而以沿截断面方向来步进，如图 7-68 所示。若是刀具的切削方向设定为沿截断面方向，则刀具将沿着截断面方向来切削，而以沿切削方向来步进，如图 7-69 所示。

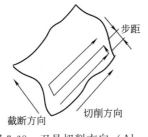

图 7-68　刀具切削方向（Along）

图 7-69　刀具切削方向（Across）

④ 步进距离（Stepping Over Distances）。曲面是由很小的直线段以步进的方式沿着曲面的表层来切削，因此，切削曲面需要设定两个步进距离，一个是切削方向步进距离，另一个是截断面方向步进距离，它们用于决定真正的刀具路径坐标。MasterCAM 使用两个参数决定这两个步进距离值：

a. 切削方向步进距离（Along Cut Distance）：沿着切削方向每一个刀具路径内部的增量距离。

b. 截断面方向步进距离（Across Cut Distance）：垂直于切削方向，相邻两个刀具路径之间的距离。

以上两个参数决定曲面的精确度及制作出来的程序长短。设定的补进距离越大，则程序越短，但曲面的误差越大，也就是越粗糙；相反，若是步进距离越小，则曲面越光滑，但所产生出来的程序就越长。

⑤ 刀具补正方式（Cutter Compensation）。在 3D 切削加工过程中，其补正的方式与 2D 切削有很大的不同，总共可以分为五种不同的补正方式。

a. 计算机补正：右补正、不补正、左补正。

b. 补正位置：刀具的球心（Center）、刀尖（Tip）。

通常，3D 曲面切削都是采用球形端铣刀，又称球刀（Ball-End Mill）或圆鼻刀（Bull-Nose End Mill）。当选用球心或刀尖的补正位置时，对刀具路径有很大的影响。

刀具补正的方向可以为左补正（Left）、右补正（Right）、不补正（Off）。当以切削方向计算补正时，由第一个外形朝向最后一个外形看，当用于定义曲面的外形会落在刀具路径的左侧时，则为左补正；当用于定义曲面的外形会落在刀具路径的右侧时，则为右补正。

（2）刀具路径模组

MasterCAM 有两类 3D 刀具路径模组：第一类有六个刀具路径模组，可用于产生单一曲面的刀具路径，这些模组是由线框架直接去产生刀具路径，不必经由曲面来产生刀具路径；第二类有两个刀具路径模组，用于制作单一曲面或多曲面的刀具路径，但它必须由既有的曲面去制作刀具路径，不能直接由线框架来产生刀具路径。

（3）昆式加工刀具路径模组实例

【例题 7-4】   制作昆式曲面的刀具路径，去加工由四个外形定义的单一缀面的昆式曲面。此线框架模型已由前面所绘制，其档名为 Coons1，其线框架和完成的刀具路径图形应如图 7-70 所示。

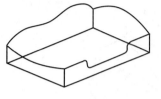

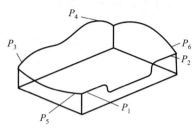

(a) 线框架模型   (b) 昆式加工刀具路径

图 7-70   昆式加工刀具路径模组实例   图 7-71   线框架模型

产生昆式加工刀具路径的分析如下：

① 这是一个开放式边界的情况，所以：切削方向外形＝2，截断方向外形＝2，切削方向的曲面数目＝1，截断方向的曲面数目＝1。

② 因为这是单一缀面，所以用线性熔接的方式。

③ 计算机补正设定为左补正。

生成昆式加工刀具路径的具体步骤如下：

① 装入线框架模型档（coons1.nc8），或重新绘制。

选"回主功能表（Main Menu）"→"档案（File）"→"取档（Get）"。

指定欲读取之档名："coons1"←；选"开启"表示要打开现有图形，则屏幕上的图形图 7-71 所示。

② 启用昆式加工刀具路径模组。选"回主功能表（Main Menu）"→"刀具路径（Tool-paths）"→"下一页"→"线架构"→"昆式加工（Coons）"。

③ 指定切削方向和截断方向的曲面数目如下：切削方向的缀面数目＝1，截断方向的缀面数目＝1。

④ 定义外形，使用的抓取点如图 7-71 所示。

定义切削方向：段落 1 外形 1，选"串联"→"部分串联"→抓取 P_1、P_2。

定义切削方向：段落 1 外形 2，选"部分串联"→抓取 P_3、P_4。

定义截断方向：段落 1 外形 1，选"部分串联"→抓取 P_5→"结束选择"。

定义截断方向：段落 1 外形 2，选"部分串联"→抓取 P_6→"结束选择"→"执行"。

⑤ 设定昆式加工参数，如图 7-72 所示。

⑥ 设定刀具参数，如图 7-73 所示。

设定完之后选择对话框内的"确定"。

⑦ 接受并储存刀具路径。选"刀具路径"→"操作管理"→"执行后处理"→选定"储存NCI 档"，"编辑"；"储存 NC 档"，"编辑"→"确定"→NCI 档文件名："Coons1"→"保存"→NC 档文件名："Coons1"→"保存"，其刀具路径如图 7-70（b）所示。

3. 用曲面模型产生 3D 刀具路径

大多数曲面都需要两大类刀具路径，即粗加工和精加工，才能完成其曲面的加工。曲面粗加工刀具路径用于尽可能快速切除工件的材料，但是 MasterCAM 在进行粗加工前，新增加了一道面铣加工工序，它主要用于粗切毛坯顶面。粗加工分为两类，一类为曲面粗加工；

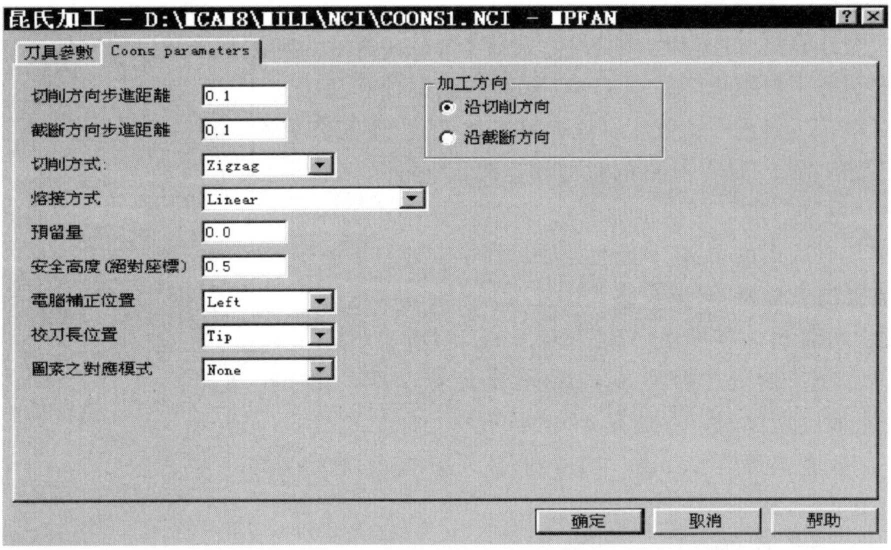

图 7-72　设定昆式加工参数

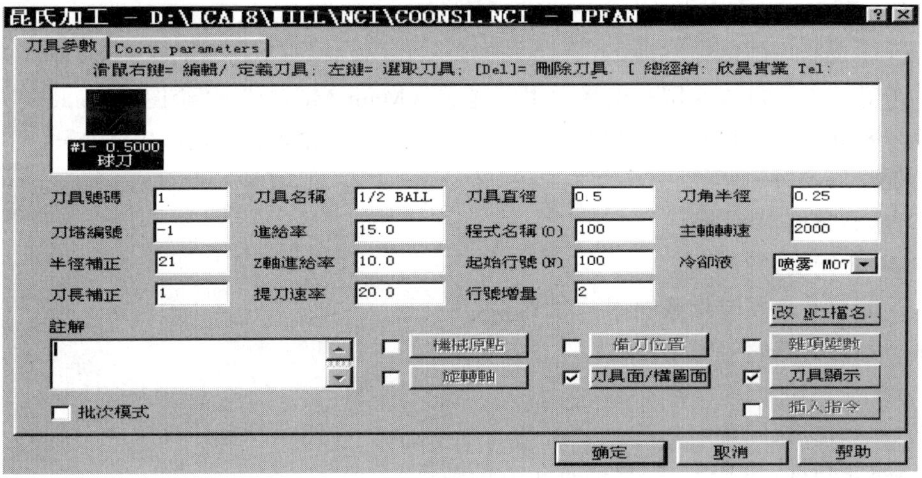

图 7-73　设定刀具参数

另一类为凹槽加工，只用于粗切介于曲面及物体的边界而产生刀具路径。粗加工共有 7 种方法，即平行铣削、放射状加工、投影加工、曲面流线、等高外形加工、挖槽粗加工、钻削式加工。曲面精加工的主要目的是将粗加工后的材料精修到物体本身几何形状与尺寸公差范围内。MasterCAM8 提供了 10 种精加工方法，很多指令都与粗加工时基本相同。

第六节　利用自动编程加工零件综合实例

【例题 7-5】　平面凸轮零件如图 7-74 所示，采用 MasterCAM 自动编程，在华中数控系统 HNC 下的 ZJK7532 型数控钻铣床上加工，其操作步骤如下。

1. **软硬件配置**

① 微型计算机（PⅡ以上配置），安装 MasterCAM 自动编程系统应用软件。

② 安装华中数控铣削系统 HNC 软件的微型计算机，连接于 ZJK7532 型数控钻铣床（这样可以加工）；或安装华中数控铣削系统 HNC 软件的微型计算机，配插系统软件加密狗（这样只能进行模拟加工）。

③ 加工时所用的工装。

2. **加工工艺分析**

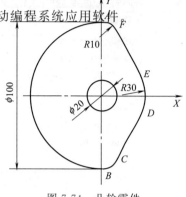

图 7-74 凸轮零件

从图中可看出该零件由 *AB*、*BC*、*AF*、*DE* 四圆弧及线段 *CD*、*EF* 构成。因为 φ20mm 孔是定位基准，用螺栓螺母夹紧，所以对刀点选在 φ20mm 孔中心线的螺栓顶面处，如设置高度为 25mm 左右，具体对刀指令可为 G92 X0 Y0 Z25。

采用 φ10mm 螺旋铣刀，工艺参数为 250r/min、100mm/min。

3. **图形构造**

① 依次打开微型计算机各电源开关：显示器→计算机主机。

② 运行 MasterCAM。

③ 产生 φ100mm 左半圆。选择 "主功能表（Main Menu）"→"绘图（Create）"→"圆弧（Arc）"→"极坐标点（Polar）"→"圆心点（Ctr Point）"→输入圆心点：（0，0）←。

输入半径：50←。

输入起始角度：90°←。

输入终止角度：270°←。

④ 产生上下两 *R*10 圆弧及 *R*30 圆弧。

输入圆心点：（0，40）←。

输入半径：10←。

输入起始角度：0←。

输入终止角度：90°←，完成上面 *R*10 的圆弧。

输入圆心点：（0，−40）←。

输入半径：10←。

输入起始角度：270°←。

输入终止角度：360°←，完成下面 *R*10 的圆弧。

输入圆心点：（0，0）←。

输入半径：30←。

输入起始角度：−90°←。

输入终止角度：90°←，完成 *R*30 的圆弧。

⑤ 产生两条切线。选择 "主功能表（Main Menu）"→"绘图（Create）"→"线（Lines）"→"切线（Tangent）"→"两个圆弧（2Arcs）"→选择物体，画出两条切线。

⑥ 修整上、下两 *R*10 圆弧与切线。选择 "主功能表（Main Menu）"→"修整（Modify）"→"修剪延伸（Trim）"→"两个物体（2Entities）"→选择需要的，修剪不需要的。

⑦ 存图档。选择 "主功能表（Main Menu）"→"档案（File）"→"存档（Save）"→文件

名：＊＊＊→"确定"。

4. 产生刀具路径

① 选择"主功能表（Main Menu）"→"刀具路径（Toolpaths）"→"外形铣削（Contour）"→"串联（Chain）"→单击 $R50$ 圆弧→"向前移动（Move Fwd）"，直到图形封闭为止→"执行（Done）"。

② 设置刀具参数及外形铣削参数。具体参数设置如下：

2D 外形	吃刀深度：－7.000
粗切削次数及加工量：1	精切削次数及加工量：0
进、退刀线长：20	进、退刀圆弧半径：20
角度：90°	相切加工
刀具名称：10000FLT	刀具号码：1
刀具半径补正号码：101	刀具长度补正号码：1
刀具直径：10	安全高度：25
XY 轴进给：100	Z 轴进给：100
主轴转速：250	
起始行号：1	行号增量：1
程序号码：2000	

计算机不补正，控制器右补正（可按外形的选择不同而不同）

冷却液开

选择"执行（Done）"后，则在屏幕上出现刀具路径。

5. 后置处理

选择"操作管理"→"执行后处理"，选择后置处理程序为 Mpfan.pst→"NCI"，输入档名：＊＊＊＊→"NC"，输入档名：＊＊＊＊（一般与 NCI 档的正名相同）→"确定"→形成凸轮零件的 NC 程序文件。

对于具体的数控系统，需选择合适的后置处理程序，可通过选择"操作管理"→"执行后处理"→"更改后处理程序"→选择对应的后置处理程序。

6. 自动编程后的数控程序与数控系统的连接

若选择了与数控系统相对应的后置处理程序，则所得到的 NC 程序不再需要编辑修改。否则，在作完后置处理后所得到的 NC 程序，还需在文本编辑器（如 EDIT）中，对其进行编辑修改，使其符合具体数控系统的格式。

对于自动编程后的数控程序与华中数控铣削系统 HNC 的连接，其具体步骤如下（其他数控系统的连接依具体数控系统而定）：

① 用文本编辑软件修改零件程序。如用 EDIT 编辑软件，删除零件程序中的注解部分，去掉无用的程序段（如打了"/"的部分），修改有关的指令（如将 G59 修改为 G92，去掉 G28、G29 等指令）。

② 套用华中数控铣削系统 HNC 的程序格式。程序开头格式为：

％××××

其中，"××××"为程序号码，即前面设置的"2000"。

刀具补偿值的设置位于第二个程序段，用 ♯×××＝＊＊形式，其中"×××"为刀具半径补正号码，即前面设置的"101"；"＊＊"为所需设置的刀具半径值，这里一般设置为

5；对于同一把铣刀，＊＊的设置值越大，加工出的该零件轮廓越大。

③ 编辑后数控程序存盘。程序存盘路径和程序名为 C：\JX4\PROG\O××××（带加密狗的模拟软件所放零件程序的目录或文件夹可不为该路径；"××××"为程序名，一般取 4 位数字）。在上述步骤 5 中所得到的 ＊＊＊．NC 程序文件，其存储的路径和 NC 文件名，往往与这里不相同，则需通过文件复制或移动和更名的方法，按这里规定的路径和文件名格式存盘。

得到的 NC 程序文件（程序名如为 O2003）内容及说明如下：

％2000	％后跟程序号码
♯101＝5	刀具半径补偿
N01 G92 X0 Y0 Z25	预置寄存，对刀
N02 G00 G90 X20 Y90 S250 M03	起刀点
N03 G01 Z−7 F200	下刀
N04 G42 D101 Y70 M07	开始刀具半径右补偿
N05 G02 X0 Y50 R20 F100	切入工件至 A 点
N06 G03 Y−50 R50	切削 AB 弧，"R50"可用"I0 J−50"代替
N07 X8.6603 Y−45 R10	切削 BC 弧，"R10"可用"I0 J−10"代替
N08 G01 X25.9808 Y−15	切削 CD 直线
N09 G03 Y15 R30	切削 DE 弧，"R30"可用"I−25.9808 J−15"代替
N10 G01 X8.6603 Y45	切削 EF 直线
N11 G03 X0 Y50 R10	切削 AF 弧，"R10"可用"I−8.6603 J−5"代替
N12 G02 X−20 Y70 R20 F200	退刀，"R20"可用"I0 J−20"代替
N13 G40 G01 Y90	取消刀具半径补偿
N14 G01 Z25 F300 M05	Z 向提刀
N15 G01 X0 Y0 M09	返回对刀点
N16 M02	程序结束

7. 程序校验或模拟加工或空运行

按华中数控铣削系统 HNC 中程序校验或模拟加工或空运行的操作步骤进行。

8. 零件加工

按华中数控铣削系统 HNC 控制下的 ZJK7532 型数控钻铣床的数控加工操作步骤进行。

9. 零件加工后检验

按传统铣削加工的检验方法，使用合适的量具（如用 0-150-0.02 游标卡尺）对加工后零件进行检验。

10. 结尾工作

清扫机床及周围环境卫生，退出数控系统，关闭机床操作面板钥匙开关，退出 Windows 系统，依次关闭各电源开关：计算机主机电源→显示器电源→机床控制柜开关。

本章小结

本章主要介绍了实现自动编程的环境要求、自动编程的分类、自动编程的发展和图形交互式自动编程系统的应用等内容。

　　图形交互数控自动编程系统是目前国内外普遍采用的 CAD/CAM 软件，它具有速度快、精度高、直观性好、实用简便、便于检查等优点。本章主要介绍 MasterCAM 软件应用。

　　MasterCAM 软件具有强大的绘图（CAD）、图档转换、CAM、仿真与分析和后置处理等功能，其中 CAD、CAM 和后置处理是产生 NC 程序的三个主要部分。

　　CAD 部分包括 2D 几何绘图、3D 曲面构造与编辑。其中 2D 几何绘图包含绘点、直线、圆弧、倒圆角、曲线、曲面曲线、矩形、倒角、文字等子功能，本章只重点介绍了较为复杂的曲线和文字两个子功能。2D 几何绘图的编辑包含删除、修整和转换等三个功能。3D 曲面构造通常有线框架模型和曲面模型等方法。在 MasterCAM 3D 几何造型时，特别强调构图平面的选择和工作深度的设定。当构图平面设定为空间绘图（3D 构图平面）时，对几何造型的空间感更有利。3D 曲面的编辑包括曲面倒圆角、曲面修整、曲面补正、曲面熔接等功能。

　　CAM 部分主要是根据零件的加工面，选择对应的加工模组，设置好合适的切削加工参数和刀具参数，形成其刀具路径。2D 刀具路径模组主要介绍了外形铣削、挖槽、钻孔和刻文字等四个模组。产生 3D 刀具路径有线框架法和曲面法两种方法，一般建议使用曲面法。对于图形档和与之相关联的刀具路径、刀具管理、工作设定加工参数进行修改及管理，可以通过操作管理对话框完成。

　　后置处理是根据加工工件所用的 CNC 控制器后置处理程序，将 NCI 档案转换为该 CNC 控制器可以识别的 NC 代码程序。

　　最后利用自动编程加工零件综合实例，介绍了软硬件配置、图形构造、产生刀具路径、后置处理、自动编程后的数控程序与数控系统的连接、程序校验或模拟加工或空运行、零件加工、零件加工后检验等八个步骤。

 习题七

　　7-1　图形交互数控自动编程系统有何特点？国内外有哪些常用软件？

　　7-2　MasterCAM 产生 NC 程序的主要内容有哪些？

　　7-3　图 7-75 所示为某工件外形，单位为英寸（in），采用外形铣削和钻孔模组分别产生工件外部轮廓与钻四个孔的刀具路径，建议使用的刀具及切削用量如表 7-11 所示。试产生该图形和其刀具路径，最后得 NC 程序，并在华中数控铣削系统 HNC 中进行模拟。

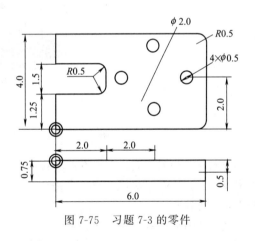

图 7-75　习题 7-3 的零件

表 7-11　习题 7-3 工件刀具路径的刀具及切削用量

刀具编号	刀具直径/in	XY 进给率/(in/min)	Z 轴进给率/(in/min)	主轴转速/(r/min)
1	1.0	15.0	10.0	3000
2	0.5	15.0	—	1500

　　7-4　切削图 7-76 所示工件的内槽，单位为英寸（in），要求使用两只刀具：0.5in 端铣刀作为粗切削，粗切削的切削间距为 0.35in（或者 0.7D）；0.25in 端铣刀作为精切削，精切削次数是 1，精切削间距为 0.1in。试产生该图形和其刀具路径，最后得 NC 程序，并在华中数控铣削系统

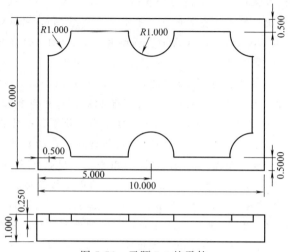

图 7-76　习题 7-4 的零件

HNC 或 FANUC、SIEMENS 810D 数控系统中进行模拟加工。

7-5　图 7-77 所示为挖槽、铣昆式三维曲面零件，采用自动编程，零件材料为蜡模。为提高数控加工轨迹的模拟速度，主要工艺参数参考设置如下。

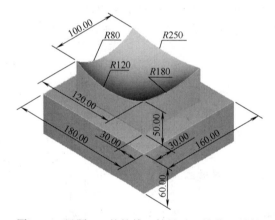

图 7-77　习题 7-5 的挖槽、铣昆氏三维曲面零件

挖槽时，切削方式：由外而内环切；粗切间隙：5；挖槽深度：—20；打断为线段 0.5；安全高度：20；XY 进给率：200；Z 进给率：400；主轴转速：400；深度切削：次数为 1；走圆角形式：不走圆角。

昆式曲面铣削时，切削方向距离：3；截断方向距离：3；曲面熔接方式：线性（Linear）；切削方式：双向（ZigZag）；切削方向：Along；补正显示方向：同色实线（Solid）；刀具补正：计算机不补正。

试根据以上工艺参数设置，产生该图形和其刀具路径，最后得 NC 程序，并在华中数控铣削系统 HNC 或 FANUC、SIEMEN S810D 数控系统中进行模拟加工。

第八章

数控加工应用技术

近年来，数控加工技术的应用已日趋普及，要求数控加工能够提高产品质量，提高生产效率，降低生产成本。为达到这一要求，就必须掌握数控加工应用技术。

数控加工的工作母机是数控机床。数控机床是一种高精度、高效率、高价格的自动化复杂设备。一台数控机床既有机械装置、液压系统，又有电气控制部分和软件程序等，每部分都有各自的特性。因此，数控机床所涉及的知识面广，技术难度大，对其应用人员提出了更高的要求。数控加工应用技术包括数控机床的选用、安装与调试、检测、验收和设备管理，以及数控机床的故障诊断与维修等方面的内容。

第一节 数控机床的选用

数控机床的拥有量在很大程度上代表了一个企业的机械加工水平，数控加工的高质量、高效率早已成为人们的共识。因此，用户如何合理地利用有限的资金，获得适合本单位的数控机床便显得十分重要。

一、选用依据

各单位的使用要求与侧重点各不相同，但最基本的出发点都是相同的，就是满足使用要求，包括典型加工对象的类型、加工范围、内容和要求、生产批量及坯料情况等。使用要求不同，选用的侧重点也不同，具体有以下一些原则。

1. 数控机床的适用范围

数控机床与普通机床相比具有许多优点，应用范围不断扩大。但是数控设备的初始投资费用比较高，技术复杂，对编程、维修人员的素质要求也比较高。在实际选用中，一定要充分考虑其技术经济效益。当零件不太复杂、生产批量又较少时，适合采用通用机床；当生产批量很大时，宜采用专用机床；而当零件形状复杂、加工精度要求高和中小批量轮番生产或产品更新频繁、生产周期要求短时，适合采用数控机床。

2. 工件的加工批量应大于经济批量

在普通机床上加工中小批量工件时，由于种种原因，纯切削时间只能占实际工时的 $10\% \sim 20\%$，但如采用数控机床，则使这个比例可能上升到 $70\% \sim 80\%$。因此，与普通机床相比，数控机床的单件机动加工工时要短得多，但准备调整工时又要长得多。所以用来加工批量太小的工件是不经济的，而且生产周期也不一定缩短。

经济批量可参考下列公式估算：

$$经济批量 = \frac{数控机床准备工时 - 普通机床准备工时}{K(普通机床单件工时 - 数控机床单件工时)}$$

式中，K 为修正系数。

数控机床准备工时应包括工艺准备、程序准备、现场准备（机床调整、工件加工程序试运行和试切削等）。对重复性生产的零件，工艺准备和程序准备工时应再除以重复投产次数。

普通机床单件工时应包括对应数控机床各加工工序的工时总和，再适当考虑工序集中后对工件整个加工周期缩短的影响。

考虑到数控机床的工时成本要比普通机床高得多，希望一台数控机床能顶替几台普通机床使用，所以修正系数 K 一般取 2 以上。

经济批量与数控机床准备工时成正比，而准备工时又取决于使用机床的技术水平、管理水平和配置的附件等情况。随着使用水平的提高，配置工具和手段的齐全，经济批量的基数是可以越来越小的。对一般复杂程度的工件，有 10 件左右的批量，就可以考虑使用数控机床。

3. 根据典型加工对象选用数控机床的类型

用户单位在确定典型加工对象时，应根据设备技术部门的技术改造或生产发展要求，确定有哪些零件的哪些工序准备用数控机床来完成，然后采用成组技术把这些零件进行归类。在归类时往往遇到零件的规格大小相差很多，各类零件的综合加工工时大大超过机床满负荷工时等问题。因此，就要做进一步的选择，确定比较满意的典型加工对象后，再来选择适合加工的机床。

每一种数控机床都有其最佳加工的典型零件。如卧式加工中心适用于加工箱体、泵体、阀体和壳体等箱体类零件，可以利用机床上回转工作台，能一次安装，对工件的四个面进行加工；立式加工中心适用于加工箱盖、盖板、法兰、壳体、平面凸轮等板类零件，实现一个面的加工；加工模具一般用立卧主轴转换的数控铣床、电火花机床与线切割机床；轴类盘类零件用数控车床；孔多且有较高的形状及位置要求的用数控钻镗床。若卧式加工中心的典型零件在立式加工中心上加工，零件的多面加工则需要更换夹具和倒换工艺基准，这就会降低生产效率和加工精度；若立式加工中心的典型零件在卧式加工中心上加工，则需要增加弯板夹具，这会降低工件加工工艺系统刚性和工效。同类规格的机床，一般卧式的价格要比立式的贵 80%～100%，所需加工费也高，所以这样的加工是不经济的。然而，卧式加工中心的工艺性比较广泛，据国外资料统计，在工厂车间设备配置中，卧式机床占 60%～70%。

二、选用内容

选用数控机床的大致方向确定后，接下来就是对具体机床的选用。选用内容包括机床主参数、精度和功能等。

1. 机床主参数

在机床所有的参数中，坐标轴的行程是最主要的参数。基本轴 X、Y、Z 三个坐标轴的行程反映了机床的加工范围。一般情况下加工件的轮廓尺寸应在机床坐标轴的行程内，个别情况也可以有工件尺寸大于机床坐标轴的行程范围，但必须要求零件上的加工区处在机床坐标轴的行程范围之内，而且要考虑机床工作台的允许承载能力，以及工件是否与机床换刀空间干涉及其在工作台上回转时是否与护罩等附件干涉等一系列问题。加工中心的工作台面尺寸和坐标轴的行程都有一定的比例关系，如工作台面尺寸为500mm×500mm的机床，X轴行程一般为700～800mm、Y轴行程为550～700mm、Z轴行程为500～600mm。

主轴转速、进给速度范围和主轴电动机也是主参数，它代表了机床的加工效率，也从一个侧面反映了机床的刚性。如果加工过程中以使用小直径刀具为主，则一定要选择高速主轴，否则加工效率无法提高。

2. 机床精度

影响零件加工精度的因素很多，但主要有两个，即机床因素和工艺因素。在一般情况下，零件的加工精度主要取决于机床。在机床因素中，主要有主轴回转精度、导轨导向精度、各坐标轴间的相互位置精度、机床的热变形特性等。

不同类型的机床，对精度的侧重点是不同的。车床、磨床类机床主要以尺寸精度为主，镗铣类机床主要以位置精度为主。国产加工中心按精度可分为普通型和精密型两种，其精度项目较多，关键的项目有单轴定位精度、单轴重复定位精度和铣圆精度。定位精度和重复定位精度综合反映了该轴各运动部件的综合精度。尤其是重复定位精度，反映了该控制轴在行程范围内任意定位点的定位稳定性，是衡量该控制轴能否稳定可靠工作的基本指标。铣圆精度是综合评价数控机床有关控制轴的伺服跟随运动特性和数控系统插补功能的指标。由于数控机床具有一些特殊功能，因此在加工中等精度的典型工件时，一些大孔径、圆柱面和大圆弧面可以采用高切削性能的立铣刀铣削。测定机床铣圆精度的方法是用一把精加工立铣刀铣削一个标准圆柱试件（中小型机床圆柱试件的直径一般在ϕ200～300mm），将该试件放到圆度仪上，测出加工圆柱的轮廓线，取其最大包络圆和最小包络圆，两者间的半径差即为其精度。

从机床的定位精度可估算出该机床在加工时的相应精度。如在单轴上移动加工两孔的孔距精度为单轴定位精度的1.5～2倍。普通型加工中心可以批量加工出8级精度的零件，精密型加工中心可以批量加工出6～7级精度的零件。

3. 机床功能

数控机床的功能包括坐标轴数和联动轴数、辅助功能、数控系统功能选择等许多内容。

在所有功能中，坐标轴数和联动轴数是主要选择内容。对于用户来说，坐标轴数和联动轴数越多，机床功能越强。每增加一个标准坐标轴，机床价格增加30%～40%，故不能盲目追求坐标轴数量。例如，要选择一台通用的卧式加工中心，可能会遇到各种零件，应该在基本轴X、Y、Z的基础上选择B轴（旋转工作台）。由于增加了一个轴，加工范围从一个面变成了任意角度，四轴联动完全可以加工大多数零件。除了极少数零件外，再选择A轴的价值就很低了。

数控机床的辅助功能很多，如零件在线测量、机上对刀、砂轮修正与自动补偿、断刀监测、刀具磨损监测、刀具内冷却方式、切屑输送装置和刀具寿命管理等。选择辅助功能要以实用为原则，例如砂轮修正与自动补偿对于数控磨床来说很重要，刀具冷却方式对于镗孔和深孔钻削来说十分必要。相反，断刀监测、刀具磨损监测、刀具寿命管理就不是零件加工中必不可少的功能。

在选择数控机床功能时，还有一个较难处理的功能预留问题。要处理好功能预留问题，应结合企业的产品结构、发展与投资规划，对于生产线上用的数控机床，主要考虑效率和价格指标问题，则可不必考虑功能预留；对中小批量生产用的数控机床，要考虑产品经常变化及适合各种零件的加工，功能比效率和价格更为重要，则数控机床必须考虑功能预留。

在选用数控系统时，除了需有快速运动、直线及圆弧插补、刀具补偿和固定循环等基本功能外，还需结合使用要求，选择几何软件包、切削过程动态图形显示、参数编程、自动编程软件包和离线诊断程序等功能。目前在我国使用比较广泛的有德国 SIEMENS 公司、日本 FANUC 公司、美国 A-B 公司等的数控系统，此外我国国产的数控系统功能（如华中数控系统 HNC）也日渐完善。

4. 其他

除了上述内容外，数控机床选用还要考虑机床的刚度、可靠性、厂商知名度与信誉、售后服务等因素。

机床刚度取决于机床结构和质量。以加工中心为例，大致有两种架构形式：一种是由工具铣床演变而来的，主要由立柱、升降台和滑枕组成。滑枕运动为 Z 轴，一般可进行立卧主轴转换；另一种是由卧式镗床演变而来的，立柱在导轨上做前后运动为 Z 轴，铣头在立柱上做上下运动为 Y 轴，一般不能进行立卧主轴转换。就这两种结构来说，后者刚度较高，但万能性较差。

机床运转的可靠性包括两个方面的含义：一是在使用寿命期内故障尽可能少；二是机床连续运转稳定可靠。在选购数控机床时，一般选择正规或著名厂家的品牌机床，并通过走访老用户了解使用情况和售后服务情况的方法，对所选择机型的可靠性作出估计。定购多台数控机床时，应尽可能选用同一厂家的机床或同一厂家的数控系统，这样会在定购备件、故障诊断与维修方面带来方便，同样可提高机床的运行可靠性。

三、购置订货时应注意的问题

在选型工作完成后，接下来就是签订供货合同，还应注意以下方面。

1. 要订购一定数量的备件

有一定数量的备件储备，对数控机床的维修来说是十分重要的。一般可采用厂家推荐的备件清单，优先选择易损件。

2. 要求供方提供尽可能多的技术资料和较充分的操作维修培训时间

订货时可要求供方提供一套说明书，以供翻译、整理和操作维修人员学习使用。这样，在供方提供培训及安装调试时，可学到更多的东西。

3. 复杂零件的加工问题

如果将来加工的零件较复杂，且有较大批量，可要求供方提供全套的刀具、夹具和程序，并加工出合格零件，作为机床的加工试件列入验收项目。

4. 配置必要的附件和刀具

为充分发挥数控机床的作用，增强其加工能力，必须配置必要的附件和刀具，如刀具预调仪、测量头、自动编程器、中心找正器和刀具系统等。这些附件和刀具一般在数控机床说明书中都有介绍，在选购时应考虑本单位加工产品的特点，以满足加工要求。

5. 优先选择国内生产的数控机床

在价格性能比相当的情况下，优先选择国内生产的数控机床，一方面是对国内机床制造业的支持；另一方面在技术培训、售后服务、附件配套和备件补充等方面要方便一些。

第二节　数控机床的安装与调试

数控机床的安装与调试是使机床恢复和达到出厂时的各项性能指标的重要环节。由于数控机床价值很高，其安装与调试工作比较复杂，一般要请供方的服务人员来进行。作为用户，要做的主要是安装调试的准备工作、配合工作及组织工作。

一、安装调试的准备工作

准备工作主要有：

① 厂房设施、必要的环境条件。

② 地基准备：按照地基图打好地基，并预埋好电、油、水管线。

③ 工具仪器准备：起吊设备、安装调试中所用工具、机床检验工具和仪器。

④ 辅助材料：如煤油、机油、清洗剂、棉纱棉布等。

⑤ 将机床运输到安装现场，但不要拆箱。拆箱工作一般要等供方服务人员到场。如果有必要提前开箱，一要征得供方同意，二要请商检局派员到场，以免出现问题发生争执。

二、安装调试的配合工作

在安装调试期间，要做的配合工作有以下方面：

① 机床的开箱与就位，包括开箱检查、机床就位、清洗防锈等工作。

② 机床调水平、附加装置组装就位。

③ 接通机床运行所需的电、气、水、油源。电源电压与相序、气水油源的压力和质量要符合要求。这里主要强调两点，一是要进行地线连接，二是要对输入电源电压、频率及相序进行确认。

数控设备一般都要进行地线连接。地线要采用一点接地型，即辐射式接地法。这种接地法要求将数控柜中的信号地、强电地、机床地等直接连接到公共接地点上，而不是相互串接连接在公共接地点上。并且，数控柜与强电柜之间应有足够粗的保护接地电缆，如采用截面积为 $5.5\sim14\mathrm{mm}^2$ 的接地电缆。而总的公共接地点必须与大地接触良好，一般要求地电阻小于 $4\sim7\Omega$。

对于输入电源电压、频率及相序的确认，有如下方面：

a. 检查确认变压器的容量是否满足控制单元和伺服系统的电能消耗。

b. 检查电源电压波动范围是否在数控系统的允许范围之内。一般日本的数控系统允许在电压额定值的 $110\%\sim85\%$ 范围内波动，而欧美的一些系统要求较高一些，否则需要外加交流稳压器。

c. 对于采用晶闸管控制元件的速度控制单元和主轴控制单元的供电电源，一定要检查相序。在相序不对的情况下接通电源，可能使速度控制单元的输入熔断器熔体烧断。相序的检查方法有两种：一种是用相序表测量，当相序接法正确时，相序表按顺时针方向旋转；另一种是用双线示波器来观察两相之间的波形，两相波形在相位上相差 $120°$。

④ 检查各油箱油位，需要时给油箱加油。

⑤ 机床通电并试运转。机床通电操作可以是一次各部件全面供电，或各部件分别供电，然后再做总供电试验。分别供电比较安全，但时间较长。检查安全装置是否起作用，能否正常工作，能否达到额定的工作指标。例如启动液压系统时先判断液压泵电动机转动方向是否正确，液压泵工作后管路中是否形成油压，各液压元件是否正常工作，有无异常噪声，各接头有无渗漏；气压系统的气压是否达到规定范围值等。

⑥ 机床精度检验、试件加工检验。

⑦ 机床与数控系统功能检查。

⑧ 现场培训。包括操作、编程与维修培训，保养维修知识介绍，机床附件、工具、仪器的使用方法等。

⑨ 办理机床交接手续。若存在问题，但不属于质量、功能、精度等重大问题，可签署机床接收手续，并同时签署机床安装调试备忘录，限期解决遗留问题。

三、安装调试的组织工作

在数控机床安装调试过程中，作为用户要做好安装调试的组织工作。

安装调试现场均要有专人负责，赋予现场处理问题的权力，做到一般问题不用请示即可现场解决，重大问题经请示研究要尽快答复。

安装调试期间，是用户操作与维修人员学习的好机会，要很好地组织有关人员参与，并及时提出问题，请供方服务人员回答解决。

对待供方服务人员，应原则问题不让步，但平时要热情，招待要周到。

第三节　数控机床的检测、验收与设备管理

一、数控机床的检测与验收

数控机床的检测验收是一项复杂的工作。它包括对机床的机、电、液和整机综合性能及单项性能的检测，另外还需对机床进行刚度和热变形等一系列试验，检测手段和技术要求高，需要使用各种高精度仪器。对数控机床的用户，检测验收工作主要是根据订货合同和机床厂检验合格证上所规定的验收条件及实际可能提供的检测手段，全部或部分地检测机床合格证上的各项技术指标，并将数据记入设备技术档案中，以作为日后维修时的依据。现将机床检测验收中的一些主要工作加以介绍。

1. 开箱检查

开箱检查的主要内容有以下方面：

① 检查随机资料。包括装箱单、合格证、操作维修手册、图纸资料、机床参数清单及软盘等。

② 检查主机、控制柜、操作台等有无明显碰撞损伤、变形、受潮、锈蚀、油漆脱落等现象，并逐项如实填写"设备开箱验收登记卡"并入档。

③ 对照购置合同及装箱单清点附件、备件、工具的数量、规格及完好状况。如发现有短缺、规格不符或严重质量问题，应及时向有关部门汇报，并及时进行查询、取证或索赔等

紧急处理。

2. 机床几何精度检查

数控机床的几何精度综合反映了该机床各关键部件精度及其装配质量与精度，是数控机床验收的主要依据之一。数控机床的几何精度检查与普通机床的几何精度检查基本类似，使用的检测工具和方法也很相似，只是检查要求更高，主要依据与标准是厂家提供的合格证（精度检验单）。

常用的检测工具有精密水平仪、直角尺、精密方箱、平尺、平行光管、千分表、测微仪、高精度主轴检验芯棒等。检测工具和仪器的精度必须比所测几何精度高一个等级。

现以普通立式加工中心为例，列出其几何精度检测的内容：

① 工作台面的平面度。

② 各坐标方向移动的相互垂直度。

③ X、Y 坐标方向移动时工作台面的各平行度。

④ X 坐标方向移动时工作台面 T 形槽侧面的平行度。

⑤ 主轴孔的径向圆跳动。

⑥ 主轴的轴向窜动。

⑦ 主轴箱沿 Z 轴坐标方向移动时主轴轴心线的平行度。

⑧ 主轴回转轴心线对工作台面的垂直度。

⑨ 主轴箱在 Z 坐标方向移动时的直线度。

各种数控机床的检测项目也略有区别，如卧式机床要比立式机床多几项与平面转台有关的几何精度。各项几何精度的检测方法按各机床的检测条件规定。

必须要注意的是，几何精度必须在机床精调后一次完成，不允许调整一项检测一项，因为有些几何精度是相互联系、相互影响的。另外，几何精度检测必须在地基及地脚螺栓的混凝土完全固化以后进行。考虑地基的稳定时间过程，一般要求在机床数月到半年后再精调一次水平。

3. 机床定位精度检查

数控机床的定位精度是指机床各坐标轴在数控系统的控制下运动所能达到的位置精度。因此，根据实测的定位精度数值，可判断出该机床自动加工过程中能达到的最好的零件加工精度。

定位精度的主要检测内容如下：

① 各直线运动轴的定位精度和重复定位精度。

② 各直线运动轴参考点的返回精度。

③ 各直线运动轴的反向误差。

④ 旋转轴的旋转定位精度和重复定位精度。

⑤ 旋转轴的反向误差。

⑥ 旋转轴参考点的返回精度。

直线运动的检测工具有测微仪、成组块规、标准长度刻线尺、光学读数显微镜及双频激光干涉仪等。标准长度测量以双频激光干涉仪为准。旋转运动检测工具有 360 齿精密分度的标准转台或角度多面体、高精度圆光栅及平行光管等。

4. 机床切削精度检查

机床切削精度检查是在切削加工条件下对机床几何精度和定位精度的综合检查。机床切削精度检查一般分为单项加工精度检查和加工一个综合性试件检查两种。对于卧式加工中心，其切削精度检查的主要内容是形状精度、位置精度和表面粗糙度，具体项目有：

① 镗孔尺寸精度及表面粗糙度。

② 镗孔的形状及孔距精度。

③ 端铣刀铣平面的精度。

④ 侧面铣刀铣侧面的直线精度。

⑤ 侧面铣刀铣侧面的圆度精度。

⑥ 旋转轴转 90°侧面铣刀铣削的直角精度。

⑦ 两轴联动的加工精度。

被切削加工试件的材料除特殊要求外，一般都采用一级铸铁，使用硬质合金刀具按标准切削用量切削。

5. 数控机床功能检查

数控机床功能检查包括机床性能检查和数控功能检查两个方面。

（1）机床性能检查

以立式加工中心为例介绍机床性能检查内容。

① 主轴系统性能。用手动方式试验主轴动作的灵活性和可靠性；用数据输入方式，使主轴从低速到高速旋转，实现各级转速，同时观察机床的振动和主轴的温升；试验主轴准停装置的可靠性和灵活性。

② 进给系统性能。分别对各坐标轴进行手动操作，试验正反方向不同进给速度和快速移动的启、停、点动等动作的平衡性和可靠性；用数据输入方式或 MDI 方式测定点定位和直线插补下的各种进给速度。

③ 自动换刀系统性能。检查自动换刀系统的可靠性和灵活性，测定自动交换刀具的时间。

④ 机床噪声。机床空转时总噪声不得超过标准规定的 80dB。机床噪声主要来源于主轴电动机的冷却风扇和液压系统液压泵等处。

除了上述的机床性能检查项目外，还有电气装置（绝缘检查、接地检查）、安全装置（操作安全性和机床保护可靠性检查）、润滑装置（如定时定量润滑装置可靠性、油路有无渗漏等检查）、气液装置（封闭、调压功能等）和各附属装置的性能检查。

（2）数控功能检查

数控功能检查要按照订货合同和说明书的规定，用手动方式或自动方式，逐项检查数控系统的主要功能和选择功能。检查的最好方法是自己编一个检验程序，让机床在空载下自动运行 8~16h。检查程序中要尽可能把机床应有的全部数控功能、主轴的各种转速、各轴的各种进给速度、换刀装置的每个刀位、台板转换等全部包含进去。对于有些选择功能要专门检查，如图形显示、自动编程、参数设定、诊断程序、参数编程、通信功能等。

二、数控机床的设备管理

设备管理是一项系统工程，应根据企业的生产发展及经营目标，通过一系列技术、经济、组织措施及科学方法来进行。前面所介绍的设备选用、安装、调试、检测与验收等只属于该工作的前期管理部分，接下来它还应包括使用、维修以及改造更新，直至设备报废整个过程中的一系列管理工作。

在设备管理的具体运用上，可视各企业购买和使用数控机床的情况，选择下面的一些阶段进行：

① 在使用数控机床的初期阶段，尚无一套成熟的管理办法和使用设备的经验，编程、操作和维修人员都较生疏。在这种情况下，一般都将数控机床归生产车间管理，重点培养几名技术人员学习编程、操作和维修技术，然后再教给操作工人，并在相当长的时间内让技术人员与操作工人一样顶班操作，挑选本企业典型的关键零件，进行编制工艺、选择刀具、确定夹具和编制程序等技术准备工作，并完成程序试运行、调整刀具、首件试切、工艺文件和程序归档等工作。

② 在掌握一定的应用技术及数控机床有一定数量之后，可对这些设备采用专业管理、集中使用的方法。工艺技术准备由工艺部门负责，生产管理由工厂统一平衡和调度，数控设备集中在数控工段或数控车间。在数控车间无其他类型普通机床的情况下，数控车间可只承担"协作工序"。

③ 企业数控机床类型和数量较多，各种辅助设施比较齐全，应用技术比较成熟，编程、操作和维修等方面的技术队伍比较强大，可在数控车间配备适当的普通机床，使数控车间扩大成封闭的独立生产车间，具备独立生产完整产品件的能力。必要时可实行设备和刀具的计算机管理，使机床的开动率较高，技术、经济效益都比较好。

无论哪个阶段，设备管理都必须建立各项规章制度。如建立定人、定机、定岗制度，进行岗位培训，禁止无证操作。根据各设备特点，制定各项操作和维修安全规程。在设备保养上，要严格执行记录，即对每次的维护保养都要做好保养内容、方法、时间、保养部位状况、参加人员等有关记录；对故障维修要认真做好有关故障记录和说明，如故障现象、原因分析、排除方法、隐含问题和使用备件情况等，并做好为设备保养和维修用的各类备品配件的采购、管理工作。各类常用的备品配件主要有各种印制电路板、电气元器件（如各类熔断器、直流电动机电刷、开关、继电器、接触器等）和各类机械易损件（如传送带、轴承、液压密封圈、过滤网等）。此外，做好有关设备技术资料的出借、保管、登记工作。

第四节　数控机床的维修

一、数控机床维修概述

1. 数控机床的可靠性与维修

（1）数控机床的可靠性概念

要发挥数控机床的高效益，首先要求数控机床中的机械执行部分有良好的刚度和精度保持性，能准确无误地执行数控系统发布的每一个动作命令。其次，要求数控系统和伺服系统工作稳定可靠。由于数控机床所使用的元件繁多、原理复杂，因而容易出现故障。这就对数控机床提出了稳定性、可靠性的要求。

可靠性是系统的内在特性，是衡量其质量的重要指标。系统的可靠性，是指在规定的工作条件（即设计时提出该系统的使用环境温度、使用方法、使用条件等）下，系统维持无故障工作的能力。衡量可靠性的指标，常用以下几种：

① 平均无故障时间（MTBF）。它是指一台数控机床在使用中故障间隙的平均时间，即数控机床在寿命范围内总工作时间和总故障次数之比，即 MTBF 等于总工作时间除以总故障次数。

② 平均修复时间（Mean Time To Restore，MTTR）它是指一台数控机床从出现故障开始直至能正常使用所用的平均时间。显然，要求这段时间越短越好。

③ 有效度 A。这是从可靠度和可维修度方面对数控机床的正常工作进行综合评价的尺度，即可维修的机床在某特定的时间内维持其性能的概率，亦即

$$A = \frac{MTBF}{MTBF + MTTR}$$

从上式可见，有效度 A 是小于 1 的值，且 A 越接近 1 越好。

对一般用途的数控系统，其可靠性的指标至少应达到的要求为：MTBF ≥ 300h；$A \geqslant 0.95$。

对于有特殊要求或用于 FMS 和 CIMS 的 CNC 系统，其可靠性的要求高得多。

（2）维修的概念

为了发挥数控机床的高效益，就要保证它的开动率。这不仅对数控机床的各部分提出了很高的稳定性和可靠性要求，而且对数控机床的使用与维修提出了很高要求。

维修包含两个方面的含义：一是日常维护与保养（预防性维修），这可以有效延长 MT-BF；二是故障维修，在出现故障后尽快修复，尽量缩短 MTTR 时间，提高机床的有效度 A 指标。

（3）对维修工作的基本要求

数控机床属于技术密集和知识密集的设备，其故障往往不是简单易见的，这对维修人员提出了很高的要求。它不仅要求维修人员有电子技术、计算机技术、电气自动化技术、检测技术、机械理论和机械加工工艺、液压与气动等技术知识，还要求具有综合分析和解决问题的能力，能尽快查明故障原因，及时排除故障，提高数控机床的开动率。要做好维修工作，必须首先熟悉数控机床的有关说明书等资料，对数控机床的系统、结构布置等有详细的了解，并对数控机床的故障规律有所熟悉。

2. 数控机床的故障规律

与一般设备相同，数控机床的故障率随时间变化的规律可用图 8-1 所示的浴盆曲线（或称故障率曲线）表示。

在整个使用寿命期内，数控机床的故障频度大致可分为三个阶段，即早期故障期、偶发故障期及耗损故障期。

早期故障期出现故障与设计、制造和装配及元器件的质量有关，一般其故障频度较高，且随着使用时间的增加而迅速下降。在用户购置数控机床的质保期一年内，应让机床满负荷运行，尽量让早期故

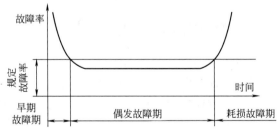

图 8-1　数控机床故障规律浴盆曲线

障暴露出来，让机床生产厂或代理商来维修；同时用户要很好地利用这一期间，进行技术培训，消化机床资料，尽快掌握操作与维修的基本技能。

偶发故障期（相对稳定运行期）的故障率低且稳定，主要是因为操作或维护不良造成

的。在此期间，一方面要不断提高使用与管理水平，让数控机床创造更高的价值；另一方面要进行良好的保养，并适时维修，尽量避免大故障的发生，以延长机床的使用寿命。

耗损故障期（寿命终了期）的故障率随着机床运转时间的增加而升高，是由于年久失修和磨损而产生的故障，说明机床的寿命将尽。

3. 数控机床日常维护与保养

数控机床的日常维护与保养主要包括以下几方面的内容。

① 保持设备的清洁。要坚持不懈地做好数控机床的清洁工作。主要部位如工作台、裸露的导轨、操作面板等，应每班擦一次。每周对整机进行一次较彻底的清扫与擦拭。要特别注意导轨、台板转换器及刀库中刀具上的切屑，要及时清扫。有些部位需要定期清扫和擦拭，如冷却装置的防尘垫、压缩空气系统的过滤器芯、冷却液箱中残存的切屑等。必要时对各个电路板、电气元件采用吸尘法进行卫生清扫等。由于数控机床的结构一般都比较复杂，因此要坚持按照说明书上的要求做好清洁工作，并不是一件容易的事。

② 定期对各部位进行检查。需要经常检查的主要部位有：液压、润滑、冷却装置的油（液）位、气压，空气过滤装置、油雾润滑装置，各紧急停车按钮、各轴的限位开关等。

需定期检查的主要部位有：传动带的磨损及松紧情况，液压油、润滑油及冷却液的洁净度，电动机及测速发电机电刷、整流子的磨损情况，导轨间隙等。

③ 进行必要的调整与更换。根据检查情况，必要时进行调整与更换，如导轨间隙的调整、传动带松紧度的调整。如果传动带磨损严重、电刷短于规定的长度、液压油的洁净度不够等问题出现，则必须进行相应的更换。

以上所述的日常维护与保养工作，必须严格按照说明书上规定的方法与步骤进行。否则，可能会出现设备或人身事故，造成严重后果。

二、数控机床的故障诊断

上面介绍了数控机床维修的一个方面，即数控机床的日常维护与保养。下面将介绍数控机床维修的另一方面，即数控机床的故障诊断与维修。

数控机床故障维修的难点，也是最重要的环节，就是查找故障原因，即故障诊断。为了确定故障原因，不仅需要丰富的理论知识和实践经验，而且必须采用一定的方法，在经过充分的调查分析后，才能作出准确的判断和处理。

（一）故障诊断的一般步骤

当数控机床发生故障时，除非出现危及数控机床或人身安全的紧急情况，一般不要关断电源，要尽可能保持机床原来的状态不变，并对出现的一些信号和现象做好记录，这主要包括：

① 故障现象的详细记录。

② 故障发生时的操作方式及内容。

③ 报警号及故障指示灯的显示内容。

④ 故障发生时机床各部分的状态与位置。

⑤ 有无其他偶然因素，如突然停电、外线电压波动较大、打雷、某些部位受潮或进水等。

无论数控机床工作多么可靠，在使用过程中总会出现这样或那样的故障。数控机床一旦发生故障，首先要沉着冷静，根据故障情况进行全面的分析，确定查找故障源的方法和手段；然后有计划、有目的地一步步仔细检查，切不可急于动手，乱查一通（这样做具有很大的盲目性，即使查出故障也是碰巧，很可能越查越乱，走很多弯路，甚至造成严重的后果）。

故障诊断一般按下列步骤进行。

① 充分调查故障现场。一方面维修人员要向操作者调查，详细询问出现故障的全过程，查看故障记录单，了解发生过什么现象，采取过什么措施等；另一方面要对现场作细致勘查。从系统的外观到系统内部各电路板都应细心地察看是否有异常之处。在确认系统通电无危险的情况下，方可通电，观察系统有何异常以及 CRT 显示的内容等。

② 根据故障情况进行分析，缩小范围，确定故障源查找的方向和手段。对故障现象进行全面了解后，下一步可根据故障现象分析故障可能存在的位置。有些故障与其他部分联系较少，容易确定查找的方向；而有些故障原因很多，难以用简单的方法确定出故障源查找方向，这就要仔细查阅有关的数控机床资料，弄清与故障有关的各种因素，确定若干个查找方向，并逐一进行查找。

③ 由表及里进行故障源查找。故障查找一般是从易到难、从外围到内部逐步进行。所谓难易，是指技术上的复杂程度和拆卸装配方面的难易程度。

（二）故障诊断的一般方法

数控机床是一个十分复杂的系统，加之数控系统和机床本身的种类繁多、功能各异，根本不可能找出一种适合各种机床和数控系统的通用诊断方法。这里仅对一些常见的一般性方法做介绍。这些方法互相联系，在实际的故障诊断中，往往要对这些方法综合运用。

1. CNC 系统故障诊断的一般方法

（1）根据 CRT 上或 LED 灯、数码管的指示进行故障诊断

CNC 系统大都具有很强的自诊断功能。当机床发生故障时，可对整个机床包括数控系统自身进行全面监控，并将诊断到的故障或错误以报警号或错误代码的形式显示在荧光屏 CRT 上。

一般包括下列故障报警号（错误代码）信息：

① 程序编制错误或操作错误。

② 存储器工作不正常。

③ 伺服系统故障。

④ PLC 故障。

⑤ 连接故障，如熔丝熔断、反馈断线等。

⑥ 温度、压力、液位等不正常。

⑦ 行程开关（或接近开关）状态不正确。

对于华中数控系统 HNC，可操作数控系统界面菜单，从基本功能菜单开始，按 F10（扩展功能）→F4（故障诊断）→F6（报警显示）键，则在正文窗口中显示出当前错误报警信息。根据此报警信息，查看华中数控系统 HNC 的报警信息类型，以进行故障诊断。

另外，控制系统的发光二极管 LED 或数码管，也可根据系统的自诊断功能，指示相应的故障信息。如果 LED 或数码管和 CRT 上的故障报警号同时报警，综合二者的报警内容，可更加明确地指示出故障的位置。在 CRT 上的报警号未出现或 CRT 不亮时，LED 或数码管指示就是唯一的报警内容了。

利用在 CRT 和 LED 或数码管上指示的故障报警信息，可立即指示出故障的大致起因和大致部位，是数控机床故障诊断最有效的一种方法。

（2）根据 PLC 状态或梯形图进行故障诊断

PLC 几乎都应用于数控机床中，只不过有的与 CNC 系统合并起来。但在多数数控机床上，二者还是相互独立的，通过接口相联系。无论形式如何，PLC 的作用却是相同的，即主要进行开关量的控制与管理，其控制对象一般是换刀系统，工作台板转换系统，液压、冷却、润滑系统等。这些系统中具有大量的开关量测量反馈元件，发生故障的概率极大，因此要熟悉各测量反馈元件的位置、作用及发生故障时的现象与后果。同时要弄清楚 PLC 的梯形图或逻辑图，这样才能更深层次认识故障的实质。

PLC 输入/输出状况的确定方法是每一个维修人员所必须掌握的。因为在进行故障诊断时，经常需确定某一反馈元件是什么状态以及 PLC 的某个输出是什么状态。用传统的方法进行测量非常麻烦，有时甚至难以做到。一般数控机床都能从 CRT 上或根据 LED 灯非常方便地确定其输入输出状态。

例如，华中数控系统 HNC 可通过系统的主菜单，按 F10→F1→F4 键，调出 PLC 状态。

（3）用诊断程序进行故障诊断

绝大多数数控系统都有诊断程序。所谓诊断程序，就是对数控机床各部分包括数控系统本身进行状态和故障检测的软件。当数控机床发生故障时，可利用该程序诊断出故障所在的范围或具体位置。

诊断程序一般分为三种，即启动诊断、在线诊断（也称后台诊断）和离线诊断。

启动诊断是指从每次通电开始到进入正常的运行准备状态为止，CNC 内部诊断程序自动执行的诊断，一般在数秒内即可完成。其目的是确认系统的主要硬件可否正常工作，主要检查的硬件包括 CPU、存储器、总线、I/O 单元等电路板或模块，CRT/MDI 单元，软驱等装置或外围设备。若检测正常，则 CRT 显示正常的基本画面（一般是位置显示画面），否则显示报警信息。

在线诊断是指系统通过启动诊断进入运行状态后，由内部诊断程序对 CNC 及与之相连接的外围设备、各伺服单元及附加装置的状态进行的自动检测和诊断。只要系统不断电，在线诊断在系统正常工作后就一直处于工作状态。其诊断范围很大，显示信息的内容也很多。一台带刀库和工作台板转换器的加工中心，其报警内容有五六百条。前面介绍的根据 CRT 或 LED 指示灯进行故障诊断就是启动诊断和在线诊断的内容显示。

离线诊断是利用专用的检测诊断程序进行的高层次诊断，其目的是最终查明故障原因，精确确定故障部位。离线诊断的程序存储及使用方法一般不相同，如美国辛辛那提公司（Cincinnati Acramatic）的 850 及 950 系统则把离线诊断程序与 CNC 控制程序一同存入CNC 中，维修人员可随时用键盘调用这些程序并使之运行，在 CRT 上观察诊断结果。而A-B 公司的 8200 系统在作离线诊断检查时，才把专用的诊断程序输入 CNC 中做检查运行。离线诊断是数控机床故障诊断的一个非常重要的手段，它能够较准确地诊断出故障源的具体位置，而许多故障仅靠传统的诊断方法是不易确定的。

（4）CNC 系统故障诊断的其他新方法

随着 CNC 技术的成熟与完善，更高层次的诊断技术已出现。其中有自修复系统（Self-Repair System）、专家诊断系统（Trubleshooting Guidance Expert System）及通信诊断系统（Diagnostic Communication System）等。

① 自修复系统就是在控制系统内装一套备用板，当某一台电路板发生故障时，控制系统通过诊断程序进行判断，确定故障板后，即将该板与系统隔离，并启动备用板，机床就可

继续进行加工，同时发出报警信号，通知维修人员更换故障板。这种系统的优点是发生故障不停机，修理工作不占机时，其缺点是成本较高。

② 专家诊断系统一般由数控机床及数控系统的生产厂家设计制造，主要是一套软件及一些必要的硬件。由于该诊断系统的设计者就是数控系统或机床的各方面设计人员或高级维修人员，故可认识到故障的根本原因，并针对不同情况提出专家意见。数控机床发生故障时，和专家诊断系统连接起来进行诊断，一般都可得到满意的结果。

③ 通信诊断系统是指数控机床具有的一种通信功能，可以通过电话线与制造厂家的专家诊断系统直接联机，接受诊断，并将诊断结果通知用户。用户维修人员在专家诊断系统的直接指导下进行维修。

2. 根据机床参数进行故障诊断

机床参数也称为机床常数，是通用的数控系统与具体的机床相匹配时所确定的一组数据，它实际上是数控系统的系统程序中未确定的数据或可选择的方式。机床参数通常存于 RAM 中，由机床厂家根据所配机床的具体情况进行设定，部分参数还要通过调试来确定。机床参数大都向用户提供，提供的方式有参数表、参数纸带、数据磁带或软盘等多种。

由于某种原因，如误操作、系统干扰等，存于 RAM 中的机床参数可能发生改变甚至丢失，从而导致机床故障。在维修过程中，有时也要利用某些机床参数对机床进行调整，还有的参数必须根据机床的运行情况及状态进行必要的修正。因此，维修人员对机床参数应尽可能熟悉，理解其含义。

机床参数的内容广泛，其设置因系统不同而异。SINUMERIK 3 系统的机床参数分为以下五个大类：

① 与伺服轴有关的参数（100～279）。
② 与 PLC 有关的参数（280～309）。
③ 与控制系统有关的参数（330～393）。
④ 数控系统位型参数（400～449）。
⑤ PLC 位型参数（450～479）。
SINUMERIK 3 系统部分参数含义及取值范围如表 8-1 所示。

表 8-1 SINUMERIK 3 系统参数

参数号	意义	取值范围
N100～N103	各轴到位宽度	$0～32000\mu m$
N130～N133	各轴最大速度（G0）	$0～15000mm/min$
N150～N153	各轴位置环增益（KV 系数）	$0～10000$
N160～N163	各轴正向软件位置极限	$\pm(0～99999999)\mu m$
N180～N183	各轴参考点坐标	$\pm(0～99999999)\mu m$
N190～N193	各轴背隙补偿值	$\pm(0～255)\mu m$
N210～N213	参考点偏移	$\pm(0～9999)\mu m$
N352	跟随误差	
N353	位置检查等待时间	$0～16000ms$
N370	最大主轴转速	$1～9999r/min$

修改华中数控系统 HNC 的机床参数，从基本功能菜单开始，按 F3（参数）→F1（参数索引）键，在输入正确的参数修改口令后，即可修改机床有关参数。

3. 其他诊断方法

① 经验法。虽然数控系统都有一定的自诊断能力，但是仅靠这些有时还不能全部解决问题，必须要求维修人员根据自己的知识和经验，对故障进行更深入、更具体的诊断。

在对数控系统和机床组成有了充分的了解之后，根据故障现象大都可以判断出故障诊断的方向。一般说来，驱动系统故障应首先检查反馈系统、伺服电动机本身、伺服驱动板及指定电压。自动换刀不能执行则应首先检查换刀基准点的到位情况、液压气压是否正常及有关的限位开关动作是否正常等。

知识和经验是平时的学习和维修实践的总结与积累，并无捷径可走。作为维修人员，在平时就要抓紧业务技术的不断学习，逐步提高有关专业知识和实践水平。特别是要充分熟悉机床资料，不放过任何有价值的内容。每次故障排除之后，要总结经验，尽量将故障原因和处理方法分析清楚，并做好记录。这样，维修水平才会不断提高。

② 换板法。它是一种简单易行的方法，也是数控维修特别是故障诊断中常用的方法之一。所谓换板法，就是将怀疑目标用备件板进行更换，或与相同型号的电路板互换，然后启动机床，观察故障现象是否消失或转移，以确定故障的具体位置。如果故障现象依然存在，说明故障与所更换的电路板无关，而在其他部位；如果故障消失或转移，则说明更换板为故障板。

在交换备件板之前，应仔细检查备件板是否完好，并且备件板的状态应与原板状态完全一致，包括检查板上的选择开关、短路棒的设定位置以及电位器的位置。在置换 CNC 装置的存储板时，往往还需要对系统作存储器的初始化操作，重新设定各种数控数据，否则系统仍将不能正常工作。

三、数控机床的故障维修

上面介绍了如何查找数控机床的故障，即故障诊断。在查出故障后，应尽快进行故障维修，有以下几方面。

（一）数控系统的故障维修

由于各类数控机床所配的数控系统硬软件越来越复杂，加之制造厂商不完全向用户提供硬软件资料，因此数控系统的故障维修是很困难的。作为用户级的维修人员，其主要任务是：正确处理数控系统的外围故障，用换板法修复硬件故障或根据故障现象及报警内容，正确判断出故障电路板或故障部件。至于换下来的故障电路板，可尽量做一些检查与修理工作。

以 FANUC10/11/12 数控系统为例，说明数控系统的几个常见故障维修。

1. 数控系统不能接通电源

数控系统的电源输入单元（Input Unit）有电源指示灯（绿色发光二极管），如果此灯不亮，说明交流电源未加到输入单元，可检查电源变压器是否有交流电源输入；如果交流电源已输入，应检查输入单元的熔断器是否烧断。

如果输入单元的故障指示灯（红色发光二极管）亮，应检查数控系统的电源单元。一般是由于电源单元的工作允许信号（Enable Signal，EN）消失，输入单元切断了电源单元的供电。在此情况下，可能有两种原因：电源单元故障或电源单元的负载（即数控系统）故障。当然，输入单元故障也会引起故障指示灯亮，不过这种情况较为少见。

此外，数控系统操作面板上的电源开关（ON、OFF 按钮）中的 OFF 按钮接触不良，造成电源输入无法自保持，使得一旦松开 ON 按钮，电源即被切断，其现象也造成数控系统不能接通电源。

2. 数控系统的电池问题

绝大部分数控系统都装有电池，在系统断电期间，作为 RAM 保持或刷新的电源。常用的电池有两种：一种是可充电的镍镉电池（或其他种类的蓄电池）；另一种是不可充电的高能电池。电压等级也是各种各样。

如果使用的是可充电电池，则数控系统本身有充电装置，在系统通电时由直流电源提供 RAM 的工作电压并给电池充电；在系统断电时，用电池储存的能量来保持 RAM 中的数据。如果使用的是不可充电的高能电池，则在系统通电时，由直流电源提供 RAM 的工作电压；系统断电时，由高能电池提供能量来保持 RAM 中的数据。

无论使用哪种电池，当电池电压不足时，数控系统都会发出报警信号，提醒操作人员或维修人员及时更换电池。

更换电池一定要在数控系统通电的情况下进行。否则，存储器中的数据就会丢失，造成数控系统的瘫痪。

有些进口数控机床使用的电池很难买到，且价格也很贵。一般情况下可进行国产化代用。代用的原则是：电压相等、容量（安时）基本相同。如果形状、体积与原电池不同，可焊两根引线，将电池置于合适的地方。

（二）伺服驱动系统的故障维修

伺服驱动系统可分为直流伺服系统和交流伺服系统，目前生产的数控机床所采用的绝大多数是交流伺服系统。

伺服驱动系统是一个完整的闭环自动控制系统。其中任一环产生故障或性能有所改变，都会导致整个系统的性能下降或发生故障。加之驱动部分的电流大，易发热；机械部分的间隙、摩擦等因素的改变，也都对系统产生影响。测量反馈元件及反馈环的性能改变也会导致系统故障。因此，伺服驱动系统是整个数控机床的主要故障源之一。

下面列举两例常见的伺服驱动系统故障维修。

1. 飞车

这里所说的飞车，是指伺服电动机在运行时，转速持续上升或急剧上升，控制系统无法进行控制，最后造成紧急停车。

造成飞车的原因可能如下。

（1）从测量反馈元件来的信号异常　测量反馈信号的丢失、畸变或极性反向，均会引起上述故障。一旦发生飞车，可进行如下检查：

① 检查接线，确认是否有正反馈现象，测量反馈元件到电路板之间的连接是否可靠，有无接触不良和断路现象。

② 检查测量反馈元件能否正常工作，光电编码盘输出脉冲的频率或测速发电机输出电压是否与转速成正比。

③ 检查电动机与反馈元件之间的连接是否松动或脱落；光栅尺读数头与运动部件的连接是否松动或脱落。

（2）伺服驱动系统的电路板故障　用换板法检查与伺服控制有关的电路板，有无发热、变色及其他异常之处。还可应用其他高级诊断方法进行检查，如使用诊断程序等。

（3）从 CNC 来的指令信号异常　这类故障多数是由于 D/A 转换器损坏所致，无论数字指令是多少，D/A 转换器输出总是最大值，这就会产生貌似飞车但实际并非飞车的现象。检查方法采用测量模拟指令电压法。

2. 振动

振动是一个比较复杂的问题，因为引起振动是多方面的。在分析振动问题时，要注意到振动的振幅和频率，可能会有助于进行故障诊断。

下面是几个常见的引起故障的原因。

① 设定原因。检查与速度、位置有关的参数，若有误则修正。按照说明书的规定，检查速度控制系统的短路线设定、开关设定、电位器设定是否有误。

② 振动频率与进给速度成正比变化时，可能有以下原因：

a. 速度反馈元件（如测速发电机）或电动机本身有问题。

b. 与转动有关的机械部分有问题。

③ 振动频率不随进给速度变化，可能有以下原因：

a. 伺服驱动系统电路板设定或调整不良。

b. 伺服系统电路板有故障。

④ 机械振动。车床的刀杆刚性不足，切削刃不锋利，机械连接松动，轴承、齿轮、同步带损坏，导轨爬行等，都可能引起振动。

（三）机械系统故障维修

数控机床的各运动部分都是由电或液（气）驱动的，由各部分的共同作用来完成机械移动、转动、夹紧松开、变速和刀具转位等各种动作。当机床工作时，它们各项功能相结合，发生故障时也混在一起。有些故障形式相同，但引起故障的原因不同。这给故障诊断和排除带来了很大困难。

各种机械故障通常可通过细心维护保养、精心调整来解决。对于已磨损、损坏或者已失去功能的零部件，可通过修复或更换部件来排除故障。由于床身结构刚性差、切削振动大、制造质量差等而产生的故障，则难以排除。

下面以加工中心机床上主轴锥孔内弹性夹头的调整为例，说明机械故障处理情况。

主轴锥孔内的弹性夹头用来将安装在主轴锥孔内的刀柄拉紧，其拉紧力靠碟形弹簧产生，松开靠液压缸克服碟形弹簧力。该弹性夹头如果由于调整不当或长期使用造成各部分的磨损，有可能引起刀柄在锥孔内拉得不紧，刀柄锥度部分与主轴锥孔不能很好地贴合，因而造成刀柄松动，以致影响加工精度甚至根本不能加工。在少数情况下，也可能会出现释放刀具时，由于弹性夹头未完全张开，造成取下刀柄困难。

产生上述故障的根本原因是弹性夹头的位置不合适，对其进行适当的调整即可解决。调整时一般以弹性夹头底部与主轴锥孔外沿平面的距离作为控制尺寸来进行，当然最终要以实际的装刀卸刀柄来检验。

（四）液压系统故障维修

液压系统是整个数控机床的重要组成部分，一般用于完成主轴抓刀机构的释放、换刀机械手的驱动、某些部位的夹紧等。数控机床的液压系统一般并不复杂（大型数控机床和使用液压伺服系统的数控机床除外），故障处理也不困难。

液压系统的故障大多数是维护保养不当所致。因此，平时按规定对液压系统进行维护和保养，液压系统的大多数故障都可避免。液压系统的日常维护保养内容一般在说明书上都有详细的规定，在此不做进一步说明。需要注意的是，当液压系统更换液压油品种时，要将系统中原有的油全部放掉并清洗系统，然后再加入新油，千万不要将不同牌号的油混合使用。

（五）压缩空气系统故障维修

气动系统在数控机床上担任辅助工作。如换刀时，用来清洗刀柄和主轴锥孔；更换工作台板时，用来清洗导轨、定位孔和定位销；有安全工作间（封闭式机床的防护罩）的，用来驱动工作间的门进行启闭；更换工作台板时，抬起安全防护罩等。还有的机床利用气动系统实现旋转工作台的制动解除。在数控机床上，还常常使用气动卡盘、自动转位刀架等。

气动系统较为简单，一般不易出现故障，即使出现故障也比较容易解决。气动系统的多数故障是杂质（主要为铁锈）与水分引起的。

由压缩空气系统中的杂质引起的故障一般是过滤器阻塞。发生这种故障时，要对过滤器进行清洗。数控机床上的空气过滤器大多使用金属或陶瓷烧结滤芯。清洗时首先取出滤芯，用毛刷和汽油清洗，再用压缩空气从里往外吹，这样反复进行，直到清洗干净。有条件的单位，最好用超声波清洗机进行清洗，这样既快又干净。

保持压缩空气的干燥方能保证气动系统不受水分的影响。这就要求在压缩空气进入机床前进行干燥处理。简单的方法是加一个气水分离器（水分滤气器）。有条件的单位，可将压缩空气进行冷却干燥，使压缩空气的温度低于机床安装厂房的环境温度，这样可有效地防止压缩空气中的水分遇冷而产生冷凝水。

另外，雾化油杯中的油面要经常检查，不能缺油。因为雾化油杯担负着整个气动系统运动零部件的润滑任务。如果雾化油杯缺油，就会加速磨损，甚至造成运动不灵活、锈蚀等问题。

（六）其他系统故障维修

数控机床一般还包括冷却及通风系统、润滑系统等。这些系统也都是数控机床的重要组成部分，无论哪一部分出现问题，数控机床都不能正常运行。

下面对这些系统作简单介绍。

1. 冷却及通风系统

多数数控机床的控制柜采用风冷。对风冷系统要经常检查风扇运转是否正常，进风口的空气过滤垫是否需要清洗等。

有些系统采用制冷装置对控制柜进行冷却，其作用原理与一般空调器相同。对冷却装置，需要经常进行检查，主要检查冷却装置的制冷效果。如果制冷效果不佳或根本不制冷，应赶快修理。

2. 润滑系统

有的数控机床有两套润滑系统，一套是主轴润滑系统，另一套是中心润滑系统。

主轴润滑系统专门用来对主轴传动机构进行润滑。由油泵出来的油通过流量计到供油管，流量计预先被调到一定的流量，若出现异常（如油流中断），则发出报警信号。

中心润滑系统用来对数控机床所有的滑动面（如导轨副）和运动部件进行润滑。油管中装有压力继电器，当中心润滑系统出现故障时，压力继电器就会切断所有进给驱动回路的电源，使机床停止工作，同时显示报警内容。

润滑系统维护保养的特点是：选用合适的润滑油品，经常检查油位，不缺油。在更换润滑油品牌时，一定要将原有的油放掉，并加入煤油至少运行 30min，将管路清洗干净，再加入新油运行。

四、数控机床故障诊断与维修综合实例

本部分以基于华中数控系统 HNC 的数控机床为例，具体说明数控机床的故障诊断与维修问题。

1. 简易数控机床"掉步"问题的处理

由于简易数控机床属于开环数控机床，伺服驱动装置采用步进电动机，故简易数控车床、铣床在某些情况下存在着"掉步"问题。解决此问题，一般可从如下方面进行故障诊断与处理：

① 查看是哪个方向（X、Y、Z 向）出现"掉步"。

② 确定了某个方向出现"掉步"，再查看这个方向是正方向还是反方向出现"掉步"。

③ 查看出现"掉步"方向的步进电动机或驱动板（电源）是否正常。若正常，且某个方向的正（负）向不"掉步"，而其负（正）向出现"掉步"，则可断定为步进电动机的传动同步带磨损或撕裂，或此方向的最高快移速度设置太高，或工作环境不好。

④ 若步进电动机传动的同步带磨损或撕裂，应换成同规格的新同步带。

⑤ 若某方向的最高快移速度设置太高，则按前述修改机床参数的方法，修改此参数为合适值（一般低于 3000mm/min）。

⑥ 若工作环境不好，一般为连续工作时间太长，致使机床工作温度太高，或移动部件润滑不充分，或太潮湿且灰尘太多等。解决办法是停机，待工作环境变好后，再开机工作。

2. 某工作轴不动作

使数控机床工作在点动工作方式，在操作面板上点动不动作的进给轴方向键，若此轴仍不动作，则需检查维修如下方面：

① 使用传动带传动的，检查传动带是否脱落或断裂。

② 检查从驱动电动机→电柜中驱动单元或驱动电源→电缆信号线各环节工作是否正常，有无松脱，电源开关是否跳闸等。

3. 急停报警

对于简易数控机床，出现急停报警的原因一般为两个：一是安全问题，人为按压"急停"按钮；二是超程引起的急停。对于半闭环或闭环数控机床，产生急停报警的原因还有其他因素，如伺服驱动系统出现故障产生的飞车急停等。这里主要讨论简易数控机床的急停报警处理，可按下述进行：

① 因安全问题，人为按压"急停"按钮后，要解除急停报警，应顺着"急停"按钮箭头指示的方向转抬，即可解除。

② 超程引起的急停，一般有急停报警显示在 CRT 上，且"超程"指示灯亮，为进给轴超程引起。超程有两种：一种是硬超程，另一种是软超程。

对于硬超程，则表示行程开关碰到了超程位置处的行程挡块。解除硬超程，需在点动工作方式下，按住超程解除键不放，再按超程的反方向进给键，使工作台（铣床）或刀架（车床）向超程的反方向移动，直至超程指示灯灭为止。

对于软超程，是指进给轴实际位置超出了机床参数中设定的进给轴极限位置。解除软超程，必须按如下步骤进行：从数控系统基本功能菜单开始，按 F3（参数）→F3（输入权限）→选"数控厂家"菜单项→输入密码"×××"（×××为数控厂家设定的密码）→F1（参

数索引）→轴＊（＊为软超程的轴序号，如 1、2 或 3)→＊向软极限位置（＊为软超程的正极限位置方向或负极限位置方向，如"＋X"或"－X"等)→输入值×1000（输入值的绝对值比原来值要小)→按两次 F10，选"保存退出"菜单项→Alt＋X（退出数控系统)→E，回车（从内存中退出)→N，回车（重新启动数控系统）。

当上述硬超程或软超程解除后，屏幕上的"急停报警"信息即可消除。

4. 切削刀具路径未显示在 CRT 工作区域中央

在进行程序校验或空运行、试切削加工时，往往需要将切削刀具路径显示在 CRT 图形显示窗口中央，以观察切削路径的正确性，避免产生加工故障。

当切削刀具路径未显示在 CRT 图形显示窗口中央时，可通过如下步骤进行：

① 在数控系统功能菜单区，选择 F9（显示方式）。

② 在弹出式菜单下，选择"图形显示参数"项。

③ 在"请输入显示起始坐标（XYZ)："提示行下，输入屏幕右边显示的工件指令坐标或工件坐标零点值。

④ 在"请输入 X，Y，Z 轴放大系数："提示行下，输入合适的放大系数值。

⑤ 观察图形显示窗口中的红点是否在中央，若在中央，则可正常进行切削刀具路径的显示。

5. 联机不通

当联机不通时，数控机床操作面板上"联机"指示灯不亮，可从如下方面进行检查和维修：

① 计算机并口和操作面板上的接口是否正常，连接电缆是否松动。

② 电源输入单元有无问题，输入单元的熔丝是否烧断。

③ 电源单元的工作允许信号（EN）是否消失；NC 板是否有 AC 12V 信号。一般通过测量比较法进行。

④ 光电隔离板工作是否正常。

⑤ 操作面板上的电源开关（ON/OFF 按钮）是否损坏或接触不良。

6. 加工零件时出现表面烧伤现象

加工零件时出现表面烧伤后，除零件不合格外，严重时会损坏刀具或机床。解决此故障，可从如下方面检查和维修：

① 选用的切削用量和切削刀具是否合适，冷却是否充分。

② NC 指令中 M03（主轴正转）和 M04（主轴反转）是否用反了，应选刀具切削刃（而不是刀背）切入工件的方向为主轴旋转方向。

③ 数控机床的动力电源（380V）的相位是否接反，若接反就会造成指令 M03 本应主轴正转而实际上主轴反转。这时应采用测量比较法，将电源的相位调正确。

本章小结

本章主要介绍了数控加工应用技术，包括数控机床的选用、安装与调试、检测、验收与设备管理，以及数控机床的故障诊断与维修等内容。

对于数控机床的使用单位，免不了要进行数控机床的选用、安装调试和检测验收工作。数控机床的选用，要在满足使用要求的前提下，充分考虑技术经济效益，适当考虑其先进性和能力余量（功能预留）等因素，同时注重其稳定可靠性。

　　数控机床的安装调试与检测验收工作，一般要请供方的服务人员来进行，用户主要做好准备工作、配合工作及组织工作。数控机床的检测验收主要是根据订货合同和机床厂检验合格证所规定的内容来进行，其检测验收项目要全面，包括开箱检查、机床几何精度检查、机床定位精度检查、机床切削精度检查和数控机床功能检查等内容。

　　设备管理是一项系统工程，应根据企业的生产发展及经营目标，通过一系列技术、经济、组织措施及科学方法来进行。设备的前期管理工作包括设备选用、安装、调试、检测与验收等，其后期管理包括数控设备的使用、维修、改造更新以及设备报废等一系列工作。设备管理的关键是按设备的各项规章制度执行，不断提高数控设备的编程、操作和维修技术，采用先进的设备管理方法，提高设备的开动率和数控设备使用的技术效益、经济效益。

　　从数控机床可靠性概念的引入，提出了数控机床维修的概念，即维修包含数控机床日常维护保养和故障诊断维修两个方面。

　　数控机床的故障诊断是数控机床故障维修的重要环节和难点。本章介绍了数控机床故障诊断的一般步骤和三大类共七种常见的数控机床故障诊断的一般方法，包括根据 CRT 或 LED 灯、数码管的指示进行故障诊断、根据 PLC 状态或梯形图进行故障诊断、用诊断程序进行故障诊断、CNC 系统故障诊断的其他新方法、根据机床参数进行故障诊断、经验法和换板法。其中第一种、第三种和第七种方法最常用和最有效，其他方法则需更深入理解和熟悉。

　　根据数控机床故障诊断方法，找出了故障原因后，接下来是故障维修。本章介绍了数控机床的六大类系统故障维修，包括数控系统、伺服驱动系统、机械系统、液压系统、压缩空气系统和其他系统的故障维修。

　　由于数控机床是涉及多个应用学科的十分复杂的系统，加之数控系统和机床本身的种类繁多、功能各异，不可能找出一种适合各种机床和数控系统所有故障类型的具体方法，也不可能通过本章介绍的故障维修内容，就能熟练维修。而必须理论联系实际，不断积累知识和经验，才能较好地进行数控机床的故障诊断与维修工作。

习题八

　　8-1　数控机床选用的一般原则是什么？数控机床的主参数有哪些？在购置订货时应注意哪些问题？

　　8-2　数控机床的安装调试主要有哪些工作？

　　8-3　数控机床如何进行地线连接？

　　8-4　相序检查方法有哪些？

　　8-5　数控机床的几何精度和定位精度检查的验收内容有哪些？举例说明。

　　8-6　如何进行数控机床的设备管理？

　　8-7　试说明 MTBF、MTTR 的含义，什么是平均有效度？数控机床的可靠性如何量度？

　　8-8　数控机床的维修包含哪些内容？

　　8-9　解释说明数控机床的故障规律曲线。

　　8-10　数控机床的日常维护与保养有何重要性？如何搞好数控机床的日常维护与保养工作？

　　8-11　数控机床的故障诊断按什么步骤进行？有哪些具体方法？

　　8-12　采用换板法进行数控机床的故障诊断时应注意哪些问题？

　　8-13　应如何处理数控系统不能接通电源的故障问题？

　　8-14　对数控机床液压系统故障应如何处理？

[1]　梅雪松. 机床数控技术. 2 版. 北京：高等教育出版社，2021.

[2]　明兴祖，陈书涵，严宏志. 点接触共轭曲面磨削齿轮加工. 北京：科学出版社，2017.

[3]　陈蔚芳，王宏涛. 机床数控技术. 2 版. 北京：科学出版社，2012.

[4]　明兴祖. 数控加工实践教程. 北京：化学工业出版社，2013.

[5]　杜国臣. 机床数控技术. 3 版. 北京：北京大学出版社，2020.

[6]　明兴祖，周贤，刘克非. 激光精微制造应用技术. 北京：科学出版社，2021.

[7]　顾京，王骏，王振宇. 数控加工程序编制及操作. 3 版. 北京：高等教育出版社，2021.

[8]　王明志，李秀艳. 数控加工与编程技术. 北京：化学工业出版社，2021.

[9]　李郝林，方键. 机床数控技术. 3 版. 北京：机械工业出版社，2020.

[10]　陈洪涛. 数控加工工艺与编程. 4 版. 北京：高等教育出版社，2021.

[11]　王朝琴，王小荣. 数控电火花线切割加工实用技术. 北京：化学工业出版社，2020.

[12]　张兆隆，孙志平，张勇. 数控加工工艺与编程. 2 版. 北京：高等教育出版社，2020.

[13]　张伟民. 数控机床原理及应用. 武汉：华中科技大学出版社，2015.

[14]　龚仲华. 数控机床故障诊断与维修. 2 版. 北京：高等教育出版社，2018.

[15]　韩鸿鸾，孙永伟. 数控机床结构与维护. 2 版. 北京：机械工业出版社，2021.

[16]　赵慧，王安. 数控加工技术. 北京：化学工业出版社，2020.

[17]　刘兴良. 数控加工技术. 西安：西安电子科技大学出版社，2020.

[18]　李斌. 数控技术. 武汉：华中科技大学出版社，2000.

[19]　刘光定. 数控编程与加工技术. 2 版. 重庆：重庆大学出版社，2020.

[20]　朱鹏程. 数控机床与编程. 北京：高等教育出版社，2017.

[21]　杨志义. Mastercam 数控编程案例教程（2021 版）. 北京：机械工业出版社，2021.

[22]　李锋，朱亮亮. 数控加工工艺与编程. 北京：化学工业出版社，2020.

[23]　朱虹. 数控机床编程与操作. 2 版. 北京：化学工业出版社，2019.

[24]　郭谆钦，王承文. 特种加工技术. 2 版. 南京：南京大学出版社，2019.

[25]　朱晓春. 数控技术. 3 版. 北京：机械工业出版社，2019.

[26]　蒙斌. 数控原理与数控机床. 北京：化学工业出版社，2019.

[27]　刘光定. 数控编程与加工技术. 2 版. 重庆：重庆大学出版社，2020.

[28]　王全景，刘贵杰，张秀红，等. 数控加工技术（3D 版）. 北京：机械工业出版社，2020.

[29]　明兴祖. 数控技术. 北京：化学工业出版社，2013.

[30]　李郝林，方键. 机床数控技术. 3 版. 北京：机械工业出版社，2020.

[31]　袁清珂. CAD/CAE/CAM 技术. 北京：电子工业出版社，2010.